エース 土木工学シリーズ

エース
コンクリート工学

田澤栄一
編著

米倉亜州夫
笠井哲郎
氏家　勲
大下英吉
橋本親典
河合研至
市坪　誠
著

朝倉書店

執筆者

★ 田澤 栄一（たざわ えいいち）	中央大学研究開発機構教授・工学博士 広島大学名誉教授	
米倉 亜州夫（よねくら あすお）	広島工業大学工学部教授・工学博士	
笠井 哲郎（かさい てつろう）	東海大学工学部助教授・工学博士	
氏家 勲（うじけ いさお）	愛媛大学工学部助教授・博士（工学）	
大下 英吉（おおした ひでき）	中央大学理工学部助教授・博士（工学）	
橋本 親典（はしもと ちかのり）	徳島大学工学部教授・工学博士	
河合 研至（かわい けんじ）	広島大学大学院工学研究科助教授・工学博士	
市坪 誠（いちつぼ まこと）	呉工業高等専門学校助教授・博士（工学）	

★は編者　　　　　　　　　　　　　　　　　　（執筆順）

推薦のことば

　セメント，水，骨材および混和材料を構成材料としてつくられるコンクリートは，鉄鋼とともに建設工事に不可欠の材料である．建設事業に携わる技術者が人々から信頼されるコンクリート構造物をつくるためにはコンクリートに関して正しい知識を持たねばならない．

　近年，研究・開発が進み，セメント，混和材料，特に化学混和剤などが多様化してコンクリート工学の進歩発展やコンクリート施工技術の向上は著しいものがある．一方，良質な骨材資源の枯渇により砕石，砕砂，海砂，山砂などの使用は骨材の低品質化をもたらし，急速施工による早期劣化やコンクリート構造物の耐久性低下も一部の構造物では指摘されている．したがって，建設技術者は，常にコンクリートの現状を的確に把握して良質のコンクリート構造物をつくり，しかもそれらの維持・管理に努めなければならない．

　このような現状から，土木学会コンクリート委員会ではコンクリート構造物の耐久性を重視した性能照査型示方書へ移行し，2002年3月に『コンクリート標準示方書』の大改訂を行った．したがって，新しい示方書の考え方に沿ったコンクリート工学の出版が望まれている．

　『エースコンクリート工学』と題する本書は，実務経験がきわめて豊富であり，教育，研究，学会などで大活躍されている田澤栄一 広島大学名誉教授がリーダーとなり，現在大学や高専において教育・研究の第一線で活躍中の新進気鋭の先生方によってそれぞれの専門分野が分担執筆されている．総論から始まり，コンクリート材料，フレッシュコンクリートの性質，硬化コンクリートの性質，配合設計，製造・品質管理・検査，施工，各種コンクリート，ダムと舗装，コンクリート製品，維持管理と補修，最後に21世紀の重要課題であるコンクリートと環境についての記述があり，示方書の考え方や最新の研究成果と技術情報も取り入れたきわめて充実した内容となっている．

本書は，大学，短大，高専などでコンクリート工学を学習する学生用の教科書としてはもとより，実社会で建設工事やコンクリートに携わる技術者の方々にも非常に参考になる図書として推薦する次第である．

平成12・13年度日本コンクリート工学協会会長
徳島大学名誉教授　　河　野　　　清

まえがき

　コンクリートは鉄鋼とともに，我々の現在の生活を支える基本材料である．今日ある大規模建造物などの社会施設は，この基本材料なしにはその建設は不可能であっただろう．今後もあらゆる建造物の根幹材料であり続けることは疑う余地がない．

　本書はコンクリート工学を習得しようと志す学生のための教科書，またコンクリートに関連する実務に携わる技術者の方々への参考書となることを念頭におき，『新しいコンクリート工学』（河野　清，田澤栄一，門司　唱著，朝倉書店，1987）に新しい知見を補って編纂したものである．

　本書は土木学会による『コンクリート標準示方書』の内容に沿って記述することを心がけている．同示方書は平成11年に大改訂があり，性能照査の考え方が初めて採用され，平成14年3月にさらに改訂が行われた．これらの改訂の内容についてはできるかぎり本書に反映させるよう配慮している．しかし性能照査の手法が実務でどのように行われるのかについては情報がまだ不足しており，将来この点に関してはさらなるブラッシュアップが必要になるものと考えている．

　本書で留意した点は次のとおりである．
① 用語をはじめ材料，配合，施工法などに関する記述は平成14年改訂の『コンクリート標準示方書』（土木学会）を基本とした．
② 各種の試験方法の詳細は，特に重要なものを除き，JISや諸学会の基準類を参考にしていただくこととし，細かい記述は省略し標題と参照番号のみを示すにとどめた．
③ 最近のコンクリート工学の進歩に留意し，新材料，新工法について記述するとともに，将来コンクリート工学がさらに発展するためのきっかけとなるヒントとなるよう配慮した．このため学会全体として定説となっていない見解についても記述している．
④ 単位については国際単位（SI単位）に統一して記述した．
⑤ 最近重要性の高まっている維持管理と環境問題についても記述を加えた．

⑥ 本文の記述を補う必要のある場合には脚注を設け，頁の下欄に解説を付け加えた．

⑦ 巻末の索引は本文で記述した技術用語を可能なかぎり網羅することとし，英訳を併記して参考に供した．

　本書はできるだけ簡潔な表現で，豊富な内容となるよう努力したつもりであるが，不備な点や不十分な点もあるかもしれない．読者からのご教示を特にお願いするとともに，至らぬ点についてはご寛容いただきたい．

　本書の執筆に当たっては多くの文献を参考にさせていただいたが，それらの著者の方々には心から御礼申しあげるしだいである．特に示方書の内容や参考表，図面などを転載することをご許可いただいた土木学会コンクリート委員会，『新しいコンクリート工学』の著者である河野 清氏，門司 唱氏には，深甚の謝意を表する．

　また，朝倉書店編集部をはじめ，多くの方々にたいへんお世話になった．あらためて深く感謝申しあげるしだいである．

2002 年 3 月

著 者 一 同

目　次

1. 総　　論 ……………………………………………【田澤栄一】… 1
    1.1 コンクリートとは ……………………………………………… 1
    1.2 構造材料としてのコンクリート ……………………………… 2
    1.3 複合材料としてのコンクリート ……………………………… 2
    1.4 セメント・コンクリートの歴史 ……………………………… 3
    1.5 コンクリートの特徴 …………………………………………… 5
    1.6 コンクリートの組織 …………………………………………… 6
    1.7 コンクリートの性質 …………………………………………… 7
    1.8 セメント・コンクリートの規格と学協会 …………………… 7

2. コンクリート用材料 ……………………………【米倉亜州夫】… 9
    2.1 セメント ………………………………………………………… 9
    2.2 骨　　材 ………………………………………………………… 25
    2.3 混和材料 ………………………………………………………… 39
    2.4 水 ………………………………………………………………… 49
    2.5 鋼　　材 ………………………………………………………… 51

3. フレッシュコンクリートの性質 ………………【笠井哲郎】… 57
    3.1 概　　説 ………………………………………………………… 57
    3.2 ワーカビリティー ……………………………………………… 58
    3.3 ポンパビリティー ……………………………………………… 60
    3.4 フレッシュコンクリートのレオロジー ……………………… 62
    3.5 材料の分離 ……………………………………………………… 64
    3.6 空　気　量 ……………………………………………………… 66
    3.7 フレッシュコンクリートの体積変化とひび割れ …………… 67

3.8　塩化物含有量の限度 …………………………………… 68

4. 硬化コンクリートの性質 ……………………………【氏家　勲】… 71

　　4.1　概　　説 ……………………………………………………… 71
　　4.2　単 位 質 量 …………………………………………………… 71
　　4.3　圧 縮 強 度 …………………………………………………… 72
　　4.4　圧縮強度以外の強度 ………………………………………… 79
　　4.5　コンクリートの破壊過程と複合応力下での強度 ………… 84
　　4.6　弾性と塑性 …………………………………………………… 87
　　4.7　体 積 変 化 …………………………………………………… 90
　　4.8　硬化コンクリートのひび割れ ……………………………… 93
　　4.9　耐　久　性 …………………………………………………… 96
　　4.10　水　密　性 ………………………………………………… 102
　　4.11　熱・温度に対する性質 …………………………………… 103
　　4.12　音響に対する性質 ………………………………………… 106

5. コンクリートの配合設計 ……………………………【大下英吉】… 109

　　5.1　概　　説 …………………………………………………… 109
　　5.2　配合の表し方 ……………………………………………… 109
　　5.3　標準的な配合設計の方法 ………………………………… 110

6. コンクリートの製造・品質管理・検査 ……………【大下英吉】… 122

　　6.1　概　　説 …………………………………………………… 122
　　6.2　材料の取り扱い …………………………………………… 122
　　6.3　材料の計量 ………………………………………………… 124
　　6.4　練 混 ぜ …………………………………………………… 126
　　6.5　レディーミクストコンクリート ………………………… 128
　　6.6　コンクリートの品質管理 ………………………………… 132
　　6.7　コンクリートの品質検査 ………………………………… 137

7. コンクリートの施工 【橋本親典】 … 141

- 7.1 概　　説 …………………………………………………… 141
- 7.2 運　　搬 …………………………………………………… 143
- 7.3 打 込 み …………………………………………………… 148
- 7.4 締 固 め …………………………………………………… 151
- 7.5 養　　生 …………………………………………………… 154
- 7.6 継　　目 …………………………………………………… 155
- 7.7 鉄 筋 工 …………………………………………………… 160
- 7.8 型枠と支保工 ……………………………………………… 162
- 7.9 仕 上 げ …………………………………………………… 171
- 7.10 寒中コンクリートの施工 ………………………………… 173
- 7.11 暑中コンクリートの施工 ………………………………… 175
- 7.12 マスコンクリートの施工 ………………………………… 176

8. 各種コンクリート 【河合研至】 … 182

- 8.1 プレストレストコンクリート …………………………… 182
- 8.2 軽量骨材コンクリート …………………………………… 184
- 8.3 海洋コンクリート ………………………………………… 186
- 8.4 水中コンクリート ………………………………………… 189
- 8.5 プレパックドコンクリート ……………………………… 191
- 8.6 吹付けコンクリート ……………………………………… 193
- 8.7 膨張コンクリート ………………………………………… 194
- 8.8 繊維補強コンクリート …………………………………… 196
- 8.9 耐熱コンクリート ………………………………………… 198
- 8.10 高強度コンクリート ……………………………………… 199
- 8.11 高流動コンクリート ……………………………………… 200
- 8.12 ポリマーコンクリート …………………………………… 202
- 8.13 ポーラスコンクリート …………………………………… 203

9. ダムと舗装 ………………………………………【河合研至】… 206

9.1 舗装コンクリート ……………………………………………… 206
9.2 ダムコンクリート ……………………………………………… 209

10. コンクリート製品 ………………………………………【橋本親典】… 216

10.1 概　　説 …………………………………………………… 216
10.2 コンクリート製品の製造 …………………………………… 217
10.3 ポーラスコンクリートを用いた製品 ……………………… 221

11. コンクリート構造物の維持管理と補修 ………【田澤栄一・市坪　誠】… 223

11.1 概　　説 …………………………………………………… 223
11.2 コンクリート構造物の維持管理と点検 …………………… 225
11.3 コンクリート構造物の補修と補強 ………………………… 225
11.4 コンクリート構造物の解体 ………………………………… 230

12. コンクリートと環境 …………………………【田澤栄一・市坪　誠】… 232

12.1 概　　説 …………………………………………………… 232
12.2 コンクリートと廃棄物処理 ………………………………… 233
12.3 コンクリートの再利用 ……………………………………… 234
12.4 コンクリート工学としての対処 …………………………… 236
12.5 環境を考慮した特殊コンクリート ………………………… 237
12.6 コンクリートの表面汚染 …………………………………… 238

付　　録 ……………………………………………………………… 240
索　　引 ……………………………………………………………… 246

1. 総論

1.1 コンクリートとは

コンクリートは骨材（aggregate）を結合材（binder）で固めた材料の総称である．結合材にはセメントペースト，アスファルト，レジンなどが用いられる[*1]が，一般にコンクリートといえば，セメント（cement）を結合材とする狭義のセメントコンクリートをさす．

コンクリートはセメント・水・骨材[*2]，必要に応じて混和材料を構成原料とし，練混ぜ・固化によって単一の固体に加工した材料をさす．コンクリートの構成原料のうち粗骨材を欠くものを**モルタル**，骨材を欠くものを**セメントペースト**[*3]という．骨材はコンクリートの容積全体の約70%を占めている．

コンクリートは練混ぜ直後は一般に液体とみなせる状態であるが，セメントと水の水和反応（hydration）がある程度進むと固体に変化する．この変化を**凝結**（setting）と呼び，その後の継続的な反応により強度が増加していく現象，すなわち**硬化**（hardening）と区別する．凝結以前のコンクリートを**フレッシュコンクリート**（fresh concrete），凝結後のコンクリートを**硬化コンクリート**（hardened concrete）と呼ぶ．フレッシュコンクリートの性質を知ることは施工法や

[*1]：アスファルトやレジンを用いたコンクリートはアスファルトコンクリート（単にアスファルトとも呼ぶ）やレジンコンクリートと呼ぶ．
[*2]：骨材は細骨材（砂）と粗骨材（砂利）の2種に分けるのが普通である．レジンコンクリートでは細骨材より細かい骨材（フィラーと呼ぶ）をさらに用いることがある．
[*3]：グラウトなど特殊な用途にだけ用いられる．ニートセメントペーストとも呼ぶ．

配合の選定に欠かせない．一方，硬化コンクリートの性質を知ることは強度や耐久性を予測し，構造物をつくるために必須である．

1.2 構造材料としてのコンクリート

我々の現在の生活を可能にしている社会施設は，主として鋼とコンクリートを用いた構造部材でつくられているといっても過言ではない．この両者はそれぞれ単独で用いられることもあるが，組み合わせて用いることも少なくない．

コンクリートが単独で用いられる場合には，**無筋コンクリート** (plain concrete) と呼ばれる．無筋コンクリートはダムや舗装など，どちらかといえば特殊な場合に限られる．一般にコンクリートは鋼材と組み合わせて利用することが多い．鋼とコンクリートが互いに短所を補いあい，単一の場合より優れた性能が得られるからである．鋼材を鉄筋として補強に用いると**鉄筋コンクリート** (reinforced concrete；RC) と呼ぶ[*4]．さらに高強度のPC鋼材でプレストレスを導入したコンクリートを**プレストレストコンクリート** (prestressed concrete；PC) と呼ぶ．

これら各種のコンクリートは構造物の種類，使用目的，使用環境，要求性能などに応じて使い分けられる．

1.3 複合材料としてのコンクリート

2種以上の素材を組み合わせて加工した材料を一般に**複合材料** (composite material) という．組み合わせることにより単一な材料では得られない性能を得ることができるからである．

この見地から，コンクリートはセメントペーストと骨材からなる二相複合材料とみなせるが，場合によっては粗骨材とモルタルの二相複合と考えるほうが都合がよいことがある（3章参照）．

同じように，鉄筋コンクリートは鉄筋とコンクリートの二相複合材料，鉄筋鉄骨コンクリートは，鉄骨と鉄筋コンクリートの二相複合材料と考えることができる[*5]．

[*4]：鉄骨と鉄筋コンクリートを組み合わせた部材もあり，鉄骨鉄筋コンクリート (steel frame reinforced concrete) と呼ばれ，建築物などに用いられる．

[*5]：材料中の同一視する局部を相という．ある性質を説明するときに相に基づいてユニットプロセスを考えるが，そのための前提条件をモデルと呼ぶ．

複合材料を構成するための手順は，
① 複合素材の組み合わせの選定（骨材とセメントペースト，鋼とコンクリート，ガラスファイバーとプラスチックなど）
② 複合素材の組み合わせ比率の選定（W/C，配合，鉄筋比など）
③ 複合素材の複合形態の制御（骨材の分離防止，鉄筋の加工と配筋，ファイバーの配向など）
④ 複合素材の複合状態の制御（自己応力制御，プレストレスの導入など）
の4段階のステップがある．①から④へ向かうにつれ，複合材料としては高度で精緻な技術が要求されることになる[*6]．

1.4 セメント・コンクリートの歴史

石灰・石膏，火山灰などの水硬性材料は広義のセメントと考えられるが，古代エジプト，ギリシャ，ローマの時代にさかのぼり，無機質の接着剤として石材の目地などに利用されていた．石灰石と粘土を混合・焼成して得たクリンカーを粉砕して製造する今日のセメントは，イギリスのレンガ職人 Aspdin が発明者といわれており，1824年に特許がおりている．この製品はポルトランドセメントと呼ばれることになるが，当時類似の用途に用いられたポルトランド石に似ていたので名付けられたとする説と，硬化後の強度が石材に代わるに十分な強度を持つことから呼ばれるようになったとする説がある．

わが国でポルトランドセメントが製造されるようになったのは 1875 年（明治8年）で，東京深川に設けられた工部省の官営工場においてである．その後民間に移管され，後の日本セメントに引き継がれた．また，1881 年には山口県小野田市で民営のセメント工場が操業を開始し，後の小野田セメントとなっている．

セメントはその品質のよさが認められ，製法がいったん確立されると，モルタルやコンクリートとして利用されるようになった．1855 年パリで開かれた万国博では，Lambot が鉄網とモルタルで造ったボートを出品している．構造材料として飛躍的に発展するきっかけは，1867 年にフランスの Monier が出願した鉄筋補強の特許である．最初の応用例は植木鉢であった．その後鉄筋コンクリートの技術は順調に実用化された．これに対し，プレストレス導入の原理は 1872

[*6]：鉄筋コンクリートの設計で，配筋量の算定は②のステップ，配筋図作成は③のステップ，PC部材でプレストレスの導入は④のステップを人為的に行うことに等しい．

年アメリカのJacksonが提案し，特許は1888年に出願されている．しかし，本格的にプレストレストコンクリートが実用化されるには，1928年にフランスのFreyssinetが定着工法の特許を提出するまで，なんと50年近くを要している．コンクリートのクリープや収縮を解明し，きわめて高強度の鋼材を用いてプレストレスの損失を克服するのに要した期間と考えてよい．

わが国では1890年（明治23年）に横浜港で鉄筋コンクリートのケーソン工事が行われており，1903年には神戸市若狭橋，琵琶湖疎水運河に桁橋が架けられ，1909年には広井勇博士によって本格的にRC道路橋の広瀬橋が仙台市に施工されている．

構造材料としての鉄筋コンクリートの普及に伴い，新しい技術開発も多岐にわたって行われてきた．用途が多様化し，施工条件がより厳しくなる状況下でさまざまな技術的な対応が求められたからである．

技術面では，1907年に早強ポルトランドセメントがドイツで発明され，高炉セメントは1913年（大正2年）八幡製鉄所によって市販されている．また，AEコンクリートは1934年にアメリカで発明され，1938年にニューヨーク州の道路で使用された．昭和30年代後半からはさらに技術開発が続き，減水剤，高性能減水剤とともに，無収縮混和材，膨張セメント，防水剤などが世に出た．コンクリートとしても鋼繊維補強コンクリート，ポリマーコンクリート，樹脂含浸コンクリートなど複合系のものからRCDコンクリート，吹付けコンクリート，水中不分離コンクリート，高流動コンクリートなど，より過酷な施工技術を克服し，省力化を目指す新しいコンクリートが次々に考えだされている．

施工技術の面からみると，第2次世界大戦後，国土の復興，水資源の確保などのため，各種の建設工事が活発に行われ，コンクリートの使用量が飛躍的に増大した．これに伴い施工技術も大型機械を取り入れる方向でさまざまな進歩を遂げた．

1900年頃からは従来の手練りに代わってコンクリートミキサーが用いられるようになり，締固め用バイブレーターは1926年にドイツで特許が出され，1930年頃から実用化が始まった．レディーミクストコンクリート（生コン）は1949年（昭和24年）に東京コンクリート工業業平橋工場が市販を開始しているが，今日では全国各地に普及している．また，コンクリートポンプは昭和40年代から普及が始まったが，50年代には飛躍的に広まり，今日では90%以上のコンク

リートがポンプによって型枠に打ち込まれている．また，プレキャスト部材を利用する傾向も高まってきている[1]．

1.5 コンクリートの特徴

a． 無筋コンクリート

無筋コンクリートの構造材料としての長所には以下のような点がある．

① 型枠によって任意の形状で構造物をつくることができる．
② 材料の調達が容易で，現在では「生コン」をほとんどの地域で入手できる．
③ 材料と配合を変えることにより，所要の強度の部材を容易につくることができる．
④ 耐久性，耐火性などが他の材料により優れている．
⑤ 構造物の維持，管理費が他の材料より少なくてすむ．
⑥ 製造・施工が比較的容易で，特別な熟練工を必要としない．
⑦ 価格が安く，経済的である．

一方，短所は以下のようである．

① 重量が重く，基礎工事費が大となる．ただし，ダムコンクリート，遮蔽コンクリートでは長所となる．
② 圧縮強度に比べ引張強度がきわめて小さく，もろい．
③ 収縮による体積変化が大きく，ひび割れを発生しやすい．
④ 所要の強度を発揮するのに養生日数を要する．
⑤ 構造物の解体に時間と費用がかかる．
⑥ 品質に対する影響因子が多く，ばらつきが比較的大である．

b． 鉄筋コンクリート

鉄筋コンクリートの長所には以下のような点がある．

① コンクリートと鋼材の線膨張率がほとんど変わらないので，部材は温度の変化に強い．
② コンクリートがアルカリ性を示すため埋め込まれた鋼材の腐食速度が遅れる．

一方，短所は以下のようである．

① 鋼材により収縮が拘束されるので引張り側の自己応力やひび割れが生じやすい．ただし，膨張コンクリートでは逆に長所になる．

② 配筋量の計算や配筋の決定に種々の技術的な配慮が必要になる．鉄筋コンクリート工学でコンクリート構造物の設計技術を習得する必要がある．
③ 鉄筋の継手，定着ならびに配筋のための加工が必要になる．
④ ひび割れや施工欠陥が生ずると，鉄筋の腐食が早まり，早期劣化の可能性が生じる．

これらの欠点を補うためには，本書に示すコンクリート工学の基本を守ることがきわめて大切である．また，8章以降で述べる特殊コンクリート技術は，状況に応じてコンクリート製造技術の最適化を図るのが目的である．

1.6 コンクリートの組織

コンクリートの内部で各材料がどのように分布しているかを，コンクリートの組織または構造という．この際，裸眼で観察できる構造を単に**構造**，または**巨視構造**（macrostructure），顕微鏡スケールで観察できる構造を**組織**または**微視構造**（microstructure）と呼んで区別する．

コンクリートは異方性が大きく，複雑かつ不規則な構造を持つことが多い．したがって，その特徴を正確に示すモデルをつくることは容易ではない．しかし，コンクリートの組織と性質の相互関係を知ることは，コンクリート技術者にとって欠かすことができない．

巨視的にみると，コンクリートは，種々の大きさと形状を持つ骨材とその隙間を満たす**水和セメントペースト**（hardened cement paste；hcp）で構成されている．

hcpは結合材となるが，微視的にはそれ自体が微細な空隙を含み固体相と流体相（気相または水相）からなる二相材料である．気相と水相をさらに区別して扱えばhcpは気・液・固相で構成され，三相材料であるともいえる．

hcpの構造は重力の場で形成されるので，コンクリートの打上り上面ほど多孔質になりやすく（3.5.b項「ブリーディング」参照），骨材や水平鉄筋の下面には空隙ができやすい．また，骨材とhcpの界面付近には重力の方向に関係なく，比較的多孔質な組織ができやすいことがわかっている．**遷移帯**（transition zone）と呼ばれるこれらの欠陥はコンクリートの力学的性質やコンクリート中の物質移動に大きな影響を与える．したがって，載荷によって生ずるひび割れや，マイクロクラックなどのほかに，先天的に生ずるコンクリートの内部欠陥を

いかに制御するかは，コンクリート技術にとってきわめて重要なテーマである[2,3]．

1.7 コンクリートの性質

コンクリートが備えているべき性質を性能と呼ぶ．性能はフレッシュコンクリートの性能と硬化コンクリートの性質に大別できるが，フレッシュ時の性能が硬化コンクリートの性質に与える影響は大きく，両者には密接な関係がある．

性能はまた，施工性能，構造性能，耐久性能に分類することができる．施工性能は，主としてフレッシュ時の性能で決まるが，構造性能，耐久性能はフレッシュ時と硬化後の数多くの要因の影響を受ける．

コンクリートやコンクリート部材を設計することにより，コンクリート構造体を構築するが，設計の作業は上記の各性能を**照査**することで行う．コンクリート工学はこの照査に必要な技術を習得することを目的とする．

1.8 セメント・コンクリートの規格と学協会

わが国では，土木分野におけるコンクリート構造物の設計，施工は土木学会制定のコンクリート標準示方書（以下，示方書と略記）が広く用いられている．建築分野のコンクリートは日本建築学会制定の建築工事標準仕様書（「鉄筋コンクリート工事」JASS 5）によらなければならない．これらの規格は，国土交通省，日本道路公団，JR 各社などが企業体独自で制定する個別の示方書や仕様書にも引用されることが多く，大きな影響力を持っている．

外国においては，ASTM，ASCE，ACI（アメリカ），BS（イギリス），DIN（ドイツ），NF（フランス），ГOCT（ロシア），CEB（ヨーロッパ）など，種々の団体が規格や示方書を制定している．現在は，これらの規格を国際規格として統一しようとする活動が続けられており，ISO の規格が注目されている．これらの団体や規格は国家的な法体系に必ずしも組み入れられていない場合もあり，国や規格ごとに拘束力には差が存在する．

日本では，鉱工業製品の材料，機器などについて，品質，形状，寸法，試験方法などが JIS として規格されている．現在，8000 件近くの JIS 規格があり，その中の 4% 程度が建設材料関連である．

表 1.1 はわが国の代表的な学協会を示すが，このほかにも，コンクリートに関

表 1.1 コンクリート関連の主な学協会（2002 年，3 月現在）

名称（省略）	所在地	電話	主な刊行物	資格
土木学会 (JSCE)	〒160-0004 東京都新宿区四谷 1丁目無番地	03-3355-3502	コンクリート標準示方書，土木学会指針，同指針（案），土木学会基準，コンクリートライブラリー，技術シリーズ，土木学会誌	
建築学会 (AIJ)	〒108-8414 東京都港区芝5-26-20	03-3456-2050	JASS 5，建築学会誌，建築学会論文集，委員会報告	1級建築士 2級建築士
日本コンクリート工学協会 (JCI)	〒102-0083 東京都千代田区麹町1-7 相互半蔵門ビル	03-3263-1571	コンクリート工学会年次論文報告集，委員会報告，Trans. of JCI	コンクリート技士 主任技士 コンクリート診断士
セメント協会 (CAJ)	〒104-0032 東京都中央区八丁堀4-5-4	03-3523-2701	セメントコンクリート論文集，委員会報告など	
プレストレストコンクリート技術協会 (PCEA)	〒162-0821 東京都新宿区津久戸町4-6 第3都ビル	03-3260-2521	プレストレストコンクリート	プレストレストコンクリート技士

連する活動を続ける団体として，日本材料学会，日本規格協会，全国生コンクリート工業組合連合会，全国コンクリート製品協会，生コンクリート圧送事業団体連合会などがある．これらの学協会からは定期・不定期の刊行物，委員会報告などが出版されている．

参 考 文 献

1) 成岡昌夫：新体系土木工学 別巻5，土木資料百科，技報堂出版，1990.
2) 田澤栄一：コンクリートの欠陥とその対策，コンクリート工学，**37**-10，1999.
3) 田澤栄一・佐伯 昇監訳：コンクリート工学・微視構造と材料特性，技報堂出版，1998.

2. コンクリート用材料

2.1 セ メ ン ト

a. 概　　説

　セメント (cement) という言葉は，一般には結合材，接着剤などを意味するが，コンクリート用材料としての**セメント**は，通常，水と反応して硬化する粉末状の水硬性セメントのことをさしている．

　セメントは，JIS に適合したものを使用するのが原則である．JIS に規定されているセメントは，次のとおりである．

① ポルトランドセメント（JIS R 5210, 12 種）
・普通ポルトランドセメント，同（低アルカリ形）[*1]
・早強ポルトランドセメント，同（低アルカリ形）
・超早強ポルトランドセメント，同（低アルカリ形）
・中庸熱ポルトランドセメント，同（低アルカリ形）
・低熱ポルトランドセメント，同（低アルカリ形）
・耐硫酸塩ポルトランドセメント，同（低アルカリ形）

② 混合セメント（9 種）
・高炉セメント（A 種，B 種，C 種）[*2]（JIS R 5211）
・シリカセメント（A 種，B 種，C 種）（JIS R 5212）
・フライアッシュセメント（A 種，B 種，C 種）（JIS R 5213）

[*1]：低アルカリ形は，全アルカリ（$R_2O = Na_2O + 0.658\,K_2O$）0.6% 以下．
[*2]：A 種，B 種，C 種は，混合材の混合率による区分．

一般の工事には，普通ポルトランドセメントを使用することが多い．そのほかで使用実績の多いものは，ポルトランドセメントでは，早強，中庸熱，耐硫酸塩の順であり，混合セメントでは，高炉，フライアッシュである．混合セメントは，B種の使用実績が多く，とくに高炉セメントB種の使用量が多い．

JISに規定されているセメントのほか，次の各種セメントが，特殊な目的に使用される．
・超速硬セメント，アルミナセメント（緊急工事用）
・油井セメント，地熱セメント（高温・高圧の環境用）
・白色ポルトランドセメント，カラーセメント（着色用，装飾用）
・超微粉末セメント（岩盤，地盤への注入用）
・低発熱形3成分（多成分）セメント（主にマスコンクリートに使用，混和材の混入率が混合セメントのC種の範囲を越えたもの）

b．ポルトランドセメント

1）原 料　ポルトランドセメントの主要な原料は，石灰石（主成分：$CaCO_3$）と粘土（主成分：SiO_2，Al_2O_3，その他：Fe_2O_3）である．石灰石の主成分である炭酸カルシウム（$CaCO_3$）は，焼成の過程で二酸化炭素（CO_2）を放

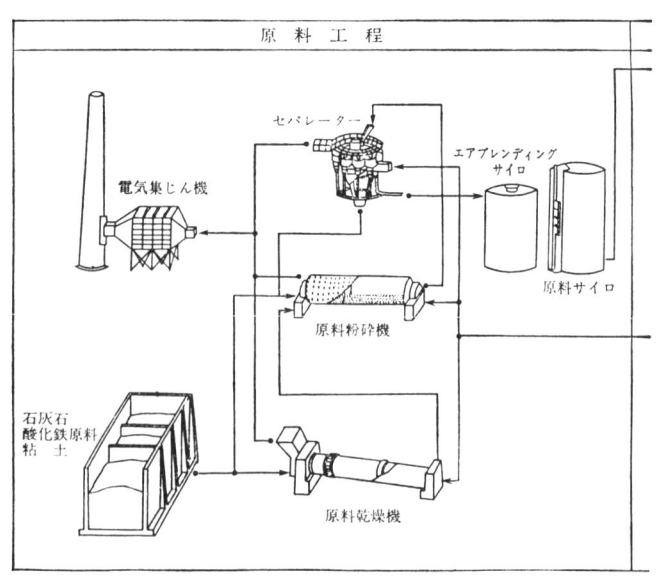

図2.1　乾式セメント

出し，酸化カルシウム（CaO）になって他の成分と化合する．粘土中の二酸化けい素（SiO_2）が不足する場合は，けい石（主成分：SiO_2）を加える．また，粘土中の酸化第二鉄（Fe_2O_3）が不足するために，鉱滓などの酸化鉄原料（主成分：Fe_2O_3）を加える．さらに，凝結時間を遅延させるため，粉砕時に少量のせっこう（主成分：$CaSO_4 \cdot 2H_2O$）を加える．

これらの原料のほとんどは国内で入手でき，最も多量に使用する石灰石は全国各地に高品質の石灰石鉱山が点在している．

2) 製造方法　ポルトランドセメントの製造方法は，乾式と湿式とに分類される．両者の基本的な相違は，原料を均一に混合するための方法にある．**乾式**では，乾燥して微粉砕した原料をエアブレンディングにより混合する．一方，**湿式**では，水を加えて微粉砕し，スラリーとなった原料を撹拌・混合する．一般には，エネルギーの損失が少ない乾式が広く用いられている．図2.1に乾式による製造工程の一例を示した．

製造工程は，原料工程，焼成工程，仕上げ工程の3工程に分けられる．原料工程では，原料を乾燥後，微粉砕し，エアブレンディングサイロで均一に混合する．焼成工程では，原料はまず，サスペンションプレヒーターで排ガスによって

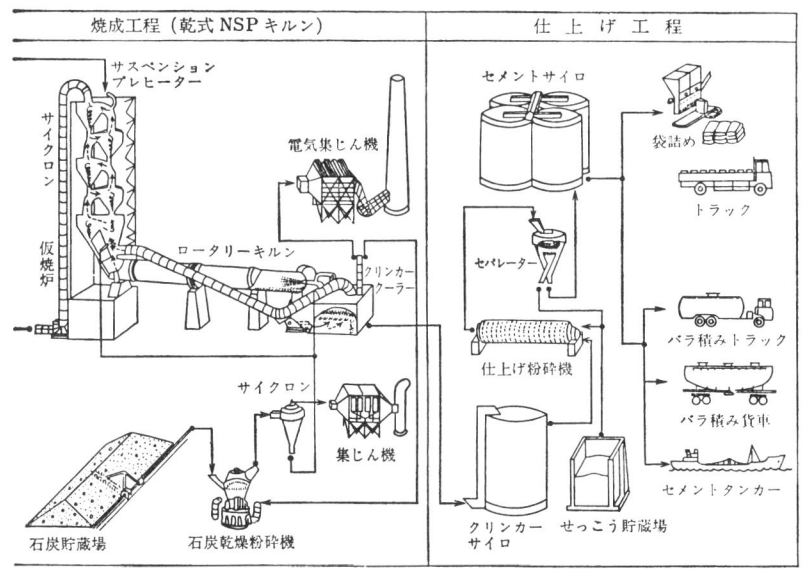

製造工程[1]

表2.1 セメントの組成化合物とその特性

名　称		エーライト (Alite)	ビーライト (Belite)	間隙物質	
				アルミネート相	フェライト相
主成分		けい酸三 カルシウム	けい酸二 カルシウム	アルミン酸 三カルシウム	鉄アルミン酸 四カルシウム
記　号'		C_3S	C_2S	C_3A	C_4AF
密度 $(g/cm^3)^{2)}$		3.13	3.28	3.00	3.77
強度発現[3)] (相対的比較)	初期（材齢1日程度）	中	小	大	小
	早期（材齢3～28日）	大	中	小	小
	長期（材齢28日以降）	中	大	小	小
水和熱[4)] (cal/g)		120	62	207～320	100
化学抵抗性[5)](相対的比較)		中	大	小	大
乾燥収縮[6,7)]$(\times 10^{-4})$（収縮分担係数）		46～79	77～106	233～322	167～169

' : $C=CaO$, $S=SiO_2$, $A=Al_2O_3$, $F=Fe_2O_3$

予熱され，その後，ロータリーキルン内を最高温度1450℃程度で通過し，焼結した化合物はクリンカーとして排出され，クーラーで急冷される．なお，焼成用燃料には，微粉炭を使用する．仕上げ工程では，このクリンカーにせっこうを3～5%加えてミルで粉砕し，ポルトランドセメントとする．バラセメントはサイロで貯蔵する．

　普通ポルトランドセメントには，高炉スラグ微粉末，シリカ質混合材，フライアッシュまたはセメント製造用石灰石微粉末を，セメントの5%以下の範囲で加えてよいことになっている．

　3) 組　成　ポルトランドセメントの主成分は，酸化カルシウム（CaO），二酸化けい素（SiO_2），酸化アルミニウム（Al_2O_3），酸化第二鉄（Fe_2O_3）である[*3]．これらは焼成時に一定の割合で結合し，水硬性鉱物となってセメント中の化合物を形成する．セメントの性質は，これらの組成化合物の割合によって決まる．組成化合物の種類と特性を表2.1に示す．

　4) 水和反応　セメントに水を加えると化学反応が起こり，凝結，硬化，強度発現へと進行する．この反応を**水和反応**という．

　セメントの水和反応は，その組成化合物それぞれが水と反応し，水和生成物を

[*3]：セメント化学ではCaO：C, SiO_2：S, Al_2O_3：A, Fe_2O_3：F, H_2O：H, SO_3：$\bar{S}$, と略記する．この略号を使うと例えばC_4AFは$4CaO \cdot Al_2O_3 \cdot Fe_2O_3$なる化合物を表す．

つくることによって進行する.

① エーライト (C_3S):次の反応によって,**けい酸カルシウム水和物 C-S-H** ($C_3S_2H_3$)*4 と水酸化カルシウムを生成する.

$$2\,C_3S + 6\,H_2O \longrightarrow C_3S_2H_3 + 3\,Ca(OH)_2$$
エーライト　水　C-S-H　水酸化カルシウム

C-S-H は,強度発現に必要な生成物である.水酸化カルシウムは,その生成時に C-S-H の硬化を促進させ,硬化後はコンクリートをアルカリ性に保つ.

② ビーライト (C_2S):次の反応によって,C-S-H と水酸化カルシウムを生成する.

$$2\,C_2S + 4\,H_2O \longrightarrow C_3S_2H_3 + Ca(OH)_2$$
ビーライト　水　C-S-H　水酸化カルシウム

この反応は,エーライトの場合に比べ,水酸化カルシウムの生成量が少ないので,C-S-H の硬化が遅れる.しかし,実際にはエーライトと共存しているため,エーライトからの水酸化カルシウムの影響を受け,早期の強度発現にも,ある程度寄与することができる.

③ アルミネート相 (C_3A):単独で水和すると,高い反応熱を発生し,急結する.このため,セメントには,粉砕時にせっこうが加えられる.せっこうと共存すれば,次の反応によってエトリンガイトを生成する.

$$C_3A + 3\,CaSO_4 + 32\,H_2O \longrightarrow C_6A\bar{S}_3H_{32}$$
アルミネート　無水せっこう　水　エトリンガイト

せっこうが反応しつくされて存在しなくなると,次の反応によりモノサルフェート水和物が生成する.

$$2\,C_3A + C_6A\bar{S}_3H_{32} + 4\,H_2O \longrightarrow 3\,C_4A\bar{S}H_{12}$$
アルミネート　エトリンガイト　水　モノサルフェート水和物

これらの反応は初期に起こるので,凝結および初期強度に影響を及ぼす.

④ フェライト相 (C_4AF):アルミネート相と同様に,単独では急結するが,せっこうとの共存によりその水和は抑制される.次の反応が起こるが,凝結や強度への影響はほとんどない.

$$C_4AF + 2\,Ca(OH)_2 + 10\,H_2O \longrightarrow C_3AH_6\text{-}C_3FH_6$$
フェライト　水酸化カルシウム　水　C_3AH_6-C_3FH_6固溶体

図 2.2 に主成分の純粋なクリンカー鉱物の圧縮強度発現を示す.C_3S と C_2S

---

*4:C-S-H:セメントの水和反応によって生成するけい酸カルシウム水和物で,以前はトバモライトと呼ばれていた.

の強度への貢献度がきわめて大きいことが示されている[4,8]。

5) 硬化過程とポロシティー

図2.3は，水がセメントと反応して水和生成物となる過程の概念を示したものである．水和反応に伴い，セメント粒子から水和生成物が次第に成長していき，組織を緻密にして固体に変わっていく様子が表現されている．この際，比表面積が3000 cm²/g 程度であった

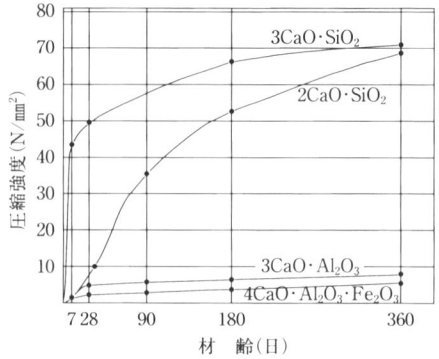

図2.2 各クリンカー鉱物の圧縮強度発現（BogueとLerch）[4]

セメント粒子が水和反応後には 2000000 cm²/g の比表面積となり，固体の実質体積は約 1.6 倍になるといわれている[7]．

水和反応は，一般の化学反応と同様に温度の影響を強く受ける．すなわち，低温のときは反応が遅く，高温では速くなる．また，乾燥して水分がなくなれば，水和反応は生じなくなる．逆にセメント粒子が洗い流されなければ水中でも水和

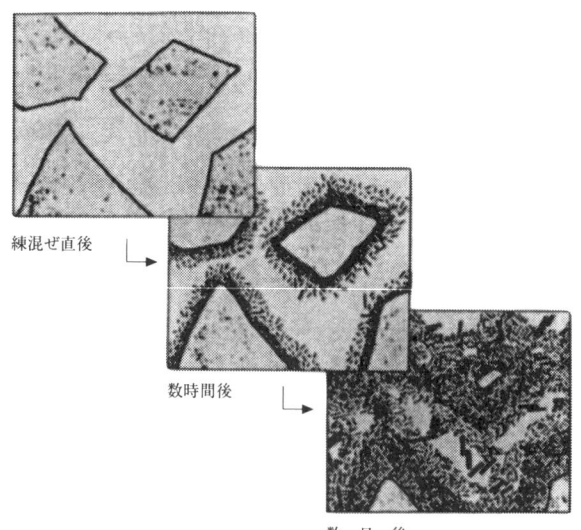

図2.3 ポルトランドセメントの水和過程（H. F. W. Taylor）[1]

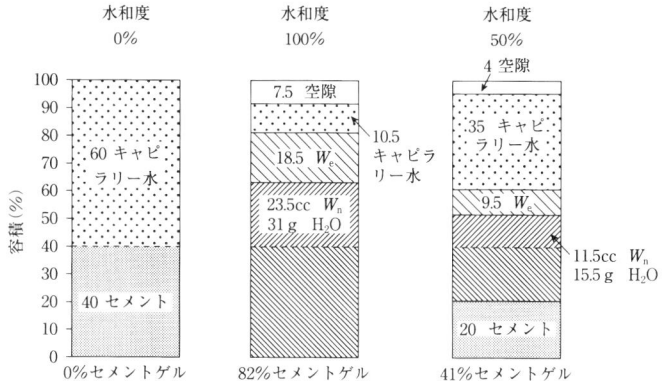

図 2.4 $W/C=0.48$ のセメントペーストの構成図
(数値は 0.5% 単位に切り上げ)

し，凝結・硬化する．

Czernin は，**硬化体**に対する概念を次のように述べている[8]．

① セメントは水と接触した直後に，各粒子が堆積状態を形成しており，その空隙は連続した水で満たされている．このような水を**キャピラリー水**と称する．

② ポルトランドセメントは完全に水和に至るまでにその重量の約 1/4 の水と化合しうる．

③ 化学的な結合によって水はその容積の約 1/4 を減少することになる．

④ ポルトランドセメントは，化学的な結合水の他に，その重量の約 15% を

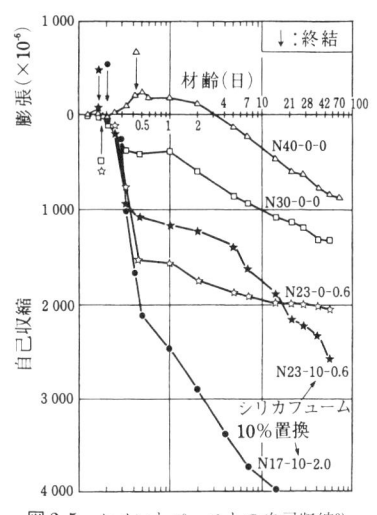

図 2.5 セメントペーストの自己収縮[9]
(N は普通ポルトランドセメント，数値は W/C)

ゲル状の水として水和生成物中に保持している．このゲル水は 105℃ の乾燥器で完全に蒸発するが，未水和のセメントとは反応してはいない．

⑤ 水和生成物は，きわめて微細で一様な性質を持ち，固く付着しあった物質，すなわち，セメントゲルからなっている．セメントゲルは容積の約 1/4 がゲル水である．水で充満したゲル空隙 (gel pore) は非常に微細に分布した水隙である．

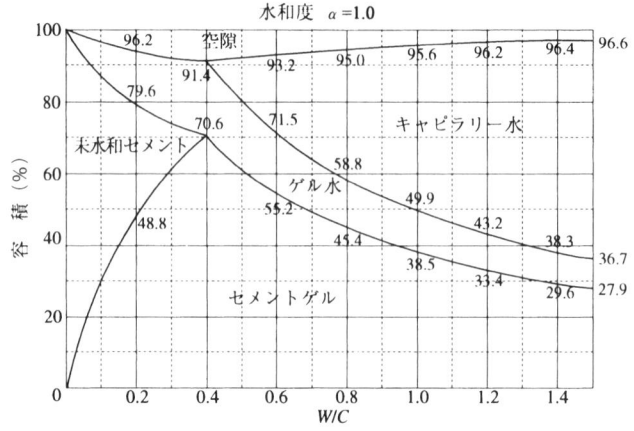

図 2.6　セメント硬化体構成成分の容積百分率[7]

⑥　水和生成物の全ポロシティー（キャピラリー空隙とゲル空隙）はセメント硬化体強度を決定する．図 2.4 (p. 15) は水セメント比（W/C）が，0.48のときのセメントペーストの容積関係を示したものである．水和反応により，セメント硬化体は，水和度100%において，7.5%の空隙を生じている．すなわち，水和生成物の体積は，元々の水とセメントの体積より減少することが示されている．この収縮が**水和収縮**である．セメント硬化体内部にはこの収縮に見合った空隙が生成する．そのためセメント硬化体中のキャピラリー水の一部は不連続となり，メニスカスが生じて，硬化体の実質部分を引き寄せようとする**毛細管張力**が発生する．これによってセメント硬化体は収縮する．これが**自己収縮**である[9]．図 2.5 (p. 15) に示すように低水セメント比のものほど自己収縮が大きい．乾燥収縮とは逆である．

図 2.6 にセメント硬化体の構成成分の容積百分率を示す[8]．水セメント比が0.4以下の場合，未水和セメントが残ることになるが強度は低水セメント比ほどさらに増大する．水和反応を促進するためには，十分な水中養生が必要になる．

6) 品　質　セメントの品質は，その化学的性質，物理的性質によって定まる．それぞれの性質に関するJIS規格値，試験値の一例を表 2.2，2.3 (p. 18, 19) に示す．

セメントの化学的性質は以下のようである．

① 強熱減量（ig. loss）：強熱減量は，セメントを900～1000℃で強熱したと

きの質量減少量である.

セメントは,貯蔵中に空気中の水分を吸収して一部が水酸化カルシウムとなり,さらに二酸化炭素と化合して炭酸カルシウムへと変化する.この現象を**風化**という.

$$\left.\begin{array}{l}CaO + H_2O \longrightarrow Ca(OH)_2 \quad (水和反応①,②)\\ Ca(OH)_2 + CO_2 \longrightarrow CaCO_3 + H_2O \quad (炭酸化)\end{array}\right\}(風化)$$

セメントは,風化すると水分や二酸化炭素の含有量が多くなるため,強熱減量が増大する.風化したセメントは,比重が軽く,凝結が遅延し,強度低下を生じる.また,偽凝結を生じやすい.

② 酸化マグネシウム(MgO):酸化マグネシウムは,石灰岩の不純物としてセメント中に混入するが,含有量が多いと膨張性ひび割れの原因となり,長期の安定性が損なわれる.一般にセメントは,酸化マグネシウムが多いほど,比重が大きく,長期強度が低く,水和熱が高い.また,セメントの色は,酸化マグネシウムが多いほど緑色が強く,少ないほど黄色が強くなる[8].

③ 三酸化いおう(SO_3):三酸化いおうは,せっこうの成分としてセメント中に存在する.三酸化いおうがセメントの品質に及ぼす影響は,セメントの化学的性質や物理的性質と密接な関係があり,単純ではない.しかし,JIS規格値の範囲内では,三酸化いおうが多いほど早期強度が高く,収縮が小さい.

④ アルカリ(R_2O):セメント中の酸化ナトリウム(Na_2O)および酸化カリウム(K_2O)を $Na_2O+0.658 K_2O$ で示し,R_2O で表しアルカリと呼ぶ.コンクリートに反応性骨材(2.2.c項参照)を用いる場合には,低アルカリ形のポルトランドセメントを用いる.セメント中のアルカリが0.6%以下であれば,反応性骨材を使用しても,アルカリ骨材反応は起こらないことが確認されている.したがって,低アルカリ形ポルトランドセメントの全アルカリ(%)は0.6以下に規制されている.

⑤ その他:以上①〜④の項目は,通常セメントの試験表に記載されるもの(アルカリは低アルカリ形のみ)である.これらのほか,表2.2に記載した不溶残分は,塩酸に溶解せず残ったもので,主としてせっこうの不純物(粘土分)である.また主成分は,単独で存在するのではなく,複塩として存在し,表2.1に示したような組成化合物としてそれぞれの特性を発現する.

セメントの物理的性質は以下のようである.

表2.2 各種セメントの化学

セメントの種類		ig. loss	insol.	SiO_2	Al_2O_3	Fe_3O_3
ポルトランドセメント	普 通	1.5	0.2	21.2	5.2	2.8
	早 強	1.2	0.2	20.5	4.9	2.6
	中庸熱	0.5	0.1	23.3	3.8	4.0
	低 熱	0.7	0.1	25.4	3.5	3.5
高炉セメント	B 種	1.6	0.3	25.6	8.5	1.8
フライアッシュセメント	B 種	1.2	12.7	19.3	4.9	2.6

・ig. loss:強熱減量,どのセメントの場合も3.0%以下(JIS規格).
・全アルカリ:$R_2O = Na_2O + 0.658 K_2O$,$R_2O$はどのセメントの場合も0.75%以下.

表2.3 各種セメントの物理試験結果(JIS R

セメントの種類		密度 (g/cm^3)	粉 末 度		水量 (%)	凝 結
			比表面積 (cm^2/g)	網ふるい 90μm残分(%)		始 発 (h-m)
ポルトランドセメント	普 通	3.15	3450 (2500以上)	0.5	28.2	2:13 (1:00以上)
	早 強	3.13	4720 (3300以上)	0.2	30.8	1:55 (0:45以上)
	中庸熱	3.21	3082 (2500以上)	0.6	28.0	3:08 (1:00以上)
	低 熱	3.22	3248 (2500以上)	—	26.6	3:28 (1:00以上)
高炉セメント	B 種	3.03	3970 (3000以上)	0.3	29.4	2:51 (1:00以上)
フライアッシュセメント	B 種	2.94	3630 (2500以上)	1.3	28.2	2:48 (1:00以上)

・( )内はJIS規格値.

① 密度:普通ポルトランドセメントの密度は,3.14〜3.17 g/cm³の範囲である.各種セメントは,組成の相違によって密度が異なる.密度を高くする鉱物は,主にC_2S,C_4AFであり,逆に低くする鉱物は,C_3S,C_3Aおよび石膏(SO_3)である.混合セメントでは,混合材が多いほど密度は低い.また$Ca(OH)_2$や

分析結果 (JIS R 5202-95)[1]

	化学成分 (%)								
CaO	MgO	SO_3	Na_2O	K_2O	TiO_2	P_2O_5	MnO	Cl	
64.2	1.5 (5.0 以下)	2.0 (3.0 以下)	0.31	0.48	0.26	0.13	0.10	0.005	
64.9	1.4 (5.0 以下)	3.0 (3.5 以下)	0.25	0.44	0.25	0.13	0.08	0.005	
64.0	1.2 (5.0 以下)	2.0 (3.0 以下)	0.25	0.40	0.18	0.05	0.05	0.004	
62.5	1.1 (5.0 以下)	2.2 (3.5 以下)	0.22	0.38	—	—	—	0.004	
54.7	3.6 (6.0 以下)	2.0 (4.0 以下)	0.24	0.40	0.51	0.08	0.18	0.006	
54.4	1.6 (5.0 以下)	1.9 (3.0 以下)	0.22	0.37	0.27	0.12	0.07	0.005	

5210) と水和熱試験結果 (JIS R 5203-95)[1]

終結 (h-m)	圧縮強さ (N/mm²)					水和熱 (J/g)	
	1日	3日	7日	28日	91日	7日	28日
3:15 (10:00 以下)	— (—)	28.1 (12.5 以上)	43.7 (22.5 以上)	61.3 (42.5 以上)	—	—	—
2:55 (10:00 以下)	27.6 (10.0 以上)	45.8 (20.0 以上)	56.0 (32.5 以上)	67.2 (47.5 以上)	—	—	—
4:14 (10:00 以下)	— (—)	20.5 (7.5 以上)	26.1 (15.0 以上)	47.1 (32.5 以上)	—	269	325
5:05 (10:00 以下)	— (—)	11.6 (—)	17.0 (7.5 以上)	40.5 (22.5 以上)	71.8 (42.5 以上)	196	258
4:03 (10:00 以下)	— (—)	21.4 (10.0 以上)	34.9 (17.5 以上)	60.0 (42.5 以上)	(—)	—	—
3:53 (10:00 以下)	— (—)	23.1 (10.0 以上)	36.1 (17.5 以上)	55.5 (37.5 以上)	—	—	—

$CaCO_3$ は比重が軽いので,風化したセメントの密度は低くなる.
　コンクリートの配合設計を行う場合,容積計算に密度が必要である.密度の測定には,ルシャテリエフラスコを用い,鉱油と容積置換を行って算出する(JIS R 5201).

② 比表面積：セメント1g当りの粒子の全表面積を表すもので，この数値が大きいほど粒子が細かいことを意味する．比表面積が大きいと，セメントの凝結は早く，水和熱が高く，若材齢の強度発現が大きいが，反面，セメントが風化しやすく，水和に起因する自己収縮や蒸発に起因する乾燥収縮は大きい．

比表面積は，ブレーン空気透過装置を用いて測定する．セメント粉末を一定の条件で容器に充てんし，空気を透過させ，その透過時間から算出して求める（JIS R 5201）．

③ 凝結：セメントが水和反応によって流動性を失い，固化する現象を**凝結**という．凝結は，加水後の経過時間によって示され，流動性を失い始める時点までの「始発」と，流動性が失われてしまった時点までの「終結」とが設定されている．凝結の始発は，コンクリートの取り扱いが容易な時間を示す指標となるので，施工計画をたてるときに利用できる．

凝結時間の測定には，ビカー針装置を用いる．標準軟度のセメントペーストをつくり，その上に始発用標準針（直径 1.13 ± 0.05 mm）を貫入させ，針の先端が底面からおおよそ1mmのところに止まるときを始発，終結用標準針（先端に直径 3 ± 0.2 mm の小片環を取り付ける）の小片環が跡を残さないようになったときを終結とする（JIS R 5201）．

④ 安定性：安定性は，セメントの凝結硬化過程において，異常な形状変化が生じないことを表す．セメント中に遊離した CaO，SO_3 または MgO が過剰に存在すると，膨張性ひび割れやそりなどの異常な形状変化が生じる．通常のセメントでは，このような現象は起こらない．

安定性試験は，標準軟度のセメントペーストでパットをつくり，24時間湿気箱で養生し，90分間煮沸促進養生の後，目視検査を行い，膨張性ひび割れやそりの有無によって，「良」または「不良」と判定する（JIS R 5201）．

⑤ 強さ：強さは，セメントの品質を評価するうえで，最も重要な特性である．セメントに固有の強さは，その化合物組成，せっこう含有量，比表面積などによって定まる．セメントの風化が進行し，強熱減量が多くなるほど，強さは低下する．

強さ試験は，セメントと標準砂との質量比が1：3で水セメント比0.50のモルタルで $4\times4\times16$ cm の供試体をつくり，所定の材齢で行う．まず，曲げ強さ試験を行い，2分割された供試体片を用いて圧縮強さ試験を行う（JIS R 5201）．

⑥ 水和熱：セメントの水和反応は，発熱反応である．セメントに加水した時点から所定の材齢までの間に発生した熱量の総和を水和熱という．セメントに固有の水和熱は，化合物組成と比表面積によって定まる．しかし，風化して強熱減量が多くなれば，水和熱は減少する．

水和熱の測定方法は，溶解熱方法が JIS R 5203 に規定されている．未水和セメントと水和セメントの溶解熱を熱量計によって求め，これから水和熱を算出する．

7) **種類とその用途**　セメントに固有の性質は，その化合物組成によって定まる．したがって，各種のセメントは，その使用目的に応じた性質を与えるため，おおよそ図2.7に示す構成比率で製造している．

① 普通ポルトランドセメント：標準的な組成化合物を有するセメントで，一般の工事に広く用いられている．通常，ポルトランドセメントあるいは，単にセメントといえば普通ポルトランドセメントを意味していると考えてよい．各種セメントの化学・物理的性質は，普通ポルトランドセメントを基準に設定している．

② 早強ポルトランドセメント：普通ポルトランドセメントの材齢3日，7日における強さを，それぞれおおよそ材齢1日，3日で発現するセメントである．このセメントは，早期に強さを発現させるため，C_3S と SO_3 の量を多くしてある．また，反応促進のため，比表面積を大きくしてあり，水和熱は高い．用途は，早強性を利用した緊急工事，初期材齢で所定の強度を必要とするプレストレストコンクリート，高い水和熱を利用した寒中コンクリート工事などである．

③ 中庸熱ポルトランドセメント：マスコンクリートに用いることを主目的と

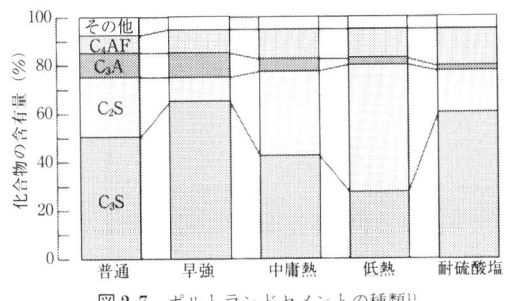

図2.7　ポルトランドセメントの種類[1]

したセメントである．水和熱を低くするため C_3A を 8% 以下に，C_3S を 50% 以下に抑え，逆に C_2S を多くしてある．このことは，化学抵抗性を高めるためにも有効である．また，水和反応がゆるやかになると，水和熱は低くなるので，比表面積を小さくしている．このセメントは，主としてダム工事に使用されるが，空港，道路などの舗装用コンクリートにも用いられる．また，暑中コンクリート工事にも，有効である．

④ 低熱ポルトランドセメント：中庸熱ポルトランドセメントより水和熱がさらに低いセメント．ビーライト C_2S の含有量を 40% 以上と規定し，さらに，発熱の大きなアルミネート相 C_3A を極力減らしている．材齢初期の圧縮強さは低いが，長期において強さを発現する．高ビーライト系セメントの一種で，温度ひび割れ防止を目的に大型構造物の建造などに使われている[1]．

⑤ 耐硫酸塩ポルトランドセメント：化学抵抗性を高めることを主目的として，硫酸塩に対する抵抗性の小さい C_3A を 4% 以下に抑え，逆に C_4AF を多くしたセメントである．しかし，強さの発現速度を普通ポルトランドセメントとほぼ同様にするため，C_3A の減少による初期強さの不足を補う目的で，C_3S を増加させてある．用途は，化学抵抗性の高いことを利用するので，海水に接する港湾施設や海洋構造物，さらに，下水，地下水，温泉水，工場廃水などに直接接触する構造物などである．

⑥ 低アルカリ形ポルトランドセメント：各種ポルトランドセメントには，おのおの低アルカリ形のものがある．セメントには Na_2O や K_2O が含まれてい

表 2.4 混合セメ

セメントの種類			混合材（質量%）	化学成分			比表面積 (cm^2/g)
				強熱減量	三酸化いおう	酸化マグネシウム	
高炉セメント（JIS R 5211-1997）	A	種	5 を越え 30 以下	3.0 以下	3.5 以下	5.0 以下	3000 以上
	B	種	30 を越え 60 以下	3.0 以下	4.0 以下	6.0 以下	3000 以上
	C	種	60 を越え 70 以下	3.0 以下	4.5 以下	6.0 以下	3300 以上
シリカセメント（JIS R 5212-1997）	A	種	5 を越え 10 以下	3.0 以下	3.0 以下	5.0 以下	3000 以上
	B	種	10 を越え 20 以下	—	3.0 以下	5.0 以下	3000 以上
	C	種	20 を越え 30 以下	—	3.0 以下	5.0 以下	3000 以上
フライアッシュセメント（JIS R 5213-1997）	A	種	5 を越え 10 以下	3.0 以下	3.0 以下	5.0 以下	2500 以上
	B	種	10 を越え 20 以下	3.0 以下	3.0 以下	5.0 以下	2500 以上
	C	種	20 を越え 30 以下	3.0 以下	3.0 以下	5.0 以下	2500 以上

る．これらの量が多いと，反応性骨材を用いた場合，アルカリシリカ反応を生じて膨張ひび割れを生じることがある．このような反応を生じる恐れがある骨材を用いるとき，全アルカリ量 R_2O（Na_2O 換算（％）＝$Na_2O+0.658 K_2O$）が 0.6% 以下のセメントを用いることを規定している[1]．最近の報告によると，低アルカリセメントは引張ひずみの能力が格別に大きくなる性質がある[10]．

c．混合セメント

混合セメントは，ポルトランドセメントに混合材を加えたもので，JIS には，高炉，シリカ，フライアッシュの 3 種類のセメントが規定されている．しかし，通常使用されているのは，高炉とフライアッシュの 2 種類である．

混合セメントには，次のような共通の特性がある．

① 混合材は，それ自体では水硬性がなく，セメントと共存することによって反応する．

② ポルトランドセメントの量が混合材を加えた分だけ少なくなるので，早期の強さは低い．しかし，混合材の反応によって，長期の強さはポルトランドセメントと同程度またはそれ以上となる．

③ ポルトランドセメントの量が少ないことから，水和熱は低い．

④ セメント中の C_3A が実質的に少なく，$Ca(OH)_2$ の生成量が少ないため，硫酸塩と接触しても，エトリンガイトの生成量が少なくなるので，化学抵抗性は高い．

1) 高炉セメント　高炉スラグ（2.3.b 項参照）を混合材として用いるセメントの品質規格

凝結		安定性		圧縮強さ（N/mm²）		
始発 (min)	終結 (h)	パット法	ルシャテリエ法 (mm)	3 日	7 日	28 日
60 以上	10 以下	良	10 以下	12.5 以上	22.5 以上	42.5 以上
60 以上	10 以下	良	10 以下	10.0 以上	17.5 以上	42.5 以上
60 以上	10 以下	良	10 以下	7.5 以上	15.0 以上	40.0 以上
60 以上	10 以下	良	10 以下	12.5 以上	22.5 以上	42.5 以上
60 以上	10 以下	良	10 以下	10.0 以上	17.5 以上	37.5 以上
60 以上	10 以下	良	10 以下	7.5 以上	15.0 以上	32.5 以上
60 以上	10 以下	良	10 以下	12.5 以上	22.5 以上	42.5 以上
60 以上	10 以下	良	10 以下	10.0 以上	17.5 以上	37.5 以上
60 以上	10 以下	良	10 以下	7.5 以上	15.0 以上	32.5 以上

ントである．高炉セメントは，高炉スラグの混合率（重量比）によって，A，B，Cの3種類に分類されている（表2.4，p.22）．高炉セメントには，B種の28日強さが普通ポルトランドセメント並みであること，水和熱が低いこと，化学抵抗性が高いことのほか，水和生成物が緻密であることから，水密性が高い．

このような特性を利用して，高炉セメントは，ダムをはじめとするマスコンクリート，さらに防波堤，消波ブロックなどの海洋・海岸構造物，橋脚，配水池などの水理構造物，下水道，し尿処理場などの耐薬品性構造物などに主として使用される．

2） フライアッシュセメント　　フライアッシュセメントは，フライアッシュ（2.3.b項参照）を混合材として用いるセメントであり，フライアッシュの混合率（重量比）によって，A，B，Cの3種類に分類されている（表2.4，p.22）．

フライアッシュセメントの特性は，28日圧縮強さは劣るが（p.18, 19, 表2.3），高炉セメントとほぼ同じである．したがって，用途も同様であると考えてよい．

d．特殊セメント

1） 超速硬セメント　　数時間で実用上必要な強度が得られる超速硬性のセメントである．主な組成化合物は C_3S と $C_{11}A_7CaF_2$ であり，凝結時間がきわめて早いが，せっこうまたは遅延剤の添加によって遅延させることができる．

用途は，緊急を要する補修工事，超速硬性を利用するグラウト，吹付け工事，養生期間の短縮を目的とする寒中工事，生産性の向上を目的とするコンクリート製品，鋳型などである．

2） 白色ポルトランドセメント　　ポルトランドセメントに特有の灰緑色は，化学成分のうち，Fe_2O_3 と MgO によるものであるから，Fe_2O_3 を0.3％以下と極端に減少させると，白色のセメントが得られる．白色ポルトランドセメントは，普通ポルトランドセメントに比べ，SO_3 と C_3A がいくぶん多いので，強度発現はやや早強型である．しかし，その他の特性は，白色であること以外は，普通ポルトランドセメントと大差がない．

このセメントは，白色のままで装飾用の各種コンクリートに用いるほか，顔料による着色が可能であるため，カラーコンクリートとしての用途もある．

3） 油井セメントと地熱セメント[11]　　油井セメントは，油井を掘削する場合に，ケーシングと地盤との間の充てんに用いられるもので，アメリカ石油協会の規格により，クラスA～Hの8種類に分けられる．油井セメントには，注入が

容易な流動性，適切なシックニングタイム（クラウチングが可能な時間），所定の高温・高圧下での強さ発現，水密性，必要に応じ耐硫酸塩性などの特性が必要である．

　地熱セメントは，地熱発電のための地熱井掘削用に使用する注入材料であるが，油井セメントが200℃未満で使用されるのに比べ，200℃以上の高温条件で使用する．このため，油井セメントに無機質系の強さ安定材を添加し，所要の特性を付与している．

2.2 骨　　材

a．概　　説

　骨材（aggregate）は，コンクリートの主要構成材料である．砂，砂利，海砂，砕砂，砕石，高炉スラグ細骨材，高炉スラグ粗骨材，その他これらに類似の材料を総称して**骨材**という．

　骨材は，その粒径によって，**細骨材**と**粗骨材**に分類し，次のように定義する．
① 細骨材：10 mm ふるいを全部通り，5 mm ふるいを質量で85%以上通過する骨材．
② 粗骨材：5 mm ふるいに質量で85%以上とどまる骨材

　また骨材には，天然のもの，天然のものを加工した半人工のもの，人工のものがあるが，それらは，採取場所や製造方式によって，次のように分類できる．

$$\text{天然骨材}\begin{cases}\text{川砂，川砂利}\\\text{海砂，海砂利}\\\text{山砂，山砂利}\end{cases} \text{半人工骨材}\begin{cases}\text{砕砂}\\\text{砕石}\end{cases} \text{軽量骨材}\begin{cases}\text{高炉スラグ骨材}\\\text{人工骨材}\end{cases}$$

　天然骨材は，岩質の特徴を示すため，河川名または産地名をつけて呼ぶことが多い．上記のほか，原子力施設では重量骨材が用いられる．

　骨材の品質は，川砂，川砂利の特性を基準としている．

b．物理的性質

　この項では，普通骨材の物理的性質を対象とする．軽量骨材などの特殊な骨材に関しては，それぞれの項で述べる．

1) **含水状態**　骨材の含水状態は，図2.8に示す4種類に分けられる．
① 絶対乾燥状態（絶乾状態）：骨材粒の内部の空隙に含まれている水が，すべて取り去られた状態．

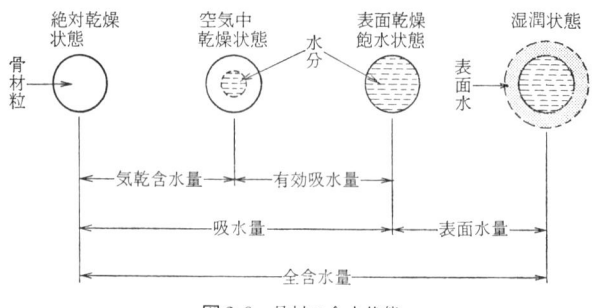

図2.8 骨材の含水状態

② 空気中乾燥状態（気乾状態）：骨材を空気中に放置して自然に乾燥させた状態．この状態では，骨材粒の内部にいくぶん水分があり，その水量は，外気の湿度によって変動する．
③ 表面乾燥飽水状態（表乾状態）：骨材の表面水がなく，骨材粒内部の空隙を水が満たしている状態．
④ 湿潤状態：骨材粒内部の空隙を水で満たし，さらに表面水のある状態．

表乾状態の判定は，次のように行う（JIS A 1109, 1110）[12]．
① 細骨材：24時間吸水させた試料を乾燥させる過程において，専用のフローコーンに突き棒の重さのみで詰め，フローコーンを鉛直に引き上げる．細骨材のコーンが初めてくずれる状態を，表乾状態とする．
② 粗骨材：24時間吸水させた試料の表面水を布でぬぐいさり，表乾状態であるとする．

2) 吸水率　吸水率は，表乾状態の骨材に含まれる全水量（吸水量）の，絶乾状態の骨材質量に対する百分率で表す．

天然の骨材の吸水率は，3%以下であることが多いが，中には極端に大きいものもある．一般には，吸水率が大きいほど，強度，耐久性は低い．

骨材の吸水率は，表乾状態の質量 W_S および絶乾状態の質量 W_D から次式によって求める（JIS A 1109, 1110）．

$$\text{吸水率 (\%)} = \frac{W_S - W_D}{W_D} \times 100$$

3) 表面水率　表面水率は，表面水量の，表乾状態の骨材質量に対する百分率で表す．

「細骨材の表面水率試験方法」(JIS A 1111) には，質量法と容積法がある．いずれも試料の骨材体積を置換して，その質量または容積を測定し，次式から求める．

$$表面水率（\%）=\frac{W-W_S}{W_1-W}\times 100, \qquad W_S=\frac{W_1}{D_S}$$

ここに，W_1：試料の質量（g），W：試料で置換された水の質量（g），D_S：表乾密度．

4) 密度 骨材の実質部分および空隙部分を包含した見かけ密度を骨材の密度とする．密度の表し方には，表乾状態の骨材粒の密度を示す表乾密度，絶乾状態の場合の絶乾密度などがある．通常配合設計には，表乾密度が用いられる．骨材の表乾密度は，一般に 2.50～2.70 g/cm³ の範囲であることが多い．

密度が小さい骨材は，一般に粒子中の空隙部分が多いことを意味するので，強度，耐久性が低いと考えてよい．

骨材の密度は次式によって求める．

$$表乾密度：D_S=\frac{W_S}{V_S}, \qquad 絶乾密度：D_D=\frac{W_D}{V_S}$$

ここに W_S：表乾状態の試料の質量（g），V_S：表乾状態の試料の体積（cm³），W_D：絶乾状態の試料の質量（g），$D_S=D_D\{1+吸水率（\%）/100\}$．

V_S は次のようにして求める．

細骨材では，水と置き換えた試料の容積から，それと同じ容積の水の質量を算出する (JIS A 1109)．粗骨材では，試料の空気中重量から水中重量を差し引いて求める (JIS A 1110)．

なお，細骨材で，密度が 0.2 g/cm³ 程度以上相違する細骨材を混合使用する場合，表 2.5 の質量百分率を体積百分率に読み換えるのが望ましい．

5) 粒度 骨材の大小粒が混合している程度を粒度という．大小粒が適度に混合している骨材は，骨材間の空隙が小さいので，セメントペーストが少なくてすみ，単位水量，単位セメント量の少

表 2.5 細骨材の粒度の標準

ふるいの呼び寸法 (mm)	ふるいを通るものの質量百分率 (%)
10	100
5	90～100
2.5	80～100
1.2	50～ 90
0.6	25～ 65
0.3	10～ 35
0.15	2～ 10†

†：砕砂あるいは高炉スラグ細骨材を単独に用いる場合には，2～15% にしてよい．

表 2.6 粗骨材の粒度の標準

粗骨材の大きさ (mm) \ ふるいの呼び寸法 (mm)	60	50	40	30	25	20	15	10	5	2.5
50～5	100	95～100	—	—	35～70	—	10～35	—	0～5	—
40～5	—	100	95～100	—	—	35～70	—	10～30	0～5	—
30～5	—	—	100	95～100	—	40～75	—	10～35	0～10	0～5
25～5	—	—	—	100	95～100	—	30～70	—	0～10	0～5
20～5	—	—	—	—	100	90～100	—	20～55	0～10	0～5
15～5	—	—	—	—	—	100	90～100	40～70	0～15	0～5
10～5	—	—	—	—	—	—	100	90～100	0～40	0～10
50～25†	100	90～100	35～70	—	0～15	—	0～5	—	—	—
40～20†	—	100	90～100	—	20～55	0～15	—	0～5	—	—
30～15†	—	—	100	90～100	—	20～55	0～15	0～10	—	—

†：骨材の分離を防ぐため，粒群別に計量する場合に用いるもの．単独には用いない．

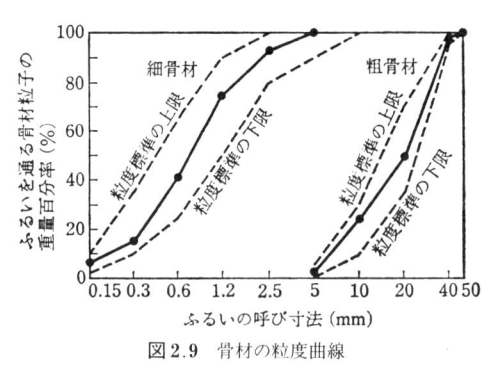

図 2.9 骨材の粒度曲線

ない経済的なコンクリートをつくることができる．

細骨材や粗骨材の粒度は，表 2.5, 2.6 に示す範囲をそれぞれ標準としている．

粗骨材の場合，質量で少なくとも 90% が通るふるいのうち，最小寸法のふるいの呼び寸法で示される寸法を粗骨材の最大寸法という．

骨材の粒度は，グラフに粒度曲線で示すと，分布状況の判断が容易である．たとえば，表 2.7 の粒度は，図 2.9 のように表示できる．さらに粒度の標準範囲をグラフに記入すれば状況が一層明確になる．

粒度分布を判断する指標の一つに**粗粒率**（FM; fineness modulus）がある．粗粒率は，80，40，20，10，5，2.5，1.2，0.6，0.3，0.15 mm の 10 種類の各ふるいを通らない全部の量の全試料に対する質量百分率の和を 100 で割った値で表

2.2 骨材

表 2.7 骨材粒度の例

骨材	項目	ふるいの呼び寸法 (mm)											粗粒率 (FM)
		80	50	40	20	10	5	2.5	1.2	0.6	0.3	0.15	
細骨材	各ふるいにとどまる量 (%)	0	0	0	0	0	0	7	18	34	26	9	—
	各ふるいにとどまる量の累計 (%)	0	0	0	0	0	0	7	25	59	85	94	2.70
粗骨材	各ふるいにとどまる量 (%)	0	0	2	49	25	22	2	0	0	0	0	—
	各ふるいにとどまる量の累計 (%)	0	0	2	51	76	98	100	100	100	100	100	7.27

ふるいの呼び寸法 → 80　40　20　10　5　2.5　1.2　0.6　0.3　0.15

細骨材の FM $= \dfrac{0+0+0+0+0+7+25+59+85+94}{100} = 2.70$

粗骨材の FM $= \dfrac{0+2+51+76+98+100+100+100+100}{100} = 7.27$

す．表2.7に計算例を示す．粗粒率の数値が大きいことは骨材粒の大きなものが多いことを意味する．細骨材の粗粒率は，2.3～3.1の範囲内で，かつ，表2.6の粒度の範囲であれば，品質の良好なコンクリートをつくるのに適していると考えてよい．この範囲を外れる場合は，他の細骨材と混合し，粒度調整を行うとよい．

砕砂あるいはスラグ細骨材を単独に用いる場合には，0.15 mm ふるいを通過するものの質量百分率の上限を一般の場合より 5% 大きくしてよい．

細骨材の粗粒率は，コンクリートの配合を定めたときのものに比べ，0.20以上の変化を示した場合は，配合を変えなければならない．細骨材の粒度の変化が大きいと，コンクリートのスランプに影響するからである．

骨材の粒度は，「ふるい分け試験」（JIS A 1102）によって求める．試験の目的に合う1組のふるいを呼び寸法の細かいふるいを下にして重ね，ふるい機にかけて絶乾状態の試料を通す．各ふるいにとどまる試料の質量をはかり，粒度，粒度曲線，粗粒率（FM），粗骨材の最大寸法を求める．

6) 粒　形　骨材の粒形は，球形に近いほど流動抵抗が少ないので，フレッシュコンクリートのワーカビリティーがよいし，また骨材間の空隙が小さいので，セメントペーストが少ない経済的なコンクリートをつくることができる．このため粗骨材は，薄い石片，細長い石片などを有害量含んでいてはならない．

砕石の場合，粒形の良否の判定に実積率を用いる．この場合は粒形判定実積率というが，**実積率**は，単位容積中の骨材の絶対容積の割合を百分率で表したものである．実積率は，粒形が球形に近いほど骨材間の空隙が小さいことを利用して

求めた数値であるから，この数値が大きいことは，粒子が球形に近いことを意味する．

実積率を求めるには，まず絶乾状態の単位容積質量（後述）を求め，次式によって算出する（JIS A 1104）．

$$実積率 (\%) = \frac{T(100+q)}{\rho}$$

ここに，T：絶乾状態の単位質量（kg/l），q：吸水率（％），ρ：表乾密度．

7） 単位容積質量　　単位容積当りの骨材の質量を単位容積質量という．単位容積質量は，配合設計や実積率の算出に用いるほか，コンクリートの質量を検討する場合にも用いられる．

単位容積質量は，基本的には骨材の比重と実積率によって決まる．しかし，骨材に表面水があると，骨材間の空隙が増すことに加え，とくに細骨材では，粒子が凝集し空隙を大きくする．

単位容積質量は，容器に満たした骨材の質量とその容器の容積から算出するが，試料の容器への詰め方により2とおりの試験方法がある（JIS A 1104）．

① 棒突き試験：粗骨材の最大寸法が40 mm以下のときは10l容器，細骨材では2l容器に試料を3層に入れ，各層を突き棒で突いて詰める．

② ジッギング試験：骨材の最大寸法が40 mmを越えるとき，試料を入れた容器（30l）の一方を5 cm持ち上げて落下させ振動により充てんする．

単位容積質量は，次式により算出する．

$$単位容積質量 (\text{kg/m}^3) = \frac{W_1}{V}\alpha$$

ここに，W_1：容器中の試料の質量（kg），V：容器の容積（m³），α：補正係数．補正係数は，含水率を測定する場合，$\alpha=W_D/W_2$．ここに，W_D：含水率測定のための試料の乾燥後の質量，W_2：含水率測定のための試料の乾燥前の質量，含水率を測定しない場合，$\alpha=1$．

8） 耐久性　　骨材の耐久性として代表的なものは，耐凍害性である．耐凍害性は，JIS A 1122の規定にしたがって硫酸ナトリウム溶液への浸せき・乾燥の操作を5回繰り返したときの損失質量によって判断する．この数値が，細骨材で10％，粗骨材で12％を一般の限度としている．

耐凍害性以外で骨材の耐久性に関係が深いものの一つに，粘土鉱物の存在があ

る．モンモリロナイト，ローモンタイトなどの粘土鉱物は，水の存在下で膨潤または自壊し，ひび割れやポップアウトの原因となることがある．

「安定性試験」（JIS A 1122）は，次のように行う．

① 試料を決められた粒度範囲別で計量する．
② 次の操作を5回繰り返す．各試料を硫酸ナトリウムの飽和溶液に16～18時間浸した後，100～110℃の温度で4～6時間乾燥する．
③ 各群の損失質量百分率を求める．
④ これを試料全体の損失質量百分率に換算して合計する．
⑤ この合計値を安定性試験の結果として百分率で示す．

c．化学的性質

一般に，骨材は化学的に安定なものであると考えられるが，骨材の岩質によっては，不安定となる場合もある．骨材がコンクリート中でセメントや混和剤などに含まれるアルカリと化学反応を起こすことを**アルカリ骨材反応**と呼び，このような反応を起こす骨材を**反応性骨材**と呼んでいる．

アルカリはセメントの水和反応によりコンクリートの間隙水に溶け出し，水酸化アルカリ（NaOH，KOH）を主成分とする強アルカリ性の水溶液となる．この水溶液と骨材中の無定形シリカ鉱物や炭酸鉱物とが反応して，コンクリートに異常な膨張やそれに伴うひび割れを発生させることがある．

アルカリ骨材反応の代表的なものは，アルカリシリカ反応（ASRと略記）とアルカリ炭酸塩岩反応との2種類があり，わが国で被害が主に報告されているのはASRである．ASRは反応性骨材の表面に生成した水ガラスの半透膜に水が浸透して膨張し，ひび割れを発生させる．早いものでは，コンクリート打込み後3～4年でひび割れが発生する．骨材の反応性試験を行い，その結果から使用の可否を判断するのがよい．

骨材の反応性を試験する方法は，

① 反応性試験（「化学法」（JIS A 5308 附属書7））：岩石ごとに試料を粉砕し，0.3 mm ふるいを通り，0.15 mm ふるいにとどまる粒子を得る．各岩石の試料を骨材中の構成割合で計量し，混合する．混合した試料に水酸化ナトリウム溶液を加え，80℃に保って一昼夜反応させる．反応後の溶液から溶解シリカ量 S_c とアルカリ濃度減少量 R_c を求め，図2.10のグラフ上に結果を示す．反応性の判定は，$S_c \geq 10$（m·mol/l）かつ $R_c < 700$（m·mol/l）のとき $R_c \leq S_c$「無害でな

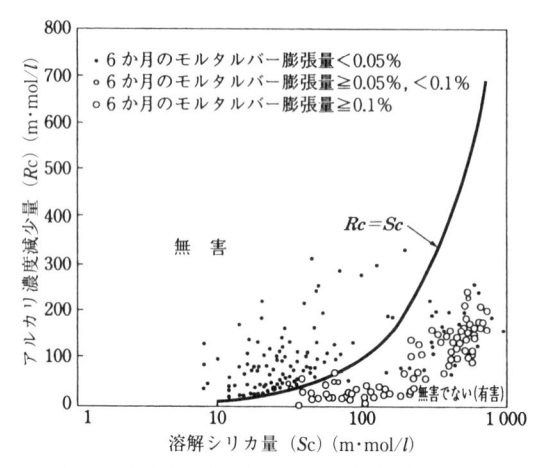

図2.10 規格判定式とモルタルバー法試験結果の関係

い」，それ以外を「無害」とする．

② 反応性試験（「モルタルバー法」（JIS A 5308 附属書8））：化学法で無害と判定されなかった骨材について行う．骨材を所定の粒度に調整してつくった 4×4×16 cm のモルタルを，40℃，95% R.H. 以上の湿気箱で養生し，長さ変化を測定する．材齢6か月において，0.10% 以上の膨張を示した場合，有害であると判断する．モルタルは水セメント比を 50% とし，セメントのアルカリ量を水酸化ナトリウムの添加により 1.2% に調整したものを用いる．

③ コンクリートによる試験：コンクリートでの反応性試験が，日本コンクリート工学協会（コンクリート法によるアルカリ骨材反応判定試験方法研究委員会），日本建築学会（「原子力発電施設における鉄筋コンクリート工事」JASS 5N）などで定められている．

コンクリートのアルカリ骨材反応による劣化については，硬化したコンクリートの性質のところでも述べている．

d．有　害　物

1）塩化物　　骨材中の塩化物が問題になるのは，主として海砂である．塩化物は，鉄筋コンクリート中の鉄筋の発錆に深いかかわりをもつ．鉄筋は，周囲のコンクリートがアルカリ性である限り錆から保護されているが，塩化物が存在すると，アルカリ性であっても発錆する．これは塩化物イオン（Cl^-）によって，鉄筋表面に生成している $Fe(OH)_2$ の被膜が破壊され，孔食を開始するからであ

2.2 骨材

表2.8 細骨材の有害物含有量の限度の標準
(JIS A 5308 付属書1)

種　類	最大値
粘土塊	1.0[*1]
微粒分量試験で失われるもの	
コンクリートの表面がすりへり作用を受ける場合	3.0[*2]
その他の場合	5.0[*2]
石炭，亜炭などで密度 1.95 g/cm³ の液体に浮くもの	
コンクリートの外観が重要な場合	0.5[*3]
その他の場合	1.0[*3]
塩化物 (Cl⁻イオン量)	0.04[*4]

[*1]：試料は，JIS A 1103による骨材の微粒分量試験を行った後にふるいに残存したものを用いる．
[*2]：砕砂，スラグ細骨材の場合で，微粒分量試験で失われるものが石粉であり，粘土，シルトなどを含まないときは，最大値をおのおの5％, 7％にしてよい．
[*3]：スラグ細骨材には適用しない．
[*4]：細骨材の絶乾質量に対する百分率であり，NaClに換算した値で示す．

るといわれている．また，NaClを構成するナトリウムイオン（Na⁺）は，アルカリ骨材反応を促進させる．したがって，表2.8に示すように細骨材中の塩化物含有量は，細骨材の絶乾質量に対し，0.04％を許容限度としている．土木学会コンクリート標準示方書[13]では，外部から塩化物の影響を受けない環境条件の場合には，練混ぜ時にコンクリート中に含まれるCl⁻イオンの総量が0.3 kg/m³ 以下であれば，Cl⁻イオンによって構造物の所要の性能は失われないとしている．

塩化物含有量の試験は，土木学会規準「海砂の塩化物含有率試験方法（滴定法）（案）」によって行う．

2) 泥　土　泥土は，主として粘土，シルトなどからなる微粒物質である．泥土量が多いと，コンクリートの単位水量が多くなり，乾燥収縮が大きくなるので，ひび割れが発生しやすくなる．さらに泥土は，ブリーディング水とともに表面に浮上するため，レイタンスも多くなり，表面の強度および耐久性が低下する．また，泥土が骨材表面に密着していれば，セメントペーストとの付着を悪化させ，強度は低下する．しかし，貧配合のコンクリートでは，泥土が骨材表面に密着せずコンクリート中に均等に分布していれば，かえってワーカビリティーや強度を改善することが多い．

泥土は，粘土塊となっていることがあるが，これがそのままコンクリート中に

表 2.9 粗骨材の有害物含有量の限度の標準
(JIS A 5308 付属書 1)

種類	最大値
粘土塊	0.25[*1]
微粒分量試験で失われるもの	1.0[*2]
石炭,亜炭などで密度 1.95 g/cm³ の液体に浮くもの	
コンクリートの外観が重要な場合	0.5[*3]
その他の場合	1.0[*3]

[*1]: 試料は,JIS A 1103 による骨材の微粒分量試験を行った後にふるいに残存したものから採取する.
[*2]: 砕石の場合で,微粒分量試験で失われるものが砕石粉であるときは,最大値を 1.5% にしてもよい.また,高炉スラグ粗骨材の場合は,最大を 5.0% としてよい.
[*3]: 高炉スラグ粗骨材には適用しない.

混入すると,コンクリートの強度や耐久性が低下する.

泥土量には,表 2.8, 2.9 に示す許容限度が定められている.

3) 有機不純物　腐食土,泥炭などの中に含まれるフミン酸その他の有機酸を有機不純物という.

フミン酸は,コンクリート中の水酸化カルシウムと反応し,不溶性のフミン酸カルシウムを生成して水和反応を阻害する.

有機不純物は,JIS A 1105 の比色法によって試験する.試料に水酸化ナトリウム 3% 溶液を加え,あらかじめつくっておいた標準液の色と比較する.試料の溶液の色は,標準液の色より薄くなければならない.もし,標準色より濃い場合は,「モルタル試験」(JIS A 5308 附属書 3) を行う.試料でつくったモルタルの圧縮強度が,試料を水酸化ナトリウムの 3% 溶液で洗い,さらに水で十分に洗って用いたモルタルの圧縮強度の 90% 以上であれば,その試料を細骨材として使用してよい.

4) その他の有害物質　石炭,亜炭などで比重 1.95 の溶液に浮くものは,一般に脆弱であり,コンクリートの強度,耐久性を低下させるので,細・粗骨材とも,コンクリートの外観が重要な場合は 0.5%,その他の場合は 1.0% をそれぞれ許容限度としている.ただし,これらの限度は,高炉スラグ骨材には適用されない.

e. 各種骨材

1) 川砂・川砂利　川砂や川砂利は,河川敷から採取される骨材である.これらは水流とともに河川を下ってきているため,適度の粒形,粒度,強度を有す

2) **砕砂・砕石**　クラッシャーを用いて天然の岩石を適当な粒度に破砕して砕石とする．砕砂はさらに破砕したもので一般にロッドミルで製造する．角ばった形状のものが多く，砕石・砕砂を用いるとコンクリートのワーカビリティーは悪くなり，単位水量が増加する．このため，良質の AE 剤，減水剤あるいは AE 減水剤を併用するのがよい．またコンクリートが荒々しくなるので，細骨材率をいくぶん大きくする必要がある．

砕砂・砕石は，表面が粗面なので，セメントペーストとの付着がよく，強度はやや高くなる傾向がある．この傾向は，圧縮強度より曲げ強度の方が顕著である．

砕砂に含まれる石粉は，コンクリートの単位水量を増加させる要因ではあるが，材料分離を減少させる効果も有する．石粉などの微粒分量試験で失われるものの量は 7% 以下と規定されている．高性能 AE 減水剤を用いることによって，コンクリートの単位水量の増大を防止することができるので，この場合には石粉など微粒分を増加できると思われるが，実用には今後検討していく必要がある．

3) **海　砂**　海底，海浜，河口など，海水の影響を受けている場所から採取された砂を海砂という．一般に，コンクリート用に海底砂が使用されている．海砂は，細目で，同程度の大きさの粒子がそろっていることが多く，塩化物や貝がらを含有している．塩化物は鉄筋の発錆に影響を及ぼすので，水洗などにより，許容限度（NaCl 換算で 0.04%）以下の含有量にして用いる．貝がらは，細かいものであれば，30% まではほとんど影響がないとされている[14]．

4) **山　砂**　古い河底や海底が，地殻変動によって隆起した丘陵地から採取した細骨材を，山砂と呼んでいる．山砂の品質は，採取場所によって相違するが，泥土を多量に含有することが多い．泥土量が多いと，前述のようにコンクリートの品質に有害であり，洗砂して用いる．

5) **高炉スラグ骨材**

① 高炉スラグ細骨材：高温の溶融高炉スラグを水または空気で急冷し，粒状化して粒度調整したコンクリート用細骨材である．現場では，水で急冷したものを水砕砂，空気で急冷したものを風砕砂と呼んでいる．JIS A 5011-1 では，高炉スラグ細骨材を粒度別に 4 種に区分している．いずれの区分であっても，海

砂，山砂などと混合して，表2.6に示した標準粒度の範囲内に調整して使用することが望ましい．高炉スラグ細骨材を用いると，コンクリートの単位水量はやや多くなる．細骨材率もいくぶん大きくした方が，コンクリートの状態がよくなる．

高炉スラグ細骨材は，潜在水硬性（後述）を有するため，貯蔵中に固結現象を起こすことがある．このため，品質を厳選し，長期間の貯蔵を避けるなどの管理が必要である．品質は，「高炉スラグ細骨材の貯蔵の安定性の試験法」（JIS A 5011-1 附属書2）による判定結果がAのものを選ぶとよい．

表2.10 高炉スラグ粗骨材の絶乾密度，吸水率，単位容積質量による区分

区分	絶乾密度 (g/cm^3)	吸水率 (%)	単位容積質量 (kg/l)
L	2.2 以上	6.0 以下	1.25 以下
N	2.4 以上	4.0 以下	1.35 以上

・試験方法は，「絶乾比重および吸水率試験」，「単位質量試験」（JIS A 5011-1の5.3, 5.4）によるものとする．

② 高炉スラグ粗骨材：高温の溶融高炉スラグを空気中で徐冷し，かたまりとなったものを破砕して粒度調整したコンクリート用粗骨材である．一般には，高炉スラグ砕石と呼ばれることも多い．JIS A 5011-1 では，高炉スラグ粗骨材をLとNに分類している（表2.10）．一般のコンクリートには，原則としてNに分類されるものを使用することになっているが，耐凍害性が重視されず，設計基準強度が21 N/mm² 未満のコンクリートには，Lに分類されるものを使用してもよい．

6) **軽量骨材**　膨張頁岩，膨張粘土，フライアッシュなどを主原料として人工的に焼成し製造した構造用人工骨材で，絶乾比重が，細骨材の場合1.8未満，粗骨材の場合1.5未満のものを軽量骨材という．

軽量骨材は，製造方法によって，造粒型と非造粒型とに分類される．造粒型は，原石を微粉砕し，造粒機（ペレタイザー）によって造粒した後，回転窯で焼成したもので，球形をしている．一方，非造粒型は，原石を所定の大きさに破砕し，回転窯で焼成したもので，焼成中に角がとれ，河川産骨材に類似した形状をしている．

JIS A 5002に規定している軽量骨材（表2.11）のうち，示方書では，MA 317, MA 417 の人工軽量細骨材と人工軽量粗骨材の使用を認めている．これらの記号の意味は，表2.11の区分による．

軽量骨材の場合，湿潤状態の骨材からその表面水を取り除いた状態を表面乾燥

2.2 骨材

表 2.11 構造用軽量骨材の区分（JIS A 5002）

区分事項	種類	説明または範囲	
材料による区分	人工軽量骨材	膨張頁岩，膨張粘土，膨張ストレート，焼成フライアッシュなどの人工軽量骨材	
	天然軽量骨材	火山礫，その加工品	
	副産軽量骨材	膨張スラグなどの副産軽量骨材，それらの加工品	
骨材の絶乾密度による区分	区分	絶乾密度(kg/l)	
		細骨材	粗骨材
	L	1.3 未満	1.0 未満
	M	1.3 以上，1.8 未満	1.0 以上，1.5 未満
	H	1.8 以上，2.3 未満	1.5 以上，2.0 未満
骨材の実績率による区分	区分	モルタル中の細骨材の実績率（%）	粗骨材の実績率（%）
	A	50.0 以上	60.0 以上
	B	45.0 以上，50.0 未満	50.0 以上，60.0 未満
コンクリートの圧縮強度による区分	区分	圧縮強度（N/mm²）	
	4	40 以上	
	3	30 以上，40 未満	
	2	20 以上，30 未満	
	1	10 以上，20 未満	
コンクリートの単位容積重量による区分	種類	単位容積質量（kg/l）	
	15	1.6 未満	
	17	1.6 以上，1.8 未満	
	19	1.8 以上，2.0 未満	
	21	2.0 以上	

状態という．骨材の一般的な特性を述べた各項の記述を軽量骨材に適用する場合，表乾状態（表面乾燥飽水状態）を表面乾燥状態と読み換えるとよい．

① 粒度：軽量骨材は粒径によって密度が異なり，一般に粒径が小さいほど密度が高い傾向がある．したがって，粒度の管理が重要であり，表 2.12 の範囲にするよう規定されている．また，粒度のばらつきがコンクリートの配合に及ぼす影響を少なくするため，粗粒率の変化の限度を，細骨材では±0.15，粗骨材では±0.3 としている．細骨材の洗い試験で失われるものの限度は，微粉分が粘土，シルトほど細かくなく，若干のポゾラン反応も期待できることから，10% 以下とし，普通骨材の場合より許容値を大きくしてある．

表2.12 軽量骨材の粒度の範囲 (JIS A 5002)

骨材の大きさ(mm)	ふるいの呼び寸法(mm)	25	20	15	10	5	2.5	1.2	0.6	0.3	0.15
粗骨材	20〜5	100	90〜100	—	20〜55	0〜10	—	—	—	—	—
	15〜5	—	100	90〜100	40〜70	0〜15	—	—	—	—	—
細骨材	5〜0	—	—	—	100	90〜100	75〜100	50〜90	25〜65	15〜40	5〜20

表2.13 軽量骨材の有害物含有量の限度

項　目	塩化物（NaClとして）	有機不純物	粘土塊	粗骨材中の浮粒率
許容限度	0.01%	試験溶液の色が標準色液より濃くないこと	1%	10%

② 単位容積質量：軽量骨材の単位容積質量は，コンクリートの単位質量およびスランプに影響を及ぼすので，5%以上変化してはならないとされている．

軽量骨材の単位容積質量は，JIS A 1104に規定されているジッギング試験により求める．

③ 有害物含有量の限度：軽量骨材の有害物含有量は，表2.13の許容限度以下とする．

④ 耐凍害性：軽量骨材の耐凍害性を，「骨材の安定性試験」（JIS A 1122）の結果だけから判断するのは適切でない．それは，軽量骨材コンクリートの凍結融解の繰り返し作用に対する抵抗性が，骨材内部の空隙構造と周囲のモルタルの空隙構造の関連によって定まるものだからである．そこで，軽量骨材の耐凍害性は，過去の実例，またはその骨材を用いたコンクリートの凍結融解試験の結果から判断するよう規定されている．

7) リサイクル資源骨材

① 再生骨材：構造物の解体に伴って排出されるコンクリート塊の量は，把握されているだけでも約4000万tにもなり，今後しばらくは増加していくものと予想されている．コンクリート塊は，ジョークラッシャーで一次破砕され，さらにコーンクラッシャーなどで二次破砕した後，再生粗骨材と再生細骨材とに分けられる．再生粗骨材には，モルタル分が付着しているので，吸水率が高くなりやすいため，できるだけモルタル分を除去する必要がある．再生骨材コンクリートの品質は，再生骨材の品質によって異なる．

② フェロニッケルスラグ細骨材：ニッケル鉱石からフェロニッケルを製錬採取する際に副産されるもので，その製法によって，キルン水砕，電炉風砕，電炉徐冷砕，電炉水砕の4種類がある．球状の電炉風砕を除き，角張っており，表面はガラス質である．

JIS A 5011-2 に，粒度により4種類規定されている．土木学会の「フェロニッケルスラグ細骨材を用いたコンクリートの施工指針」[15]を参照するとよい．

③ 銅スラグ細骨材：銅スラグ細骨材は，銅の製錬時に副産する溶融状態のスラグを水によって急冷破砕したものである．そのままの状態では粒度が偏って，粒形も角ばっているので，粉砕して粒度，粒形を改善しているものが多い．JIS A 5011-3 では，粒度区分をフェロニッケルスラグ細骨材とまったく同じ規定としている．土木学会の「銅スラグ細骨材を用いたコンクリートの施工指針」[16]を参照するとよい．

8) **重量骨材** 原子炉などの放射線遮蔽用コンクリートに用いられる密度の高い骨材を重量骨材という．コンクリートの密度が高いほどγ線に対する遮蔽性が大きいので，密度の高い骨材が用いられる．主な重量骨材とその品質を表2.14に示す．

表 2.14 主な重量骨材の品質

骨材名	重晶石	磁鉄鋼	赤鉄鋼	チタン鉄鋼
主成分	$BaSO_4$	$FeO \cdot Fe_2O_3$	Fe_2O_3	$FeTiO_3$
密度（kg/ℓ）	4.0〜4.7	4.5〜5.2	4.0〜5.3	4.0〜5.0

2.3 混 和 材 料

a. 概 説

混和材料は，セメント，水，骨材以外の材料で，打込みを行う前までに必要に応じてコンクリートに加える材料である．混和材料は，次の定義により**混和材**と**混和剤**とに分けられる．

① 混和材：混和材料のうち，使用量が比較的多くて，それ自体の容積をコンクリートの配合計算で考慮するもの

② 混和剤：混和材料のうち，使用量が比較的少なくて，それ自体の容積をコンクリートの配合の計算で無視するもの

混和材の主なものは，フライアッシュ，高炉スラグ微粉末，シリカフューム，

膨張材，石粉などである．

混和剤の主なものは，AE剤，減水剤，AE減水剤，流動化剤，高性能減水剤，高性能AE減水剤，水中不分離性混和剤，遅延剤，防錆剤，発泡用アルミニウム粉末などである．

b．混　和　材

1）フライアッシュ　それ自体では水硬性のないシリカ質材料を**ポゾラン**という．フライアッシュは，代表的なポゾランの一種で，火力発電所で微粉炭を燃焼したときに生じる副産物である．フライアッシュの化学成分および物理的性質の一例を，それぞれ表2.15，2.16に示す．JIS A 6201に適合したものを用いるとよい．

ポゾランは，セメント，水と混合すると，セメントの水和生成物であるCa(OH)$_2$と徐々に化合し，エトリンガイトとC-S-Hを生成する．このような性質を**ポゾラン活性**といい，この反応を**ポゾラン反応**という．

フライアッシュを混和材として用いると，ポゾラン反応によってコンクリートの組織が密実になるので，耐久性が向上するとともに，長期強度が増加する．また，フライアッシュは図2.11に示すように球形の粒子が多いので，フレッシュコンクリートの流動性を改善し，単位水量を減少することができる．また，コンクリートの水和熱による温度上昇が小さくなるので，温度応力によるひび割れ発生を制御できる．

フライアッシュの品質は，微粉炭の品質，ボイラの構造，発電所の運転状況などに影響され，発電所ごとに変動する．

表2.15　フライアッシュの化学成分の一例（％）

強熱減量	SiO$_2$†	Al$_2$O$_3$	Fe$_2$O$_3$	CaO	MgO
1.2	53.3	27.2	4.4	6.3	2.0

†：SiO$_2$のJIS規格値は，45％以上である．

表2.16　フライアッシュの物理的性質の一例

項　目	比　重	比表面積 (cm^2/g)	単位水量比 (％)	圧縮強度比（％）	
				28日	91日
試験値	2.21	3140	94	82.8	75.8
JIS規格値	1.95以上	2400以上	102以下	60以上	70以上

「コンクリート用フライアッシュ」（JIS A 6201-1999）では，広範囲の品質のフライアッシュが利用できるようにⅠ種からⅣ種まで規格化されている．土木学会の「フライアッシュを用いたコンクリートの施工指針（案）」[17]を参照するとよい．

2) 高炉スラグ微粉末　製鉄所の溶鉱炉から排出されるスラグを水で急冷し，粒状化したものを微粉砕したのが高炉スラグ微粉末である．急冷によって，スラグは結晶化することなくガラス質で水和反応を起こしやすい．高炉スラグ微粉末の反応は，スラグの SiO_2 や Al_2O_3 の鎖状結合がpH 12 以上で切断され，固溶されていた CaO，Al_2O_3，MgO などが溶出し，カルシウムシリケート水和物（C-S-H ゲル）やカルシウムアルミネート水和物（C-A-H ゲル）を生成して硬化する[18]．この性質を**潜在**

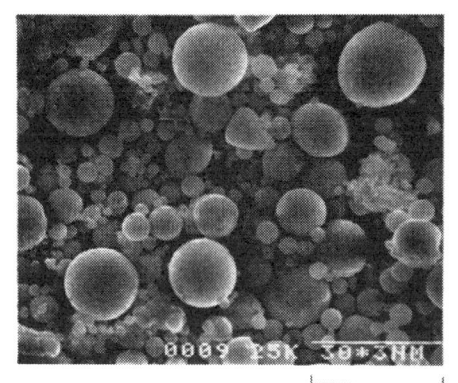

図 2.11　フライアッシュの走査型電子顕微鏡写真（太平洋セメント）

表 2.17　高炉スラグ微粉末の品質規定（JIS A 6206）

品質＼種類		高炉スラグ微粉末 4000	高炉スラグ微粉末 6000	高炉スラグ微粉末 8000
比重		2.80 以上	2.80 以上	2.80 以上
比表面積（cm^2/g）		3000 以上 5000 未満	5000 以上 7000 未満	7000 以上 10000 未満
活性度指数（%）	材齢 7 日	55 以上[+]	75 以上	95 以上
	材齢 28 日	75 以上	95 以上	105 以上
	材齢 91 日	95 以上	105 以上	105 以上
フロー値比（%）		95 以上	95 以上	90 以上
酸化マグネシウム（%）		10.0 以下	10.0 以下	10.0 以下
三酸化いおう（%）		4.0 以下	4.0 以下	4.0 以下
強熱減量（%）		3.0 以下	3.0 以下	3.0 以下
Cl^- イオン（%）		0.02 以下	0.02 以下	0.02 以下

[+]：この値は，受渡当事者間の協定によって変更できるものとする．

水硬性という．

　平成7 (1995) 年3月には，「コンクリート用高炉スラグ微粉末」(JIS A 6206) が制定され，表2.17 (p.41) に示す品質規定が定められている．土木学会では，平成8 (1996) 年3月に「高炉スラグ微粉末を用いたコンクリートの施工指針」を制定している[19]．

　高炉スラグ微粉末はセメント重量の30～70%置換して用いられているが，コンクリートは水和熱の発生が遅延し，図2.12に示すように潜在水硬性によって長期強度が増加する．また，水密性，化学抵抗性などが向上する．なお，これは微粉末であるが，コンクリートのワーカビリティーを悪化させないので，単位水量は増加しない．スラグの置換率や粉末度が増大するほど，コンクリートの流動性が増大する場合が多い．高炉スラグ微粉末を混入したコンクリートは図2.12[20]に示すように，十分湿潤養生すれば，ペーストの空隙（ポロシティー）が減少し，密実になるので，長期強度が増大する（図2.13）[19]．硫酸塩や海水に対する耐久性が改善され，アルカリ骨材反応に対する抑制効果がスラグなどを多量添加することによって著しく向上する（図2.14）[21]．

　3) シリカフューム　シリカフュームは，フェロシリコンやメタルシリコンを製造する際の副産物である．非結晶の SiO_2 からなる $1\mu m$ 以下の完全な球状粒子である．比表面積が $200000\ cm^2/g$ 程度，平均粒径 $0.1\mu m$ の超微粒子で，たばこの煙の粒子より小さい．そのため水和初期からポゾラン反応を起こす．

　シリカフュームをセメントと質量で10～20%置換したコンクリートは，高性能AE剤水剤との併用により，単位水量を大きく減少させることが可能でブリーディングも小さくできる．120～270 N/mm^2 の圧縮強度が得られている[22]．これは図2.15に示すようにシリカフュームがセメント粒子の間に充てんされるためで，**マイクロフィラー効果**といわれている[22]．緻密な組織が得られることから，強度ばかりでなく，水密性・化学抵抗性が増加する．

　4) 膨張材　膨張材は，セメント，水とともに練り混ぜた場合，水和反応によってエトリンガイト（$3\,CaO\cdot Al_2O_3\cdot 3\,CaSO_4\cdot 32\,H_2O$）または水酸化カルシウム（$Ca(OH)_2$）などを生成し，コンクリートを膨張させる作用のある混和材である．国産の膨張材は，エトリンガイト系と石灰系に分類される．品質はメーカーによってかなり相違するので，国内各社の製品について表2.18に示した．エトリンガイト系の膨張材は，せっこう，ボーキサイト，石灰石を原料とし，石灰

2.3 混和材料

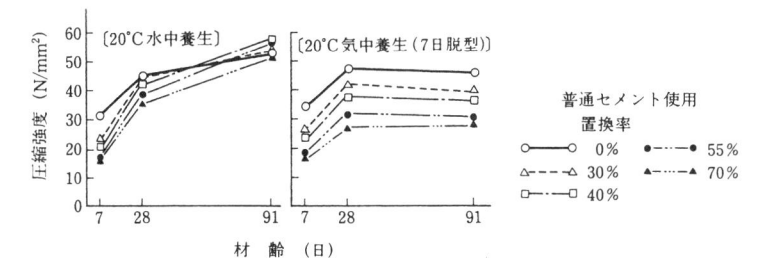

図 2.12 高炉スラグ微粉末を用いたコンクリートの圧縮強度[20]

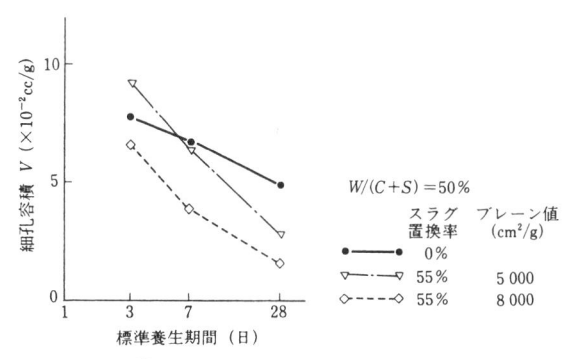

図 2.13 細孔容積と材齢との関係[19]

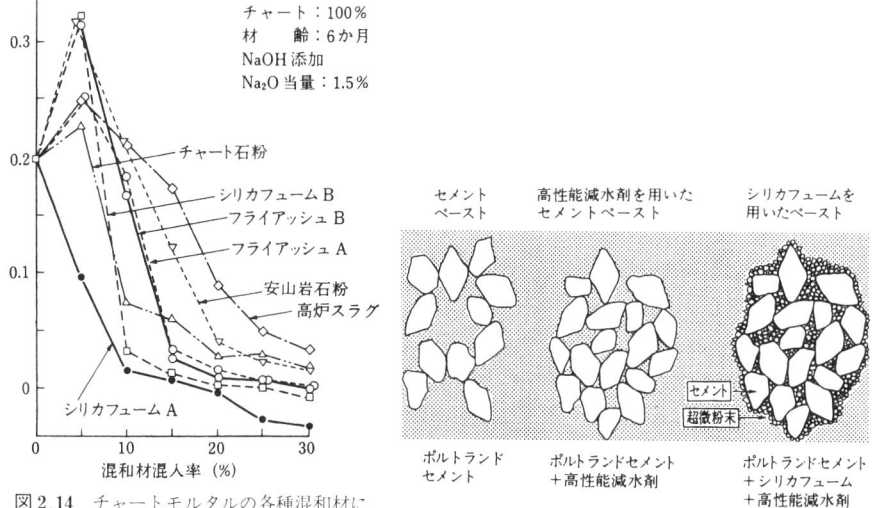

図 2.14 チャートモルタルの各種混和材による膨張抑制効果[21]

図 2.15 まだ固まらないコンクリート中のペースト構造[22]

表 2.18 膨張材の品質

種類	銘柄		比重	比表面積 (cm^2/g)	化学成分（％）						
					強熱減量	SiO_2	Al_2O_3	Fe_2O_3	CaO	MgO	SO_3
エトリンガイト系	A		2.93	2280	1.0	4.0	10.0	1.2	52.5	0.6	28.3
	B	工事用	3.05	3200	0.9	6.3	2.5	0.7	67.5	0.7	20.1
		製品用	3.00	3300	0.9	4.7	2.2	0.6	59.1	0.6	30.5
石灰系	C		3.14	3500	0.4	9.6	2.5	1.3	67.3	0.4	18.0
	D		3.11	4120	0.6	3.9	1.8	2.4	63.6	1.6	25.6
JIS 規格値			—	2000 以上	3.0 以下	—	—	—	—	5.0 以下	—

系は，石灰石を主原料として，焼成，粉砕の各工程で，他の原料を適宜加えながらつくられる．

各銘柄の品質の相違から，膨張材の主な水和反応が異なり，それぞれ次のように反応する．

① エトリンガイト系：

銘柄 A： $\underset{\text{主成分：アーウィン}}{C_4A_3\bar{S}} + 6\,CaO + 8\,CaSO_4 + 96\,H_2O \longrightarrow 3\underset{\text{エトリンガイト}}{(C_6A\bar{S}_3H_{32})}$

銘柄 B： $\underset{\text{主成分}}{\underline{3\,CaO\cdot Al_2O_3 + 3\,CaSO_4}} + 32\,H_2O \longrightarrow \underset{\text{エトリンガイト}}{C_6A\bar{S}_3H_{32}}$

② 石灰系（2 銘柄とも）：

$$\underset{\text{主成分}}{CaO} + H_2O \longrightarrow \underset{\text{水酸化カルシウム}}{Ca(OH)_2}$$

これらの反応によって膨張力が生じるが，膨張性は，所定のモルタル試験により，長さ変化率が，材齢 7 日で 3.0×10^{-4} 以上，その後の乾燥によって収縮しても，-2.0×10^{-4} 以上を保持できなければならない．最近の研究によると，①と②の反応がともに起こるタイプの膨張材の性能が優れるという報告がある[29]．

「コンクリート用膨張材」（JIS A 6202）に，その品質が定められている．

膨張コンクリートには収縮補償コンクリートとケミカルプレストレスコンクリートがある．図 2.16 に示すように，収縮補償用はひび割れの低減を目的としたものであり，ケミカルプレストレス用は，膨張材を多量に混和してコンクリートに生じる膨張を鉄筋などで拘束し，ケミカルプレストレス部材を製造するために用いる．

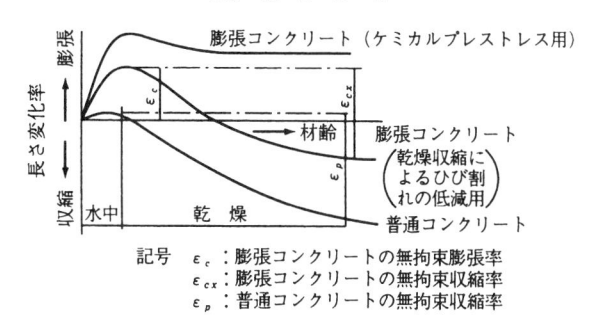

図 2.16 膨張コンクリートと普通コンクリートの膨張・収縮特性曲線[23]

記号　ε_c：膨張コンクリートの無拘束膨張率
　　　ε_{cx}：膨張コンクリートの無拘束収縮率
　　　ε_p：普通コンクリートの無拘束収縮率

土木学会では「膨張コンクリート設計施工指針」[23]を制定している．

c. 混 和 剤

1) AE 剤　AE剤は，コンクリート中に独立した微小な球状の空気泡を連行し，一様に分布させる（**空気連行性**）混和剤である．AE剤によって連行された空気泡を**エントレインドエア**（連行空気）と呼び，コンクリート中に自然に混入する不規則な形状の比較的大きな空気を**エントラップトエア**と呼ぶ．エントレインドエアを含んでいるコンクリートをAEコンクリートという．AEコンクリートには，次のような特徴がある．

① エントレインドエアはボールベアリングの役目をして，ワーカビリティーをよくする．
② 単位水量を減少できる．
③ 材料分離が抑制され，ブリーディングを低減する．
④ 水密性が向上する．
⑤ 氷圧を吸収するので，耐凍害性を著しく改善する．

エントレインドエア量は，AE剤の使用量に比例してほぼ直線的に増加する．セメントの粉末度が大きくなるほど，また，単位セメント量が多くなるほど，空気連行能力は低下する．細骨材量（細骨材率 s/a）を増すと，空気量も増大する．細骨材のうち，0.15～0.6 mm の部分が多いと空気泡は連行しやすく，0.15 mm 以下の部分が多いと連行しにくい．

また，フライアッシュに含まれる未燃カーボンがAE剤を吸着するので，未燃カーボンが多いほど，所要の空気量を得るためのAE剤量が増大する．コンクリートの温度が低いほど空気量は増大する．耐凍害性を改善するためには，独立気

泡の間隔（気泡間隔係数）は $250\mu m$ 以下が望ましい．

2) 減水剤　減水剤は，セメント粒子を分散させることによって，コンクリートのワーカビリティーを向上させ，所定のスランプを得るのに必要な単位水量を減少させる混和剤で，電離するものとしないものとがある．通常，セメントを水と練り混ぜても，その粒子は個々に分散せずフロックを形成している．これに電離するタイプの減水剤を混和すると，陰イオンがセメント粒子の表面に吸着するため，粒子は相互に反発し，フロックが解かれるので，分散する．粒子どうしは相対的に移動しやすくなり，ワーカビリティーがよくなる．また，セメント粒子と水との接触面積が増すので有効に水和反応を起こし，強度増進にも寄与する．しかし，減水剤の混和量が多すぎると，吸着した陰イオンによってセメント粒子の水和反応が抑制されるので，凝結，硬化を遅延させることになる．一方，電離しないタイプの減水剤は，セメント粒子の表面に吸着してセメントの親水性を増すので，コンクリートのワーカビリティーがよくなる．減水剤だけを使用すると，エントレインドエアの不足する場合が多いので，通常，AE剤を併用する．

3) AE減水剤　AE減水剤は，AE剤と減水剤の効果を併せ持つ混和剤である．AE剤のエントレインドエアによるワーカビリティーや耐久性の改善効果，減水剤のセメント分散作用によるワーカビリティーや強度，水密性の改善効果の相乗効果を発揮する．

4) 高性能減水剤　高性能減水剤は，高度な減水作用により，高強度コンクリートをつくる目的で使用される混和剤である．ナフタリンスルホン酸塩縮合物系とメラミンスルホン酸塩縮合物系などを主成分としており，静電気的な反発力が大きいため，一般の減水剤に比べ，セメントの分散効果が大きく，多量に使用しても，セメントの凝結や硬化を妨げないし，過剰な空気連行性がない．そのため，多量に使用して大きな減水効果が得られる．その結果，$80 \sim 100 \text{ N/mm}^2$ のような高強度コンクリートが，通常の練混ぜ，施工方法で，容易に得られる．減水率は $20 \sim 30\%$ にもなり，大きな減水効果が期待できる．

5) 高性能AE減水剤　高性能AE減水剤は，高い減水性能と優れたスランプ保持性能を持った混和剤である．高性能減水剤はスランプの低下が大きく，この点を改善する目的で開発されたのが，高性能AE減水剤である．その主成分により，便宜上，ナフタリン系，メラミン系，ポリカルボン酸系，アミノスルホン酸系などに分類されている．空気連行性を併せ持つのが特徴である．

ゼータ電位が比較的小さいにもかかわらず，高い分散性が得られるポリカルボン酸系の分散機構は，吸着層の**立体障害効果**によるものと考えられている[24]．

6) 収縮低減剤　収縮低減剤は低級アルコールのアルキレンオキシド付加物を主成分とする非イオン系界面活性剤の一種で，水に溶解してその表面張力を低下させる作用を持つ．水和セメントペースト（hcp）細孔中の間隙水の表面張力を下げることによって，次式で示される毛細管張力によるゲルの収縮力を低減し，コンクリートの乾燥収縮を低減できる．

毛細管張力は表面張力と液面の曲率半径の関数として表すことができ，次式で示される．

$$\varDelta p = \frac{2\gamma}{r}$$

ここに $\varDelta p$：毛細管張力 $1\times10^{-3}\mathrm{N/mm^2}$，$\gamma$：細孔中の表面張力 $1\times10^{-3}\mathrm{N/mm}$，$r$：液面（メニスカス）の曲率半径（mm）．細孔半径が小さくなるほど，毛細管張力が増大する．

7) 水中不分離性混和剤　この混和剤は，コンクリートに粘稠性を付与するものである．したがって，水中コンクリートでは，セメントなどの微粒分が水中に飛散せず，汚染のない水中工事が可能となる．また，材料分離のないことから水中コンクリートでも陸上で打ち込まれたコンクリートと同様の品質が得られるが，水中では，締固め作業が困難であるため，通常高性能 AE 減水剤（土木学会では「水中不分離性コンクリート設計施工指針（案）」[25]を制定している）などを併用する．

8) 促進剤　促進剤はコンクリートの凝結と硬化を促進する混和剤である．塩化カルシウムが促進剤として実用化されている．塩化カルシウムは，C-S-H ゲルの生成を促進し，コンクリートの初期強度を高くするが，塩化物含有量が多くなるので，鉄筋コンクリートやプレストレストコンクリートには使用できない．このため，無塩化タイプの促進剤も開発されている．

9) 遅延剤　遅延剤は，コンクリートの凝結，硬化を遅延させる混和剤である．無機塩系，有機塩系それぞれに表 2.19 に示す遅延効果を持った化合物があり，それぞれの作用により，Ca^{2+} イオン（カルシウムイオン）の溶出速度を抑えることにより水和反応を抑制する．

10) 発泡剤　発泡剤は，コンクリート中に気泡を発生させる混和剤である．

表2.19 各種遅延剤の作用

分類	化合物	遅延作用
無機塩系	けいふっ化物 りん酸塩 ほう酸塩	難溶性のカルシウム塩となって，セメント粒子の表面に被膜を形成し，水和反応を抑制する
有機塩系	リグニンスルホン酸塩 芳香族スルホン化物	セメント粒子の表面に吸着し，水和反応を抑制する
	オキシカルボン酸 アミノカルボン酸	Ca^{2+} をイオン封鎖し，水和反応が起こりにくい環境をつくる

一般に，金属アルミニウム粉末が用いられている．アルミニウムは，セメントの水和生成物である $Ca(OH)_2$ と次式のように反応し，水素ガスを発生させる．

$$2\,Al + Ca(OH)_2 + 2\,H_2O \longrightarrow CaAl_2O_4 + 3\,H_2 \uparrow$$

発生した水素ガスによってフレッシュコンクリートは膨張し，充てん性を向上させる．発泡剤は，主としてプレパックドコンクリートの注入モルタルや逆打ちコンクリートに利用される．

11) 防錆剤 防錆剤は，コンクリート中の鉄筋が，塩化物により腐食することを抑制する混和剤である．国産の防錆剤の主成分は，亜硝酸塩である．

コンクリート中における鉄筋の腐食は，局部電池の形成による陽極の**アノード**反応

$$Fe \longrightarrow Fe^{2+} + 2\,e^-$$

および陰極における**カソード**反応

$$2\,e^- + H_2O + \frac{1}{2}\,O_2 \longrightarrow 2\,OH^-$$

であり，塩化物は，これらの反応を促進させる．

腐食を防ぐには，いずれか一方の反応を停止させればよい．亜硝酸塩は，次の反応により，NO_2^- イオン（亜硝酸イオン）が Fe^{2+} イオン（鉄イオン）と反応して酸化第二鉄（Fe_2O_3）の被膜を形成し，アノード反応を停止させる．

$$\underset{\text{鉄イオン}}{2\,Fe^{2+}} + 2\,OH^- + \underset{\text{亜硝酸イオン}}{2\,NO_2^-} \longrightarrow 2\,NO \uparrow + \underset{\text{酸化第二鉄}}{Fe_2O_3} + H_2O$$

12) 防菌剤と抗菌剤 下水や温泉など，硫化水素にさらされるコンクリート施設は微生物の作用により劣化する．この原因は硫化水素を酸化して硫酸に変えるいおう酸化細菌が存在し，硫酸がコンクリートを劣化させるためである[26]．

防菌剤はニッケルとタングステンを含み，いおう酸化細菌の生育を阻害し，他の細菌には影響を与えない．一方，抗菌剤は殺菌を目的につくられたものが多い．微生物がコンクリート表面に付着して，汚れが生じている場合[27]，殺菌力のある薬剤を塗布することもあるが，銀・ゼオライト系抗菌剤のように，コンクリートに混入して用いるものもある．

酸化チタンは，水分と光の存在下で強力な殺菌効果を発揮する．またNO_xの除去効果もある．光触媒作用によるといわれている．

2.4 水

a. 概説

練混ぜ水は，油，酸，塩類，有機不純物，懸濁物など，コンクリートや鋼材の品質に悪影響を及ぼす物質を有害量含んでいてはならない．これらの有害量を含んだ水を練混ぜ水として用いると，コンクリートの凝結・硬化，強度発現，体積変化，ワーカビリティーなどに悪影響を及ぼしたり，鋼材を発錆・腐食させたりすることになる．練混ぜ水としての適否は，水質試験を行って判断する．

b. 水道水

水道水は，水道法による水質規準に適合したものであるので，有害物をほとんど含有していない．また，殺菌用の塩素も微量であるため，有害とはならない．したがって，水道水は，コンクリート用の練混ぜ水として最良のものであるといえる．

c. 自然水

地下水，河川水，湖沼水，雨水などの自然水で，無色，無臭，無味，透明であり，飲用に適するものは，練混ぜ水として使用できる．

工場排水や都市下水に汚染された水は，有害であることが多く，また，海岸近辺の地下水は，塩化物を有害量含有することがある．

土木学会では，回収水を除く上水道水以外の水に対し，表2.20に示した品質規格を定めている．

d. 回収水

レディーミクストコンクリート工場またはコンクリート製品工場において，ミキサーあるいはトラックアジテーターなどを洗った排水から骨材を除いた水を回収水という．回収水には，セメントの水和生成物や骨材の微粒分が含まれている

表2.20 上水道以外の水の品質 (JSCE-B 101)

項目	品質
懸濁物質の量	2 g/l 以下
溶解性蒸発残留物の量	1 g/l 以下
Cl^- イオン量	200 ppm 以下
H^+ イオン濃度 (pH)	5.8～8.6
モルタルの圧縮強度比	材齢1,7および28日* で90%以上
空気量の変化	±1%

*：材齢91日における圧縮強度比を確認しておくことが望ましい．

表2.21 回収水の品質

項目	品質
Cl^- イオン量	200 ppm 以下
セメントの凝結時間の差	始発は30分以内，終結は60分以内
モルタルの圧縮強さの比	材齢7日および28日で90%以上

ので懸濁しているが，この懸濁物質を沈殿させ取り除いた水を上澄み水といい，懸濁したままの水をスラッジ水という．

一般に，上澄み水は，コンクリートの品質に及ぼす影響が少ない．スラッジ水も固形物が3%以内であれば，単位水量の増加，細骨材率の低減，AE剤量の増加を固形物の含有量に応じて行えば，練混ぜ水として使用できる．しかし，回収水は，洗ったコンクリートの使用材料によって，塩化物やアルカリを多量に含有することもある．

レディーミクストコンクリート工場で回収水を練混ぜ水として使用する場合，「レディーミクストコンクリート」(JIS A 5308 附属書9) の回収水の品質規準 (表2.21) に適合したものを使用する．

e. 不 純 物

次の不純物が含まれている水は，たとえ含有量が微量であっても，コンクリートの凝結・硬化，強度発現，体積変化，ワーカビリティーなどに悪影響を及ぼすことがある．

① 無機物：塩類（硫酸塩，よう化物，りん酸塩，ほう酸塩，炭酸塩），金属化合物（鉛，亜鉛，銅，すず，マンガンなどの化合物），アルカリ
② 有機物：糖類，パルプ廃液，腐食物質

2.5 鋼　　材

a. 鉄　筋

1) 品質　鉄筋は，**普通鋼**でつくられているが，その主成分は鉄で，これに，炭素と数種類の不純物を含んでいる．

　普通鋼の原料は，鉄鉱石，コークス，石灰石で，はじめ溶鉱炉で銑鉄をつくるが，銑鉄は炭素を 4% 程度含有しているためもろいので，このままでは鉄筋として使用できない．そこで，銑鉄中の炭素量を 0.8% 以下に下げ，不純物を酸化除去し製鋼したものが普通鋼である．

2) 応力-ひずみ曲線　図 2.17 に普通鉄筋（SD 295）と圧縮強度 30 N/mm² 程度のコンクリートの応力-ひずみ曲線を同一のグラフ上に示す．

3) 形状寸法　異形鉄筋の形状寸法を表 2.22 に示す．丸鋼は，通常直径 9, 13, 16, 19, 22, 25, 28, 32 mm のものが使用されている．

4) 分類　普通鋼は，炭素含有率によって表 2.23 のように分類できる．表 2.24 に普通鋼の物理的性質を示す．JIS G 3112 では表 2.25（p. 53）のように鉄筋の品質を分類している．

5) 再生棒鋼　再生棒鋼は，鋼材製造途上に発生する鋼くず，廃材となったレール，形鋼，鋼矢板，船の外板などを原料とし，再圧延して製造するもので，JIS G 3117 に規定されている．化学成分などが一定しない欠点がある．

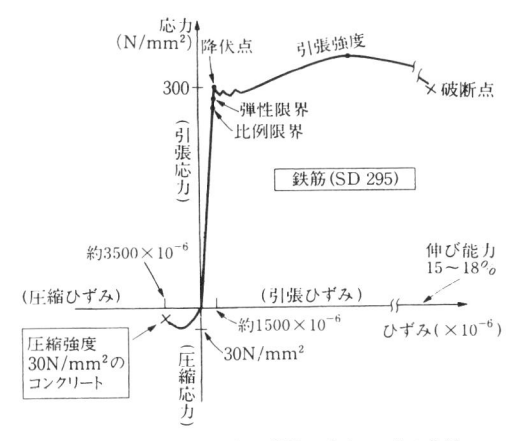

図 2.17　コンクリートと鉄筋の応力-ひずみ曲線

表2.22 異形鉄筋の形状・寸法 (JIS G 3112)

呼び名	公称直径 d (mm)	公称周長 l (cm)	公称断面積 S (cm²)	単位重量 (kg/m)	節の平均間隔の最大値 (mm)	節の高さ 最小値 (mm)	節の高さ 最大値 (mm)	節の隙間の和の最大値 (mm)
D 6	6.35	2.0	0.3167	0.249	4.4	0.3	0.6	5.0
D 10	9.53	3.0	0.7133	0.560	6.7	0.4	0.8	7.5
D 13	12.7	4.0	1.267	0.995	8.9	0.5	1.0	10.0
D 16	15.9	5.0	1.986	1.56	11.1	0.7	1.4	12.5
D 19	19.1	6.0	2.865	2.25	13.4	1.0	2.0	15.0
D 22	22.2	7.0	3.871	3.04	15.5	1.1	2.2	17.5
D 25	25.4	8.0	5.067	3.98	17.8	1.3	2.6	20.0
D 29	28.6	9.0	6.424	5.04	20.0	1.4	2.8	22.5
D 32	31.8	10.0	7.942	6.23	22.3	1.6	3.2	25.0
D 35	34.9	11.0	9.566	7.51	24.4	1.7	3.4	27.5
D 38	38.1	12.0	11.40	8.95	26.7	1.9	3.8	30.0
D 41	41.3	13.0	13.40	10.5	28.9	2.1	4.2	32.5
D 51	50.8	16.0	20.27	15.9	35.6	2.5	5.0	40.0

・表面突起のうち,軸線方向のものをリブ,その他を節という.節と軸線との角度は,45°以上とする.

表2.23 普通鋼の分類[28]

種別	炭素含有率 (%)	降伏点 (N/mm²)	引張強度 (N/mm²)	伸び (%)
極軟鋼	0.08~0.12	200~290	360~420	30~40
軟鋼	0.12~0.20	220~300	380~480	24~36
半軟鋼	0.20~0.30	240~360	440~550	22~32
半硬鋼	0.30~0.40	300~400	500~600	17~30
硬鋼	0.40~0.50	340~460	580~700	14~26
最硬鋼	0.50~0.80	360~470	650~1000	11~20

表2.24 鋼(炭素量 0.04~1.7%)の諸定数[28]

弾性係数 (N/mm²)	$1.9~2.2\times10^5$	融点 (℃)	1425~1528
ポアソン数	3	電気抵抗 (Ω・mm²/m)	0.100~0.180
比重	7.789~7.876	熱伝導率 (J/cm・S・℃)	0.36~0.56
比熱 (J/g・℃)	0.427~0.452	線膨張係数⁺ (/℃)	$10.4~11.5\times10^{-6}$

⁺:20~100℃の範囲における値

6) **防錆鉄筋** 防錆を目的とした鉄筋に,亜鉛めっき鉄筋やエポキシ樹脂塗装鉄筋がある.後者は特に防錆効果が大きい.

b. PC鋼材

プレストレストコンクリートのプレストレス導入に用いる鋼材をPC鋼材とい

2.5 鋼　　材

表 2.25 鉄筋コンクリート用棒鋼 (JIS G 3112) の機械的性質

JIS	種類	記号	降伏点または耐力 (N/mm²)	引張強さ (N/mm²)	伸び[1] (試験片) (%)	曲げ角度	(内側半径)	C	Mn	P	S	$C+\dfrac{Mn}{6}$
G3112 鉄筋コンクリート用棒鋼	丸鋼	SR235	235 以上	380〜520	20以上(2号) 24以上(3号)	180°	(1.5D)	—	—	0.050以下	0.050以下	—
		SR295	295 以上	440〜600	18以上(2号) 20以上(3号)	180°	(在16以下, 1.5D) (在16こえる2D)	—	—	0.050以下	0.050以下	—
	異形棒鋼	SD295A	295 以上	440〜600	16以上(2号)[2] 18以上(3号)	180°	(D16以下,1.5D) (D16こえる2D)	—	—	0.050以下	0.050以下	—
		SD295B	295〜390	440 以上	16以上(2号) 18以上(3号)	180°	(D16以下,1.5D) (D16こえる2D)	0.27以下	1.50以下	0.040以下	0.040以下	—
		SD345	345〜440	490 以上	18以上(2号) 20以上(3号)	180°	(D16以下,1.5D) (D16こえるD41以下, 2D) (D51, 2.5D)	0.27以下	1.60以下	0.040以下	0.040以下	0.50以下[4]
		SD390	390〜510	560 以上	16以上(2号) 18以上(3号)	180°	(2.5D)	0.29以下	1.80以下	0.040以下	0.040以下	0.55以下[4]
		SD490[3]	490〜625	620 以上	12以上(2号) 14以上(3号)	90°	(D25以下,2.5D) (D25こえる,3D)	0.32以下	1.80以下	0.040以下	0.040以下	0.60以下[4]

金属材料引張試験片 (JIS Z 2201)

注 (1) 2号試験片：呼び径（または対辺距離）が25mm以下の場合，$L=8D$，$P\fallingdotseq 10D$
　　　 3号試験片：呼び径（または対辺距離）が25mmを超える場合，$L=4D$，$P\fallingdotseq 6D$
　　　 （機械加工による径25mm以上の平行部をもつ場合，$P\fallingdotseq 4.5D$）
　 (2) 異形棒鋼で，寸法が呼び名D32を超えるものについては，呼び名を増すごとに，表の伸び値からそれぞれ2％を減じる。ただし，減じる限度は4％とする。
　 (3) SD490は，市販されていない。
　 (4) Si成分0.55％以下の別規定あり。

う．

1) 種類 PC鋼材は，形状，寸法，製造方法により，次の3種類に分けられる．

① PC鋼線：比較的直径の小さいもの（$\phi 9$ 以下）．

② PC鋼より線：単線を2本以上より合わせて1本にしたもの（$2-\phi 2.9$，$7-\phi 6.2 \sim 15.2$，$19-\phi 17.8 \sim 21.8$）．

③ PC鋼棒：丸棒（$\phi 9.2 \sim 32$）と異形棒（$D\,7.4 \sim 13$）があり，それぞれに，圧延鋼棒，引抜鋼棒，熱処理鋼棒がある．

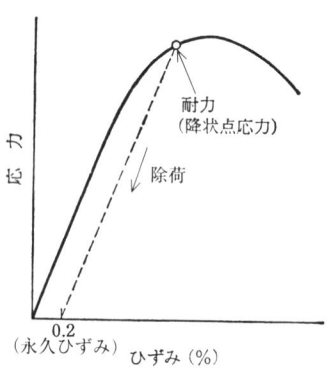

図2.18 PC鋼材の応力-ひずみ曲線

2) 応力-ひずみ曲線 PC鋼材の応力-ひずみ曲線は，図2.18のようであり，普通鋼のように明確な降伏点を示さない．したがって，永久ひずみが0.2％になる応力を降伏点としている．

3) 品質 PC鋼材の品質として，高強度，高耐力，適度の伸び，リラクゼーション率が小さいこと，応力腐食が少ないこと，疲労に対する抵抗性が高いこと，プレテンション部材に用いる場合はコンクリートとの付着性能がすぐれていることなどが要求される．

c．鉄骨用鋼材

鉄骨として用いる形鋼や鋼板などを鉄骨用鋼材という．鉄骨用鋼材は，原則として，JIS G 3101 または JIS G 3106 に適合したものでなければならないが，併用する鉄筋と同程度の降伏点強度を有するものを選定する事が肝要である．

演 習 問 題

1. ポルトランドセメントの組成をあげ，それぞれの特性を述べよ．
2. セメントの強熱減量が増大することは何を意味するか説明せよ．
3. ポルトランドセメントの種類をあげ，それぞれの用途を記せ．
4. 骨材の含水状態を解説せよ．
5. 骨材の密度，吸水率とその品質との関係を述べよ．
6. 海砂の特徴とコンクリートに使用する場合の注意事項を述べよ．
7. 高炉スラグ骨材の特徴と取り扱い上の注意事項を述べよ．
8. フライアッシュを混和材として用いた場合の効果について述べよ．
9. シリカフュームの効用について述べよ．

10. 高炉スラグの潜在水硬性について述べよ．
11. AE コンクリートの特徴を述べよ．
12. SD 295 とはどのような鉄筋かを説明せよ．
13. PC 鋼材に要求される品質について述べよ．

参 考 文 献

1) セメント協会編：セメントの常識，セメント協会，1998．
2) 中村　厚：セメント，土木施工，**17**, 4, 1976．
3) R. H. Bouge: *The Chemistry of Portland Cement*, Reinhold Publising Corporation, 1955.
4) W. Lerch and R. H. Bouge: Heat of hydration of portland cement pastes, *Bureau of Standards Journal of Research*, **12**, 684, 1934.
5) T. Torvaldson and G. R. Shelton: *Canadian Journal of Research*, **1**, 1929.
6) H. Woods *et al*.,: Effect of portland cement on length change and weight change of mortars, *Rock Products*, **36**, 6, 1933.
7) H. F. Gonnerman: Study on cement composition in relation to strength, length change, resistance to sulfate water, and freezing and thawing of mortar and concrete, *Proceedings of the ASTM*, **34**, Part II, 1934.
8) W. チェルニン（徳根吉郎訳）：建設技術者のためのセメントコンクリート化学，技報堂，1970．
9) 田澤栄一・宮沢伸吾・佐藤　剛：セメントペーストの自己収縮，セメントコンクリート論文集，**46**, 1992．
10) W. B. Richard: *The Visible and Invisible Cracking of Concrete*, ACI monograph 11, ACI, 1998
11) 山田順治・有泉　昌：わかりやすいセメントコンクリートの知識，鹿島出版会，1984．
12) 土木学会編：コンクリート標準示方書・規準編（平成11年制定），土木学会，1999．
13) 土木学会編：コンクリート標準示方書・施工編（平成11年制定）（耐久性照査型），土木学会，1999．
14) 石川達夫・松下博道・葛城浩三：コンクリート用骨材としての海砂の問題点，コンクリートジャーナル，**11**, 10, 1973．
15) 土木学会編：フェロニッケルスラグ細骨材を用いたコンクリートの施工指針，コンクリートライブラリー第91号，土木学会，1998．
16) 土木学会編：銅スラグ細骨材を用いたコンクリートの施工指針，コンクリートライブラリー第92号，土木学会，1998．
17) 土木学会編：フライアッシュを用いたコンクリートの施工指針（案），コンクリートライブラリー第94号，土木学会，1994．
18) 国府勝郎：高炉スラグ微粉末，「最近のコンクリート用混和材/2, 3」，コンクリー

ト工学, **26**, 4, 1988.
19) 土木学会編：高炉スラグ微粉末を用いたコンクリートの施工指針, コンクリートライブラリー第86号, 土木学会, 1996.
20) セメント協会コンクリート専門委員会：コンクリートによる高炉スラグ微粉末の混合率に関する研究, F-41, 1988.
21) 森野圭二・柴田国久・岩月英治：シリカフューム, 高炉スラグ粉末のASR膨張抑制効果について, コンクリート工学年次論文報告集, **9**-1, 1987.
22) H. H. Bache: Densified cement/ultra-fine particle-based materials, *CBL Report*, **40**, 33, 1981.
23) 土木学会編：膨張コンクリート設計施工指針, コンクリートライブラリー第75号, 土木学会, 1993.
24) 服部建一：特殊減水剤の物性と高強度発現機構, コンクリート工学, **14**-3, 1976.
25) 土木学会編：水中不分離性コンクリート設計施工指針（案）, コンクリートライブラリー第67号, 土木学会, 1991.
26) 前田照信：防菌コンクリート, 新年号特別企画/新機能・高性能に挑戦するコンクリート, コンクリート工学, **36**-1, 30-32, 1998.
27) 小竹森浩・田澤栄一・河合研至・市坪　誠：微生物によるコンクリートの表面汚染機構に関する研究, コンクリート工学年次論文報告集, **17**-1, 273-278, 1995.
28) 日本コンクリート工学協会編：平成13年度コンクリート技士研修テキスト, 2.6 鋼材, pp. 18-20, 2001.
29) 盛岡　実・萩原宏俊・坂井悦郎・大門正機：膨張材の水和反応と材料設計, *Cement Science and Concrete Technology*, **54**, 2000.

3. フレッシュコンクリートの性質

3.1 概　　説

a．フレッシュコンクリートの定義

練り混ぜたコンクリートが，セメントの水和に伴い液体から固体に変化することを**凝結**，凝結したコンクリートの強度がさらに反応の進行とともに増加する過程を**硬化**という．練混ぜ直後から型枠内で凝結に至るまでの，いわゆるまだ固まらないコンクリートを**フレッシュコンクリート**という．

b．フレッシュコンクリートの組成

フレッシュコンクリートは，セメントペースト，骨材（細骨材と粗骨材），空気泡の混合物である．セメントペーストはさらに未水和セメント粒子，水和生成物，混和剤やセメントの可溶成分の溶解した水に分けて考えることができる．フレッシュコンクリート全体を均質な材料とみなすこともできるが，液状成分と固体粒子との二相材料と考えることが多い．水とセメント粒子とからなるセメントペースト，セメントペーストと細骨材粒子とからなるモルタル，モルタルと粗骨材粒子とで構成されるコンクリートなどのモデルがある．

c．フレッシュコンクリートの備えるべき性質

フレッシュコンクリートは所要の品質をもち，かつ，均質なコンクリートが容易に施工できるような性質を備えていなければならない．このような施工作業に対する適性を**ワーカビリティー**という．

ワーカビリティーに関係する性質は多岐にわたるが，その主なものは変形に対する抵抗性の程度を示す**コンシステンシー**，均質性を保持しつつ変形する能力を

示す**プラスティシティー**である．施工作業ごとにワーカビリティーを表す用語として，仕上げの容易さを示す**フィニッシャビリティー**，締め固めやすさを示す**コンパクタビリティー**，打ち込みやすさを示す**プレーサビリティー**，ポンプ圧送の適性を示す**ポンパビリティー**などがある．

ワーカビリティーは施工するコンクリートの種類，構造物の形状・寸法や施工方法などによって，備えるべき性質が異なる．コンシステンシーとワーカビリティーは常に考慮しなければならないフレッシュコンクリートの重要な性質である．

3.2 ワーカビリティー

a．ワーカビリティーの定義

「コンシステンシーおよび材料分離に対する抵抗性の程度によって定まるフレッシュコンクリート，フレッシュモルタルまたはフレッシュペーストの性質であって，運搬，打込み，締固め，仕上げなどの作業の容易さを表す」と示方書[1]に定義できる．

b．ワーカビリティーに影響を及ぼす要因

ワーカビリティーは，コンクリートの配合，粗骨材の最大寸法，骨材の粒度や粒形，セメントの粉末度，混和材料の種類と使用量，空気量などの材料組成に関係する要因のほか，コンクリートの温度や練混ぜ後のセメントの水和の程度（経過時間）さらに練混ぜ条件などの影響を受ける．

c．コンシステンシーの影響

コンシステンシーは「変形あるいは流動に対する抵抗性の程度で表されるフレッシュコンクリート，フレッシュモルタルまたはフレッシュペーストの性質」と定義されているが，主として水量の多少による流動のしにくさを示す概念である．

流動性の大きいコンクリートを使用すれば，作業は容易となるが，一般にプラスティシティーは減少するので材料分離の危険性は増大することになる．逆に流動性が小さすぎると打込みや締固めの作業が困難となる．したがって，ワーカビリティーをよくするには適度なコンシステンシーを選定しなければならない．

d．プラスティシティーの影響

プラスティシティーは「容易に型に詰めることができ，型を取り去るとゆっ

り形を変えるが，くずれたり，材料が分離したりすることのないような，フレッシュコンクリートの性質」と定義されており，コンクリートのペーストやモルタル部分の量と粘着力，粗骨材の最大寸法，密度，粒形などに関係する．

e．フィニッシャビリティーの影響

フィニッシャビリティーは「粗骨材の最大寸法，細骨材率，細骨材の粒度，コンシステンシーなどによる仕上げの容易さを示すフレッシュコンクリートの性質」と定義されており，コンクリート舗装，床版コンクリートなどで表面を仕上げる場合の作業性の難易度をいう．

f．ワーカビリティーの試験方法

ワーカビリティーはフレッシュコンクリートの施工性の総合的な評価を意味し，施工方法によって評価する内容が異なる．したがって，単一の試験による測定値でワーカビリティーを定量的に表すことは困難である．このため，フレッシュコンクリートの性質や施工方法によってさまざまな評価試験法がある．いずれの場合にも，現場におけるワーカビリティーの判断には，経験のある技術者による作業状況の観察がさらに必要になる．

1）スランプ試験　ワーカビリティー判定の補助手段として最もよく用いられるのは，「スランプ試験」(JIS A 1101) である．これは代表的なコンシステンシーの試験法であり，スランプコーンを用いて，図3.1のような試験を行い，スランプ値を測定する．同時に ① スランプを起こすときの変形状態，② 骨材および水の分離状況，③ コンクリートの側面を突き棒で軽打したときの変形状態（プラスティシティーの評価）などを目視で観察して総合的にワーカビリティーを判定する．

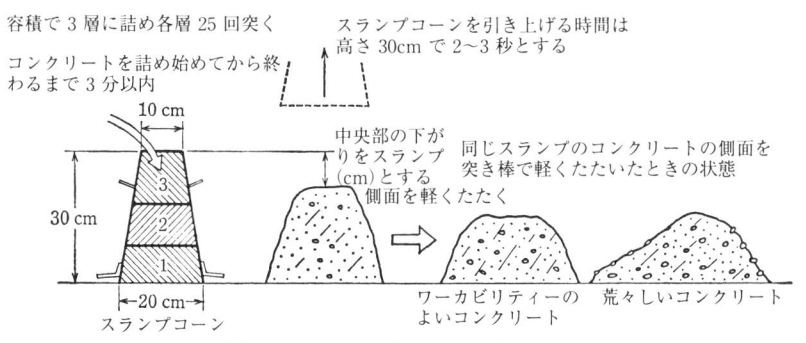

図3.1　コンクリートのスランプ試験方法

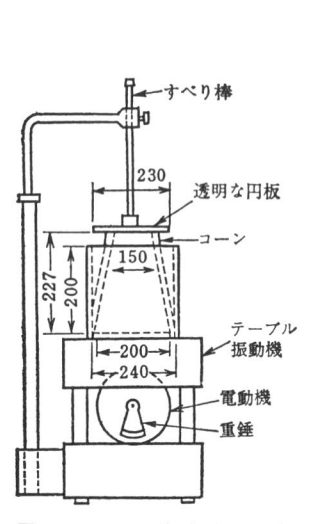

図 3.2 VB 試験機（単位：mm）　　図 3.3 VC 試験機

2) **軟練りコンクリートの試験**　建築用のスランプ 18 cm 程度の普通コンクリートや水中不分離性コンクリート，高流動コンクリートなどの軟練りコンクリートでは，スランプ試験後に，円形状に広がったコンクリートの長径とそれに直交する径を測定して平均値を求め，スランプフロー値とする．この試験をスランプフロー試験という．そのほか間隙通過性試験，O ロートまたは V ロート試験，L 型フロー試験などがある．軟練りコンクリートでは流動性と材料分離抵抗性の双方を同時に評価してワーカビリティーを判定することが重要である．

3) **硬練りコンクリートの試験**　スランプ値が 0 cm となるような超硬練りコンクリートでは，図 3.2 の VB 試験（製品用コンクリート），図 3.3 の VC 試験（RCD コンクリート）[3]，振動台式コンシステンシー試験（舗装コンクリート）など，振動下でのコンクリートの流動や材料分離の状態を判断する試験が用いられる．

3.3　ポンパビリティー

a．ポンパビリティーの内容

フレッシュコンクリートのポンプ圧送に必要な性質は，
① 管壁近傍で固体栓が滑動するための流動性

② 管内のコンクリート全体が連続体として変形できる変形性
③ 圧力の時間的または位置的な変化に耐えられる分離抵抗性

の三つがあげられる．①は直管内でのコンクリートの流れやすさ，②はベント管，テーパー管，ピストン部の分岐管などを通過するときの容易さ，③は材料分離による閉そくの起こりやすさに関係する性質である．

圧送性のよいコンクリートは，これら三つの性質をバランスよく保持していなければならない．これらの性質は，一見互いに独立した性質のように思えるが，実際には微妙な相互関係があり，コンクリートの配合や製造条件を一つ変化させると，三つの性質は同時に変化することになる．

b．ポンパビリティーの試験方法

直管内のコンクリートの流れのほとんどは固体栓が管壁で滑動することによっている（図3.4）[5]．このような流動を**栓流**（plug flow）という．3.4節で述べる塑性粘度 η_{pl} と降伏値 τ_f を用いると，管壁で滑りの生じない栓流について，Buckingham–Reiner 式より流量の理論解を求めることができるが，コンクリート流量に関しては実測値はこの式による予測値の20倍にもなる．この理由は，管壁で起こる滑動によると考えられ，脱水性と関係がある．したがって，レオロジー定数のみから圧送性を判定することはできない．

変形性は，図3.5に示す「変形性評価試験方法」により，テーパー管と直管を通過するときの圧力損失（ピストン油圧の経時変化）の特性から評価できる．変形性が劣ると，単位長さ当りの圧力損失が大きくなり閉そくの原因となる．

分離抵抗性は，図3.6に示す「加圧ブリーディング試験方法」により，ピストン圧に相当する圧力で脱水量と時間の関係を求め評価できる．脱水性は滑動層の形成のしやすさと閉そくの起こりやすさの指標である．ポンパビリティーのよいフレッシュコンクリートは，脱水が必要量起こり，しかもこの脱水が時間的に適度な速度で起こるコンクリートである．脱水は急速に多量に起こりすぎると逆に閉そくの原因となる．

c．ポンパビリティーの改善方法

① 骨材は粒度分布がよく，密度のばらつきが少なく，粗粒の混入がなく，圧力下で吸水の少ないものを使用する．

② 材料の分離を少なくする混和材料，たと

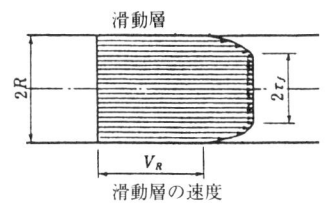

図3.4 滑りを伴う栓流の速度分布[5]

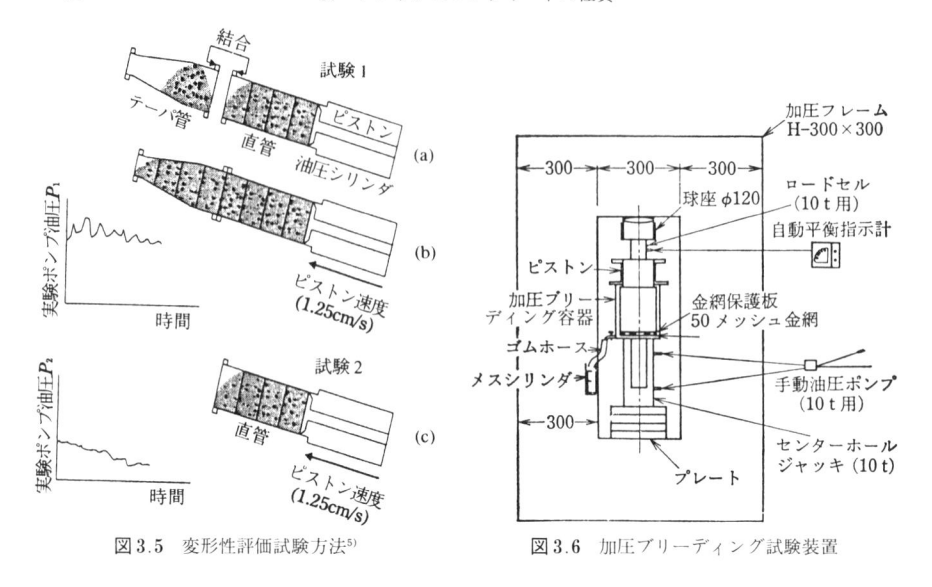

図 3.5 変形性評価試験方法[5]

図 3.6 加圧ブリーディング試験装置

えば減水剤，流動化剤などの化学混和剤，フライアッシュ，鉱物質微粉末などの混和材を利用する．

③ 細骨材率，単位セメントを若干大きくし，圧送後に必要な空気量を確保できる配合とする．

④ スランプを適当に選定する．土木学会ポンプ施工指針では一般にスランプの上限を 12 cm としているが，流動化剤によってスランプを増加させた場合には 18 cm までのスランプを選定してよい．

3.4 フレッシュコンクリートのレオロジー

フレッシュペースト，フレッシュモルタル，フレッシュコンクリートはせん断強度を持った流体と考えることができ，その流動特性はせん断応力 τ とせん断ひずみ速度 $\dot{\gamma}$ の関係が一般に図 3.7 の B のようになる．A は外力を加えると直ちに流動し始める流体で，**ニュートン液体（流体）** と呼ばれ，これに対し B は**ビンガム物体（流体）** と呼ばれる．

直線 B は，

$$\tau = \eta_{pl} \dot{\gamma} + \tau_f$$

と書くことができる．ここで，η_{pl}：塑性粘度，τ_f：降伏値．

3.4 フレッシュコンクリートのレオロジー

η_{pl} と τ_f は，回転粘度計，傾斜管粘度計，平行板プラストメータなどの測定器で実測することができる．

コンシステンシーの測定に用いられるスランプ試験は，フレッシュコンクリートの自重によるせん断応力が τ_f とつり合って変形が止まる状態を測定しているもので，スランプ値を降伏値 τ_f のみの関数として求めることができる．村田はレオロジー定数の降伏値 τ_f を用いて，スランプ値 S_l が次式で求まることを示した（図3.8）．

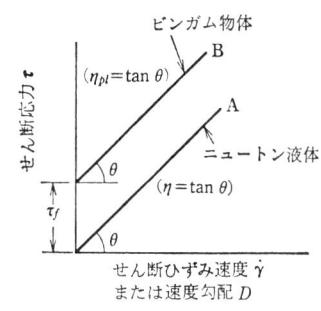

図3.7 ビンガム物体の流動特性

$$S_l = H - (h_0 + h_1')$$

$$h_1' = \frac{3\tau_f}{\rho} \ln\left(\frac{3H^2}{(H+h_0)^3} - H^3\right)$$

$$\tau_f = \frac{\rho((H+h_0)^3 - H^3)}{6(H+h_0)^2} \quad (h_0 \text{はこの式より求まる．})$$

練混ぜ方法が異なると同一組成に対して異なった η_{pl} と τ_f が得られるし，η_{pl} と τ_f との関係も単一にはならない（図3.9）．ワーカビリティーはスランプのみでは完全に表せないことがわかる．この他にも振動締固め時の挙動，粗骨材の分離現象なども η_{pl} と τ_f を用いて取り扱うことができる．このようなレオロジー解析はフレッシュコンクリートのワーカビリティーを合理的に数値で解析するのに有効であるが，3.3節で述べたように管内の流動現象が脱水の程度に影響されることもあるので，その適用を誤らないようにすることが重要である（DM（ダブルミキシング）については6.4.d項参照）．

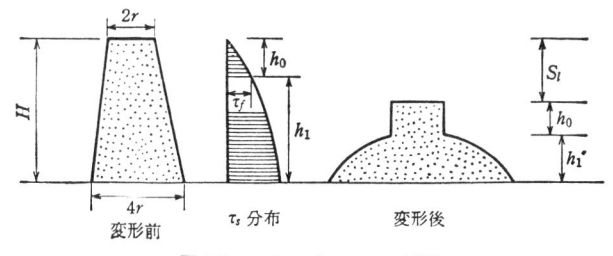

図3.8 スランプコーンの変形[8]

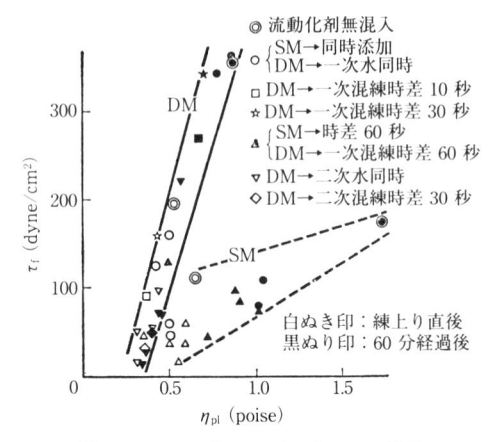

図3.9 塑性粘度 η_{pl} と降伏値 τ_f との関係

3.5 材料の分離

硬化したコンクリートが所要の性質をもち，均等質であるためには，フレッシュコンクリートの材料分離をできるだけ少なくしなければならない．材料の分離には骨材の分離と水の分離とがある．前者は主としてコンクリートを型枠に打ち込むまでの作業中に生じ，後者は主としてコンクリートが型枠に打ち込まれてから凝結するまでの期間に起こる．後者を特に**ブリーディング**と呼ぶ．

a. 骨材の分離

コンクリートは大きさ，密度，表面特性などの異なる固体粒子と水との混合体である．そのため，コンクリートがシュートを流下したり空中を落下したりする場合のように加速度運動をすると，粒子どうしに慣性力の差が生じ，この差がモルタルの粘着力より大きくなると，粗骨材の分離が起こる．また，ポンプ圧送の場合のように大きな粒子間にアーチングが起こると，その間隙をモルタルやペースト，水などの流体が通過することによっても分離が起こる．締固め時の過剰振動による分離は，振動時に低下した τ_f よりも骨材とマトリックスとの密度の差で生ずるせん断力が大きくなることが原因である．

この種の材料分離は粒子の寸法と濃度のアンバランスが原因になることが多いので，骨材の選定や配合に注意するとともに，減水剤，AE剤などを活用し，単位水量をむやみに増加させないことが重要である．

3.5 材料の分離

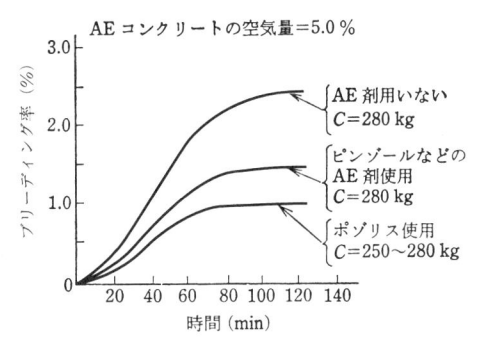

図3.10 AE剤,減水剤の使用がコンクリートの
ブリーディングに及ぼす影響

材料分離は豆板,蜂の巣,打継面の不良などの原因となり,コンクリート構造物の弱点になるとともに,水密性を著しく低下させ鉄筋の腐食の原因となる.

b. ブリーディング

ブリーディングは,コンクリートが凝結するまでの間に固体粒子が水中で沈降することと,有効応力の差によって下部の粒子骨格が圧密されることによって起こる.適度なブリーディングは,上表面の仕上げを容易にするが,一般にブリーディングは,硬化後のコンクリートの性質にとって有害であり,材料,配合,練混ぜ方法などに配慮してできるだけ少なくすることが望ましい.図3.10のようにAE剤,減水剤,AE減水剤などの使用はブリーディングの低減に有効である.

ブリーディングはコンクリートの表面ばかりでなく,骨材や鉄筋などの下面にたまり,欠陥をつくる.一度に打ち込んだコンクリートは上部ほど実質的な水セメント比が大きくなるが,これはブリーディングのためである.また後述の沈下の原因(p.67参照)とも関係がある.

c. レイタンス

ブリーディングに伴い,コンクリートまたはモルタルの表面に浮かび出て沈殿した物質をレイタンスという.レイタンスは個々に水和・凝結して結合力を失ったセメントの微粒子,砂中の微粒,ブリーディング水とともに表面に移動する溶解物質などの混合物であり,付着による打継目の一体化を妨げる.コンクリートを打ち重ねる場合には,レイタンスは必ず除去しなければならない.

d. 材料分離の試験

粗骨材の分離の程度は，フレッシュコンクリートの「洗い分析試験」(JIS A 1112)，水の分離は「ブリーディング試験」(JIS A 1123) によって測定する．

ブリーディング試験は円筒容器にコンクリートを詰め，一定時間ごとに上面にしみ出た浮水をはかり，次式によってブリーディング量またはブリーディング率を求める．

$$\text{ブリーディング量 (cm}^3/\text{cm}^2) = V/A$$

ここに，V：ブリーディング水の総量 (cm^3)，A：コンクリート上面の面積 (cm^2).

$$\text{ブリーディング率 (\%)} = (B/C) \times 100, \quad C = (w/W) \times S$$

ここに，B：ブリーディング水の総量 (kg)，C：試料中の水量 (kg)，W：1 m^3 当りのコンクリートの質量 (kg)，w：1 m^3 当りのコンクリート中の水量 (kg)，S：試料の質量 (kg).

3.6 空 気 量

a. エントレインドエアとエントラップトエア

AE剤またはAE減水剤によってコンクリート中に生じた微細な気泡からなる空気をエントレインドエアと呼び，自然に混入する不規則な形状の空気（エントラップトエア）と区別する．

エントレインドエアはコンクリートの流動性，保水性，分離抵抗性，変形性を増大させるので，ワーカビリティーの改善に役立つ．貧配合または砕石コンクリートの場合には，特に有効である．また硬化後の耐凍害性を高める効果もある．

b. エントレインドエアに影響を与える要因

主な要因として，① AE剤の種類・使用量，② セメントの種類と単位セメント量，③ 骨材の粒度・量，④ 練混ぜ条件，⑤ コンクリートの温度，⑥ 運搬・締固め方法などがあげられる．

この中で特に重要なのは細骨材の粒度である．空気の連行能力は，0.15～0.6 mm 程度の粒子が大きく，1.2 mm 以上のものはほとんどその能力がなく，0.15 mm 以下の微粒子は空気の連行性を低下させる．これは AE 剤が微粒子表面に吸着され，正常に機能しなくなるためである．

c. 空気量の測定方法

JISに規定されている空気量試験方法は，「質量方法」（JIS A 1116），「容積方法」（JIS A 1118），「空気室圧力方法」（JIS A 1128）の3種類である．質量方法は他に比べ精度に問題があり，容積方法は時間と労力を要するので，空気室圧力方法が広く用いられている．しかしこの方法は多孔質骨材を用いた軽量コンクリート，硬練りで粗骨材の多いコンクリートには適していない．

3.7 フレッシュコンクリートの体積変化とひび割れ

a. 水和収縮

2章で述べたセメントの水和反応について，反応前のセメントと水の総体積と反応生成物の体積とを求めて比較すると，体積が収縮する．この収縮をセメントの水和収縮と呼ぶ．普通ポルトランドセメントを用い $W/C=50$（％）としたセメントペーストが100％反応したとき，水和収縮率は10％程度となる．この収縮は，ごく一部が後述の沈下の原因になっているが，反応はほとんど凝結後に進行するので主としてセメント硬化体中に内部空隙を形成させる原因となる．また，水和収縮はペースト中に自己乾燥状態をひき起し，低水セメント比のペーストが大きな自己収縮（autogeneous shrinkage）を起こす原因となる[15]．

b. 沈　下

型枠に打ち込まれたコンクリートは，凝結が完了するまでに，高さが減少する．この減少量を沈下と呼ぶ．沈下の原因はブリーディングによる水の上昇と水和収縮である．水和収縮の寄与率は，ブリーディング試験時にブリーディング水表面の絶対高さの測定によって求められるが，通常，沈下の10％に達しない．

図3.11に20℃前後の気温における沈下-時間曲線を示す．沈下は1.5～2時間以内にその大半が生ずる．沈下による変形量は，コンクリートの打込み高さに比例するので，同時に打ち込まれるコンクリートの高さに大きな差がある場合には，境界近くにひび割れが入ることがある．この場合，打込み高さの高いコンクリートの沈下が終了するのを待って上部のコンクリートを打ち込むとひび割れを防ぐことができる．また高さの変化しない上部の水平鉄筋の拘束により，沈下が原因となって鉄筋に沿ったひび割れがコンクリートの上面に入ることがある．コンクリートを上部から下部に打ち継いでいく逆打ちコンクリートの場合には，沈下によって水平打継目に隙間ができるので，その対策を考えておく必要がある．

図3.11 コンクリートの沈下-時間曲線

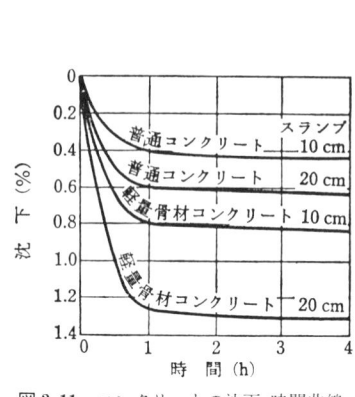

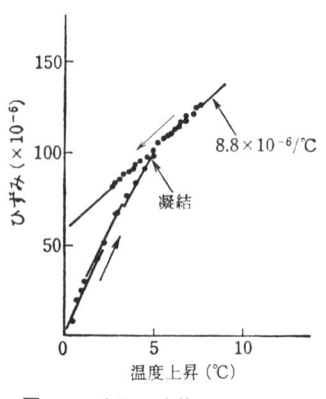

図3.12 打込み直後のフレッシュコンクリートの温度膨張

c. プラスティック収縮

フレッシュコンクリートの表面が乾燥を受けると，表面部分にきわめて大きな乾燥収縮が起こり，幅の広いひび割れの原因になる．低水セメント比のコンクリートでは乾燥を受けなくても自己乾燥により同様の現象が起こる．この収縮を総称してプラスティック収縮，ひび割れをプラスティック収縮ひび割れという．

この収縮はコンクリート上面へのブリーディング水の上昇速度より上面からの水の蒸発速度や初期水和速度が大きい場合に起きる．通常のコンクリートでは表面を乾燥しないようにし，ひび割れを防ぐ．

d. フレッシュコンクリートの膨脹

フレッシュコンクリートも，温度の上昇によって膨張する（図3.12）．その膨張率は，硬化後の膨張より大きく，ごくわずかの拘束によって圧縮クリープを起こし，水和熱による引張り側の自己応力を増加させる原因となる．

沈下やブリーディングの悪影響を防ぐ目的で，ごく少量のアルミニウム粉末をセメントに混入し，発生する水素ガスにより，凝結前のコンクリートを人為的に膨張させることがある．

3.8 塩化物含有量の限度

フレッシュコンクリート中の塩化物含有量は，硬化コンクリート中の鉄筋腐食を防ぐという観点から，その総量の上限が規制されている．これを塩化物総量規制と称している．一般にはCl⁻イオン量として $0.3\,\mathrm{kg/m^3}$ 以下という値が採用さ

れている．

「レディーミクストコンクリート」(JIS A 5308) では，塩化物量の限度を次のように規定している．「コンクリートに含まれる塩化物量は，荷おろし地点で，塩化物イオン量として $0.3\,\mathrm{kg/m^3}$ 以下でなければならない．ただし，購入者の承認を受けた場合には，$0.6\,\mathrm{kg/m^3}$ 以下とすることができる」．

演 習 問 題

1. コンクリートのワーカビリティーを確保するために考慮すべき事項について述べよ．
2. コンシステンシーの定義を記せ．
3. ブリーディングがコンクリートの品質に及ぼす影響について述べよ．
4. コンクリートの空気量に影響を及ぼす要因について述べよ．
5. 沈下ひび割れの防止方法について記せ．
6. 材料の分離について，その原因となる事項を列挙せよ．
7. スランプ試験方法について説明し，これによって判定できる事項について述べよ．
8. ポンパビリティーの内容について説明し，管内のコンクリートの流動状況との関係について記せ．
9. ビンガム物体の特性について説明せよ．

参 考 文 献

1) 土木学会編：コンクリート標準示方書・施工編 (2002 年制定)，土木学会，2002．
2) 岩崎訓明：コンクリートの特性，コンクリート・セミナー，共立出版，1975．
3) 国土開発技術研究センター編：RCD 工法によるダム施工，山海堂，1981．
4) 土木学会編：土木学会規準 (昭和 61 年版)，1986．
5) 土木学会編：コンクリートのポンプ施工指針 (平成 12 年版)，コンクリートライブラリー第 100 号，土木学会，2000．
6) M. Reiner: *Deformation, Strain and Flow*, H. K. Lewis & Co., 1960.
7) R. D. Browne and P. B. Bamforth: Tests to establish concrete pumpability, *ACI Journal*, **74**-5, 1977.
8) 村田二郎・岩崎訓明：コンクリート施工法，山海堂，1978．
9) 田澤栄一：ポンプ圧送技術の現状と問題点，コンクリート工学，**21**，11，1983．
10) 田澤栄一・宮沢伸吾・笠井哲郎：セメントの水和収縮と硬化体の内部空隙について，セメント技術年報，**40**，1986．
11) 田中一彦：コンクリートの亀裂，建築雑誌，1953．
12) D. Ravina and R. Shalon: Plastic shrinkage cracking, *ACI Journal*, **65**, 1968.
13) 国分正胤：各種 AE 剤の使用方法に関する研究，土木学会論文集，**23**，1960．
14) 田澤栄一：コンクリートの硬化時温度応力の問題点，コンクリート工学，**24**，12，

1986.
15) 日本コンクリート工学協会編：自己収縮研究委員会報告書, 1996.

4. 硬化コンクリートの性質

4.1 概説

硬化後のコンクリートの性質は，使用材料，配合，製造方法などのほか，材齢，温度・湿度などの養生条件，環境条件などによって変化する．

一般にコンクリートの代表的な性質として，圧縮強度が品質の相対評価に用いられる．コンクリート構造物は荷重に対して十分な安全性能を保持していることが要求されるが，強度は構造物の力学的安全性に直接関係する性質である．また，土木構造物は種々の環境条件下でその供用期間中に劣化することなく使用性能を維持する性能（**耐久性能**）が必要となる．さらに，構造物の用途に応じて，寸法安定性，水密性，耐熱性，遮音性などの諸性能が要求される．

4.2 単位質量

コンクリート $1\,m^3$ 当りの質量を単位質量という．単位質量にはコンクリート容積の約 70% を占める骨材密度の影響が最も大きい．また，単位セメント量，粗骨材の最大寸法，空気量，締固め方法などによっても多少異なる．表 4.1 は各種コンクリートの単位質量を示したものである．通常使用される普通コンクリートの単位質量は 2300〜2400 kg/m³ であり，それより重いものを**重量コンクリート**，一般に単位質量が 2000 kg/m³ 以下のコンクリートを**軽量コンクリート**と呼んでいる．

表4.1 各種コンクリートの単位質量

コンクリートの種類	細骨材	粗骨材	単位質量 (kg/m³)
重量コンクリート	りん鉄 褐鉄鉱 磁鉄鉱 砂鉄	鉄骨材 鉄骨材 磁鉄鉱 銅カラミ	5000～6000 4400～5000 3500～4000 3000～3400
普通コンクリート	川砂	砂利砕石	2300～2400
軽量コンクリート	川砂，砕砂，スラグ砂 人工軽量細骨材，膨張頁岩など 軟質火山礫	人工軽量骨材，膨張頁岩など 人工軽量骨材，膨張頁岩など 軟質火山礫	1700～2000 1400～1700 1200～1600
気泡コンクリート			500～1200

4.3 圧縮強度

a．コンクリートの強度とそれに影響する諸要因

コンクリートの強度という用語の中には，圧縮，引張り，曲げ，せん断，ねじり，付着などの強度，あるいは複合応力下の強度，衝撃強度，疲労強度，クリープ強度なども含まれるが，通常，単に強度といえば圧縮強度を意味している．これは，コンクリートが引張りや曲げに比べて圧縮に強く，鉄筋コンクリート部材ではコンクリートは主として圧縮応力に抵抗するように設計されているからである．また，圧縮強度の高いコンクリートは，一般に内部組織が緻密であり，他の諸性質も優れているので，圧縮強度から他の強度やコンクリートの品質をある程度推定することができる．

コンクリートの強度に影響を及ぼす諸要因は次のとおりである．

① 使用材料：セメント，骨材，混和材料，水などの品質
② 配合：水セメント比，単位セメント量，空気量，粗骨材の最大寸法，s/a など
③ 施工方法：ミキサーの種類・練混ぜ時間・投入順序などの練混ぜ条件，運搬，打込み，締固め，養生などの方法
④ 試験方法：供試体の形状・寸法，成形方法，載荷方法，材齢など

したがって，コンクリートの強度は規定された方法で「供試体作製」(JIS A

1132),「載荷試験」(JIS A 1108) を行う必要があり，一般に**標準養生**（温度20℃の水中養生）を行った材齢28日における圧縮強度を基準とする．これは，標準養生のコンクリートの圧縮強度は材齢とともに増加するが，現場における一般の構造物では養生条件が異なるので材齢28日以降は強度増加を大きく期待できない場合が多いからである．ただし，ダムコンクリートのように水和熱の低いセメントを使用し，長期間の湿潤養生が可能であれば材齢91日を基準とし，逆に蒸気養生やオートクレーブ養生などを用い早期に強度が発現する工場製品では養生終了後，あるいはそれ以後の適切な材齢を基準にできる．

b．使用材料の品質と強度

骨材自身の強度はセメントペーストの強度より通常高いので，骨材の強度が変化してもコンクリートの強度にはほとんど影響を与えない．しかし，コンクリート強度が 80〜100 N/mm² の高強度コンクリートの場合や軽量骨材を用いる場合は骨材の影響が現れる．また，粗骨材中に風化した骨材（**死石**または**軟石**ともいう）が多くなるとコンクリート強度は低下する．骨材はその粒度・粒形が悪いと，同一スランプを得るのに必要な単位水量が増加するので，単位セメント量が一定であれば，水セメント比が増加し，結果としてコンクリート強度が低下する．一方，同一材質の骨材を用い水セメント比が一定の場合，粗骨材最大寸法が大きくなるとスランプが増加し，図4.1 (a) のようにコンクリートの強度は低下する傾向がある．骨材下面にブリーディングによる欠陥が生ずるためである．

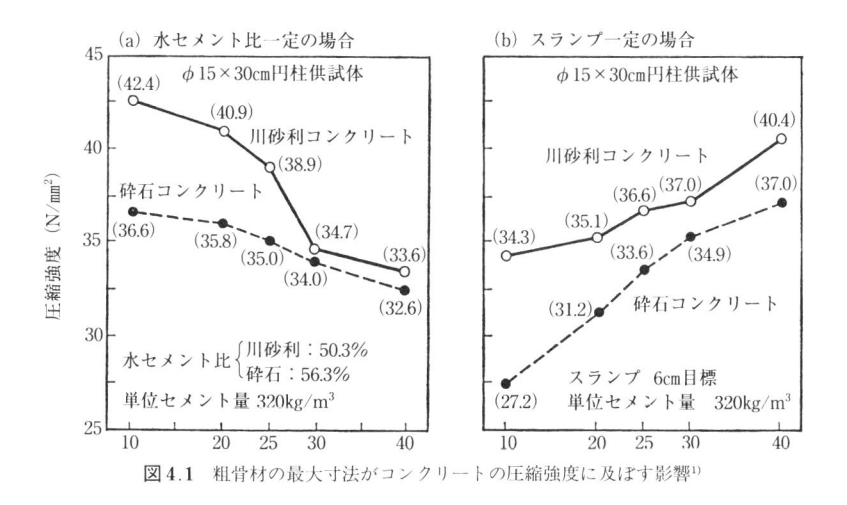

図4.1 粗骨材の最大寸法がコンクリートの圧縮強度に及ぼす影響[1]

表 4.2 セメントの強さ, 骨材の粒度, 表面水率の変動がコンクリートの品質に及ぼす影響[2]

材料の品質		変動	コンクリート品質への影響		
			スランプ (cm)	空気量 (%)	圧縮強度 (%)
セメントの強さ		±10 %	—	—	±8～10
細骨材	粗粒率	±0.2	∓0.2～1.5	±0.1～0.4	—
	表面水率	±1 %	±3～4	—	∓6～8
粗骨材	表面水率	±1 %	±1～2	—	∓2～4

表 4.2 はセメントの強さ, 細骨材の粗粒率, 細・粗骨材の表面水率の変動が圧縮強度などに及ぼす影響を示す.

コンクリートの強度あるいはその他の品質向上のために各種の混和材料が用いられるが, AE 剤, 減水剤, 高性能 AE 減水剤などはスランプを一定とするとその減水効果により, 単位水量を減じコンクリート強度が改善される. フライアッシュはポゾラン反応により, 高炉スラグ微粉末は潜在水硬性により長期強度を高める. 促進剤は初期材齢の強度発現を速める.

練混ぜ水の中に塩分が存在すると硬化を促進し, 初期強度を高めるが, 長期材齢の強度増進率が低下し, 鉄筋を腐食するおそれがあるので練混ぜ水に海水を使用してはならない.

c. 配合と強度

コンクリートの配合, すなわち水セメント比, 単位セメント量, 単位水量, 空気量などは強度に大きな影響を与える.

1) 水セメント比説 コンクリート中の水とセメントとの質量比を**水セメント比**といい, Abrams はプラスチックでワーカブルなコンクリートの圧縮強度 f'_c は, 水セメント比 W/C に支配されるという水セメント比説を唱え, 次式を示した.

$$f'_c = A/B^{W/C}$$

ここに, A, B: セメントの品質, コンクリートの施工, 養生条件, 材齢などによって定まる定数.

なお, 水セメント比がきわめて小さいと, 超硬練りとなってワーカビリティーが悪くなり, 十分に締固めができないと水セメント比説の適用が困難となる.

2) セメント水比説 Lyse は使用するセメントと骨材が同じであれば, コンクリートのコンシステンシーは使用水量によって決まり (**一定単位水量の法**

則），使用水量を一定にすると強度はセメント量によって定まるというセメント水比説を提案した．この考え方は現在の示方書でも一般に採用されており圧縮強度 f'_c とセメント水比 C/W との関係として次式を用いる．

$$f'_c = A(C/W) + B$$

ここに，A, B：実験によって定まる定数．

実際に使用する材料を用いて3種類の水セメント比のコンクリートを練り，f'_c-C/W 関係を求め，

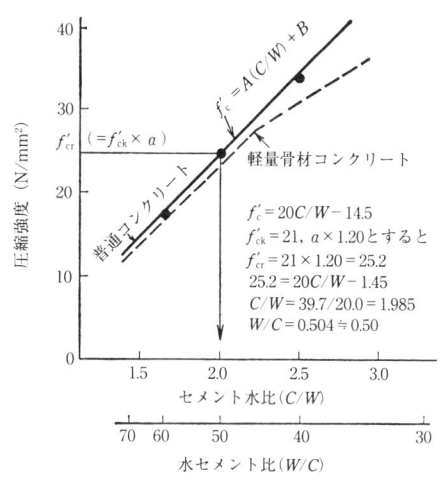

図4.2 セメント水比と圧縮強度との関係

配合強度からセメント水比の逆数として水セメント比が得られる（図4.2）．

3） 空隙セメント比説　Talbot は水と空気量との容積の和を空隙とみなし，強度は空隙とセメントの容積比で支配されるという説を唱え，空隙が1%増加すると強度が5%前後低下することを示した．AEコンクリートの空気量についても同様の考え方が可能であり，同一配合では空気量が1%増すと圧縮強度が4～6%低下する．実際のAEコンクリートではワーカビリティーの改善により，この低下は打ち消されている．

d．施工方法と強度

1）練混ぜ　ミキサーの練混ぜ時間を長くすると10分までは強度が大きくなるが，製造量が減り，動力費が増すので，不経済となる．同じ練混ぜ時間では，練混ぜ性能のよい強制練りミキサーで練り混ぜたコンクリートの強度は，可傾式ミキサーで練り混ぜた場合より高くなる．

2）締固め　振動締固めを行うと，コンクリート中の空隙が少なくなり密実な組織となるので強度が増加する．硬練りコンクリートでは特に振動締固めの効果が大きい．また，加圧振動締固めは有効で，約 $1\,\text{N/mm}^2$ の加圧力を加えると圧縮強度が20～30%増大する．

3）養生方法　施工方法の中で強度に大きな影響を与えるのは養生方法である．**養生**とは，コンクリートの打込み後，その強度発現を助けるために十分な湿

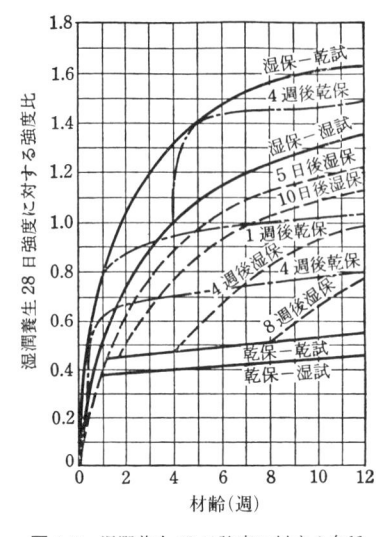

図 4.3 湿潤養生 28 日強度に対する各種養生方法の場合の強度比

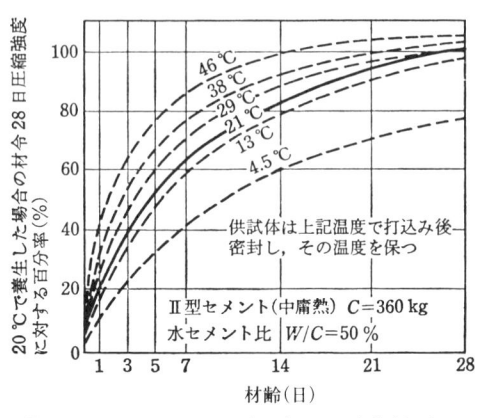

図 4.4 コンクリートの圧縮強度に及ぼす養生温度の影響[3]

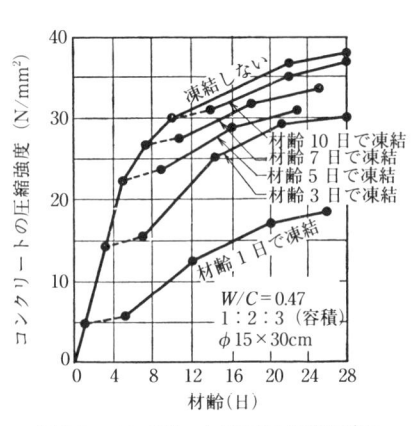

図 4.5 コンクリートの凍結が圧縮強度に及ぼす影響[4]

度と適当な温度を与えるとともに，有害な外力の作用を防ぐことである．

① 乾燥・湿潤の影響：湿潤状態で養生するとコンクリート強度は材齢とともに増加する（図 4.3）．しかし，コンクリートを乾燥状態に移すと，乾燥後初期では強度は増加するが，その後はセメントの水和反応が妨げられるため，強度の増進は急激に小さくなる．したがって打込み後初期の湿潤養生はコンクリートの強度発現にきわめて大切である．

② 養生温度の影響：図 4.4 に示すように養生温度が高くなるほど材齢 28 日までの強度は高くなる．しかし，長期強度は一般に低温で養生したものが高温で養生したものより高くなる．

③ 凍結の影響：フレッシュコンクリートが凍結するとセメントの水和反応が止まり，氷によるみかけの強度を生じる．しかし，常温に戻ったとき，凍結して

いないものに比べてかなり強度が劣る．凍結時の材齢が強度に及ぼす影響を図 4.5 に示すが，ある程度強度があれば凍結しても悪影響が少ないので，ごく初期材齢での凍結防止が大切である．

④ 蒸気養生，オートクレーブ養生：蒸気を用いる蒸気養生の最適温度は 55〜75℃ であり，85℃ 以上は有害とされている．蒸気養生によって初期材齢の強度は高くなるが，材齢 28 日では標準養生より 10〜15% 低くなる．オートクレーブ養生は高温（180℃ 前後）高圧（10 気圧程度）のもとで行う養生であり，コンクリート製品などに用いられ，養生直後に 70〜100 N/mm² の高強度が得られる．また，オートクレーブ養生と同様の条件で水中養生（高温高圧水中養生）を行うとさらに優れた結果が得られる[5]．

e．材齢と強度

コンクリート強度の増加割合は水和反応量によっている．したがって強度増加には材齢と養生温度がともに影響を与える．このことを一つの変数で評価するために，養生温度と材齢の積を**積算温度**あるいは**マチュリティー** M と呼び，次式で求めて用いる．

$$M = \sum \Delta t_\mathrm{i}(T_\mathrm{i} - T_0)$$

ここに，T_i：養生温度，Δt_i：養生温度 T_i に保たれた期間，T_0：水和反応が進まないと考える基準温度，一般に $T_0 = -10$ (℃)．

養生温度と時間の関係が異なる場合でも，積算温度が同じであればほぼ同じ強度が得られることがわかっており，コンクリートの圧縮強度 f'_c と積算温度 M との関係として次式が提案されている．

$$f'_c = A \log M + B$$

ここに，A, B：主としてセメントの種類によって変化して，実験によって定まる定数．

コンクリート構造物の設計では材齢 28 日における圧縮強度が基準となっているが，強度の増進はきわめて長時間にわたり，50 年続いたという報告もある[6]．構造物の強度管理の面からは打設したコンクリートの強度をできるだけ早期に知ることが望ましいので，材齢 3 日や 7 日などでの早期強度から 28 日強度を推定する式が提案されている．

吉田徳次郎博士：$f'_{c\cdot 28} = f'_{c\cdot 7} + 4 \sim 10.5\sqrt{f'_{c\cdot 7}}$　　　　（平均 6.6）

セメント協会：$f'_{c\cdot 28} = 1.24 f'_{c\cdot 7} + 66$

日本建築学会（JASS 5） $\begin{cases} f'_{c\cdot28}=1.35f'_{c\cdot7}+30 & \text{（普通セメントを用いた場合）} \\ f'_{c\cdot28}=f'_{c\cdot7}+80 & \text{（早強セメントを用いた場合）} \end{cases}$
（15℃以上の場合）

f．試験方法と強度

1) 供試体の形状・寸法　供試体の形状・寸法によって表4.3のように圧縮強度は変化する．わが国では $\phi 10\times20$ cm（最大寸法30 mm以下）または $\phi 15\times30$ cm の円柱供試体を用いることを標準としている．円柱供試体の高さ h と直径 d との比 h/d が大きくなると強度は小さくなる．これは試験機の加圧板と供試体端面との摩擦の影響であり，図4.6に示すように摩擦がなければ h/d の影響はほとんどみられない．また，供試体の形状が相似であれば，寸法が大きいほど強度は小さくなる．これは**寸法効果**と呼ばれ，供試体が大きいほど破壊に関係する欠陥が含まれる確率が高くなるためである．寸法効果についてWeibullは次式を提案している．

$$\sigma/\sigma_0 = (V/V_0)^{-1/m}$$

表4.3　形状・寸法の異なる各種供試体の圧縮強度比[9]

材齢	円柱供試体 (cm)			立法体 (cm)		角柱体 (cm)	
	$\phi 15\times15$	$\phi 15\times30$	$\phi 20\times40$	15	20	15×30	20×40
7日	0.67	0.51	0.48	0.72	0.66	0.48	0.48
28日	1.12	1.00	0.95	1.16	1.15	0.93	0.92
91日	1.47	1.49	1.27	1.55	1.42	1.27	1.27
1年	1.95	1.70	1.78	1.90	1.74	1.68	1.60

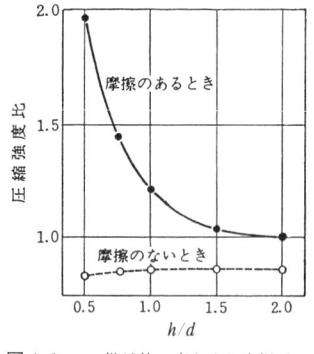

図4.6　供試体の高さ h と直径 d の比と圧縮強度との関係[7]

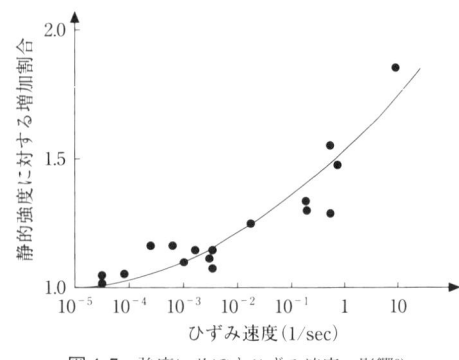

図4.7　強度に及ぼすひずみ速度の影響[8]

ここに，V_0, V：体積，σ, σ_0：体積 V, V_0 時の強度，m：Weibull の均一性係数（普通のコンクリートでは 10 程度）．

2) **載荷速度**　載荷試験を行う場合，図 4.7 の示すように強度は載荷速度が速くなるにつれて，みかけ上高くなる．したがって，JIS A 1108 では圧縮試験の載荷速度を毎秒 0.2～0.3 N/mm² と定めている．曲げ強度試験，引張強度試験はそれぞれ毎分 0.1～0.8 N/mm²，0.4～0.5 N/mm² とするよう規定されている．

3) **載荷面の平面度**　供試体の載荷面が平滑でないと集中荷重あるいは偏心荷重となって一般にみかけ上強度は低下する．JIS A 1108 では載荷面の平面度を 0.02 mm 以下に仕上げるよう規定している．載荷面を平滑にするにはセメントペーストなどで載荷面を被覆する方法（キャッピング）や研磨機で載荷面を研磨する方法がある．

4) **湿式ふるい分け**　ダムコンクリートでは 150 mm の粗骨材を用いるので，40 mm の大型網ふるいを用いて湿式ふるい分けを行い，40 mm を通過する粗骨材を含むコンクリートを $\phi 15 \times 30$ cm の円柱型枠に詰めて供試体を作製する．湿式ふるい分けをすると富配合になるので強度が増加する．

5) **圧縮強度の標準試験法**　以上の諸要因の影響を考慮して JIS 化された圧縮強度試験供試体のつくり方と試験方法の要点は次のとおりである．
① $\phi 15 \times 30$ cm または $\phi 10 \times 20$ cm 円柱形（最大寸法 30 mm 以下）．
② $\phi 10 \times 20$ cm では 2 層詰め 7 cm² に 1 回の割合で突く．$\phi 15 \times 30$ cm では 3 層詰めで各層 25 回突く．振動機では 2 層詰めで 60 cm² に 1 か所挿入する．
③ 水槽などで湿潤養生，養生温度 20±3℃（標準養生）．
④ 材齢は 7 日（1 週），28 日（4 週），91 日（13 週）を標準とする．
⑤ 水槽から取り出し，その直後に試験する．

4.4　圧縮強度以外の強度

a．引 張 強 度

コンクリートの引張強度は，圧縮強度に比べてきわめて小さく，圧縮強度の 1/10～1/13 であり，この割合は圧縮強度が高くなるほど小さくなる．圧縮強度 f'_c と引張強度 f_t との比 f'_c/f_t を**脆性係数**または**もろさ係数**と呼んでいる．鉄筋コンクリート部材の設計では引張強度は無視するが，ひび割れ発生の検討には引張強度が用いられる．

コンクリートの純引張試験は試験装置や型枠が単純ではなく,しかも測定値の変動が大きいので,図4.8のように円柱供試体を横倒しにして行う**割裂試験**(圧裂試験)で行われ,これを「引張強度試験方法」(JIS A 1113)として標準化している.引張強度は図中の計算式で求められるが,この式はコンクリート供試体を弾性体と仮定し,上下から線荷重を加えたときのA-A面に生じる引張応力を表している.すなわち,この試験ではA-A面と垂直方向には圧縮応力も生じているが,コンクリートの引張強度が圧縮強度よりはるかに小さいので,A-A面でひび割れが発生し,引張破壊することになる.この方法は1943年わが国において赤沢[10]によって圧裂強度試験法として提案されたもので,この方法で求めた引張強度は純引張試験結果とほぼ同じ値が得られ,測定結果の変動も小さい.なお,コンクリート供試体が均一に乾燥すると引張強度は低下する.

b. 曲げ強度

コンクリート舗装版,スラブ,舗道用平板などでは曲げ強度 f_b が要求される.

引張強度を次式で計算

$$f_t = \frac{2P}{\pi dl}$$

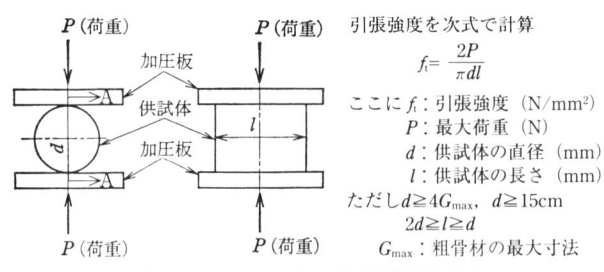

ここに f_t:引張強度 (N/mm^2)
P:最大荷重 (N)
d:供試体の直径 (mm)
l:供試体の長さ (mm)
ただし $d \geqq 4G_{max}$, $d \geqq 15$ cm
$2d \geqq l \geqq d$
G_{max}:粗骨材の最大寸法

図4.8 コンクリートの引張強度試験方法

曲げ強度を次式で計算

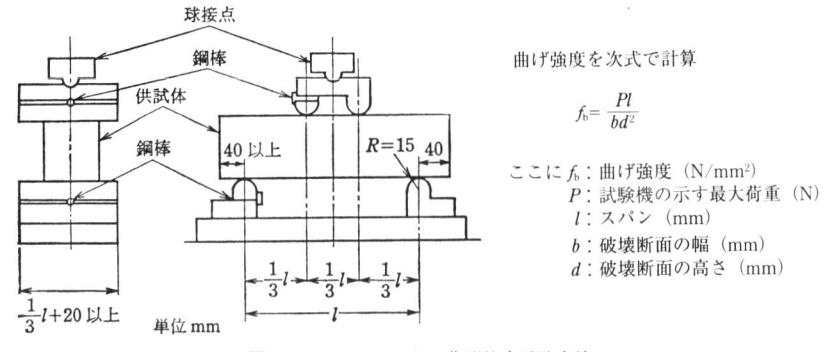

$$f_b = \frac{Pl}{bd^2}$$

ここに f_b:曲げ強度 (N/mm^2)
P:試験機の示す最大荷重 (N)
l:スパン (mm)
b:破壊断面の幅 (mm)
d:破壊断面の高さ (mm)

図4.9 コンクリートの曲げ強度試験方法

コンクリートの曲げ強度は圧縮強度の 1/5〜1/8 の値である．「曲げ強度試験」(JIS A 1106) は 15×15×54 cm または 10×10×40 cm（粗骨材最大寸法 30 mm 以下）の梁供試体を用いて，**三等分点載荷法**（図 4.9）により曲げ試験を行い，コンクリートを弾性体と仮定して図中の計算式で曲げ強度を求める．通常曲げ強度は引張強度の 1.6〜2.0 倍であるが，これは破壊荷重付近でコンクリートが塑性を示すため断面内の応力分布が直線性を失うからである．また，コンクリート供試体が乾燥すると曲げ強度は一時低下するが長期には回復する．米国の PCA で報告している圧縮強度，引張強度および曲げ強度の相互関係を表 4.4 に示す．

c．せん断強度

コンクリートのせん断強度の試験方法として，一面せん断試験，二面せん断試験がある．一般には梁供試体が使用でき，試験が比較的簡単な図 4.10 に示す二面せん断試験法が用いられている．ルーマニア載荷方式という加力方法が用いられることもある．せん断強度は f_v は圧縮強度の 1/4〜1/6 の値であり，引張強度の 2.5 倍前後の値である．また，三軸試験によりモールの破壊包絡線を描き，そ

表 4.4 圧縮強度，曲げ強度および引張強度の間の関係[11]

コンクリートの強度 (N/mm²)			比（百分率）		
圧縮強度 f'_c	曲げ強度 f_b	引張強度 f_t	$\dfrac{f_b}{f'_c}$	$\dfrac{f_t}{f'_c}$	$\dfrac{f_t}{f_b}$
6.9	1.59	0.76	23.0	11.0	48
13.7	2.59	1.37	18.8	10.0	53
20.6	3.33	1.89	16.2	9.2	57
27.5	3.99	2.43	14.5	8.5	59
34.3	4.66	2.75	13.5	8.0	59
41.2	5.27	3.17	12.8	7.7	60
48.1	5.88	3.58	12.2	7.4	61
54.9	6.40	3.99	11.6	7.2	62
61.8	6.96	4.34	11.2	7.0	63

せん断強度を次式で計算

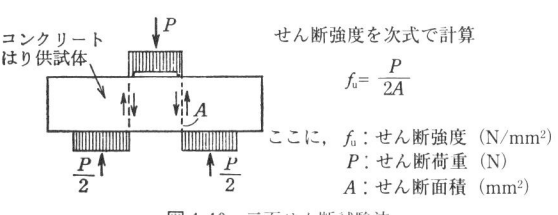

$$f_u = \frac{P}{2A}$$

ここに，f_u：せん断強度 (N/mm²)
　　　　P：せん断荷重 (N)
　　　　A：せん断面積 (mm²)

図 4.10　二面せん断試験法

れが縦軸と交わる点の縦座標を求めれば，せん断強度が得られる．破壊包絡線の近似として，圧縮強度 f'_c と引張強度 f_t の主応力円の接線を用いれば，次式でせん断強度の推定が可能である．

$$f_v = 0.5\sqrt{f'_c \cdot f_t}$$

d. 支圧強度

橋げたの支承部，PC鋼材の定着部などのように部材断面の一部に局部荷重を受ける場合の圧縮強度を支圧強度 f'_a という．支圧強度は最大圧縮荷重を支圧面積 A_a で除して求められるが，コンクリート面の全面積を A とすると，A/A_a と f'_a/f'_c との関係は，図4.11のようになり，A/A_a が20を越えるとほぼ一定の5倍の値となる．

e. 付着強度

鉄筋とコンクリートとの付着強度 f_{b0} はコンクリートの配合，材齢のほか，鉄筋の種類と直径，鉄筋位置，埋込み方向，埋込み長さ，埋込み高さ（水平鉄筋），施工方法，試験方法などで異なる．

一般に，図4.12に示す引抜き試験法が用いられており，引抜き荷重を付着全周面積で除して付着応力度を求め，あるすべり量での付着応力度や付着強度（最大付着応力度）により鉄筋の付着性能を評価する．異形鉄筋を用いた試験では節のためコンクリートが割裂し破壊されることから，鉄筋かごで試験体を補強する場合もある．自由端のすべり量0.25 mmのときの付着応力度を異形鉄筋と丸鋼で比較すると，図4.13のように前者が約2倍近く大となる．また，水平鉄筋（横筋）はブリーディングの影響で鉛直鉄筋（縦筋）の付着強度の1/2～1/4となる．高さの影響も同じ理由による．

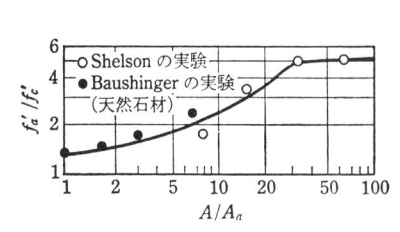

図4.11 支圧強度と支圧面積の関係[12]

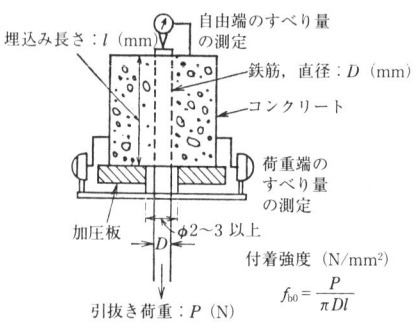

図4.12 付着強度を求めるための引抜き試験法

付着強度 (N/mm²)
$$f_{b0} = \frac{P}{\pi D l}$$

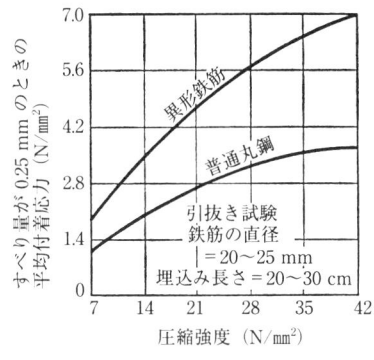

図4.13 付着強度と圧縮強度の関係[2]　　　図4.14 S-N曲線

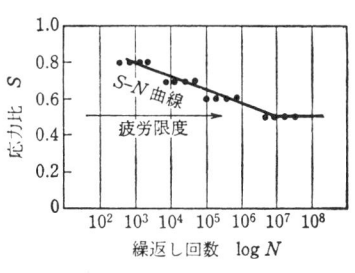

付着強度の試験方法はこのほかにも押抜き,両引き,梁試験などがある.両引き試験は鉄筋コンクリート部材の引張部をモデル化したもので,鉄筋とコンクリートとの付着性能がひび割れ性状やコンクリートの引張剛性に及ぼす影響を評価することができる.

f. 疲労強度

コンクリートも他の材料と同様に,繰り返し載荷したり,一定荷重を持続載荷すると,静的載荷のときの破壊荷重より小さい荷重で破壊する.前者を**繰り返し疲労破壊**,後者を**クリープ破壊**という.

一定値以下の応力であれば,無限に繰り返し載荷しても破壊を起こさない最大の応力を**疲労限度**といい,ある繰り返し回数で破壊を起こす応力を**疲労強度**という.図4.14のように応力比 S(応力度/静的強度)と,対数で表した繰り返し回数 N(**疲労寿命**)の関係を S-N 曲線と呼び,疲労限度までほぼ直線的に低下する.金属材料では疲労限度があることが認められているが,コンクリートでは繰り返し回数1000万回の範囲内では疲労限度が確認されていない.そこでコンクリートの疲労強度の指標として200万回疲労強度が用いられており,静的強度の50~60%である.疲労によって強度が低下するのは,微細ひび割れの発生とその点における応力集中の結果,各載荷ごとに微小破壊が累積するためである.

一方,圧縮荷重によってクリープ破壊を起こす**クリープ限度**は,静的圧縮強度の80~90%といわれており,この破壊の原因は局所変形や微細ひび割れの進展のためと考えられている.

4.5 コンクリートの破壊過程と複合応力下での強度

a. コンクリートの破壊過程

材料の破壊の定義は，一般には耐荷力の喪失とされている．セメントペースト，細骨材，粗骨材などで構成されるコンクリートの場合についてみると，微視的には内部に潜在欠陥と呼ばれる不連続部が存在し，荷重を加えると，潜在欠陥の周辺や骨材とセメントペーストあるいは粗骨材とモルタルとの境界に $2\sim5\mu m$ のボンドクラックが発生し，微視的な付着破壊を生じる．これらはきわめて微細なひび割れで**マイクロクラック**といわれる（荷重が作用する前の骨材表面の潜在欠陥を含めて，**ボンドクラック**あるいは**付着ひび割れ**と呼ぶ場合もある）．マイクロクラックは破壊強度の 30% 程度の応力段階で発生し始めるが応力が増加するにつれてボンドクラックに進展し，次第にモルタル中にも伝播し，モルタル内部にひび割れを生じさせる（図 4.15）．モルタルひび割れが急激に発達するときの応力を**限界応力**と称し，コンクリートが実質的に破壊を開始する重要な指標と考える．クリープ限度はほぼこの応力に相当する．さらに荷重が増加すると，モルタルひび割れの数や長さが増加し，これらが互いにつながってコンクリートが構造的に不安定なものになり，耐荷力を失って，ついには破壊に至る．この過程で最大耐荷力を示す点が**強度破壊点**であり，一般に**強度**として示される．この値は載荷方法によっても変化する．したがって，強度は材料によって固定した物性値ではなく，最大破壊抵抗と呼ぶこともできる．

b. コンクリートの破壊条件

コンクリートの破壊は，応力-ひずみ関係を基本に巨視的立場から考える方法と，内部ひび割れを考え微視的立場から考える方法がある．

1) 巨視的破壊条件　載荷速度一定で行う通常の静的載荷試験で得られるコンクリートの応力-ひずみ関係は，巨視的に一義的な関係で表され，しかもコンクリートが均等質で安定な材料であるとみなして，破壊限界をその瞬間に作用している応

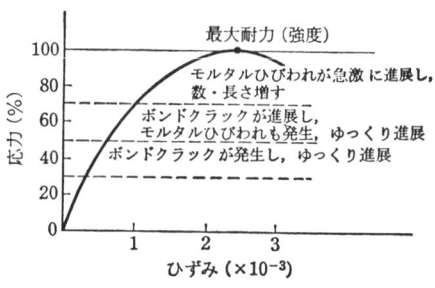

図 4.15　コンクリートの応力-ひずみ特性とひびわれの進展

力あるいはひずみによって表す考え方である．

コンクリートに対する巨視的破壊条件に関する考え方に，系に働く最大主圧縮応力または最大主引張応力がそれぞれ限界応力に達したときに破壊が生じるとする最大主応力説，破壊がひずみによって規定され最大圧縮ひずみまたは最大引張りひずみが限界ひずみに達したとき破壊が生じるとする**最大主ひずみ説**，破壊時の応力状態をせん断応力と直応力との平面上で示した Mohr の限界応力円群の包絡線が破壊条件を表示するとする **Mohr 説**，三主応力方向（σ_1, σ_2, σ_3）に対して等角をなす正八面体面上に働く八面体垂直応力（σ_{oct}）と八面体せん断応力（τ_{oct}）とのある関係で決定されるとする**八面体応力説**（図 4.16）などがある．

2) 微視的破壊条件 この条件では破壊が材料の内部に存在する微小な欠陥の安定性によって定まると考える．Griffith は図 4.17 のように面応力状態の完全弾性体中に長半径 a の扁平だ円状クラックを仮定し，これに垂直で一様な引張応力が作用した場合の引張りの限界破壊応力として次式を提案した．

$$\sigma_0 = \sqrt{2E\gamma/\pi a}$$

ここに，a：クラックの長半径，E：ヤング係数，γ：表面エネルギー．Griffith は引張破壊をひび割れの伝播現象と考え，ひび割れ端部で弾性的に解放されるエネルギーと新しい表面が形成されるのに必要なエネルギーとの準静的なバランスから上式を導いた．ひび割れ端部の応力は $\sigma' = 2\sigma_0\sqrt{a/\rho}$ と表される．ρ はひび割れ先端の曲率半径で，一般に a に比べてきわめて小さいので，ひび割れ端部ではひび割れより無限遠方で作用する一様な応力 σ_0 に比べてきわめて大きい応力 σ' が作用することになる．σ' が無欠陥材料の強度以上になろうとするときにひび割れが進展すると考える．

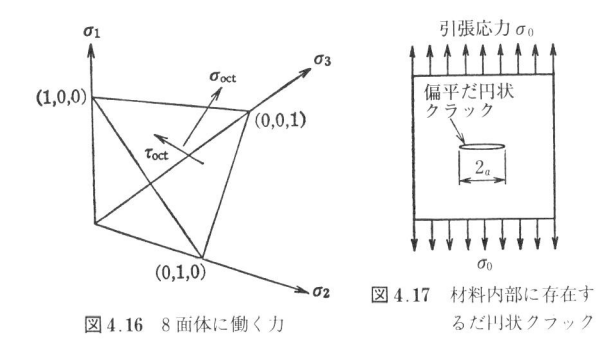

図 4.16 8 面体に働く力

図 4.17 材料内部に存在するだ円状クラック

3) 破壊靱性　ひび割れが内在する材料の破壊は，系全体に作用する応力やひずみではなくひび割れ先端付近の応力やひずみ分布とも関係する．このひび割れ先端部における力学的状態を示すのに，応力拡大係数 K，ひずみエネルギー開放率 G などが用いられ，破壊時のこれらの限界値 K_c，G_c を破壊靱性と称している．しかし，モルタルやコンクリートのひび割れはいたるところで分岐しており，滑らかなひび割れ面を形成しておらず，また，ひび割れ先端は微細ひび割れの累積による**非線形領域**（fracture process zone）を形成するためにひび割れ進展長さを明確に評価できないこと，微細ひずみの累積に伴ってひずみの増大とともに応力が減少するひずみ軟化が生じることなどから，Griffith の概念は理想的には適用できない．そこで，新たにひび割れをひき起こすのに必要な単位面積当りの破壊エネルギー G_F を破壊力学パラメータとして用い，ひずみ軟化特性と結びつけて，ひび割れを伴うコンクリートの非線形挙動の解析が検討されている．

c．複合応力下の強度

実際のコンクリート構造物に生じる応力状態は 2 軸，3 軸などの複合応力状態にある場合も少なくない．例えば，二方向版，PC 圧力容器，シェル構造，コンクリートダム，変形が外部拘束される構造物などでは単純な一軸応力のみではなく，複合応力下での強度も考慮する必要がある．

複合応力の種類には二軸系と三軸系とがあり，また応力別では圧縮，引張り，曲げ，ねじり，せん断などの組み合わせが考えられる．二軸圧縮強度は，立方供試体などを用いて試験が行われ，その値 σ_1 ($\sigma_1 \geqq \sigma_2 > 0$) は σ_2 の増加とともに増大し，$\sigma_2/\sigma_1 = 0.4 \sim 0.6$ のときに最大となる．$\sigma_1 = \sigma_2$ の場合の二軸圧縮強度と単軸圧縮強度との比は $1.1 \sim 1.2$ 程度が得られている．三軸圧縮強度試験を行うと，図 4.18 のように機械的な側圧の増加とともに軸方向の圧縮強度は著しく増大する．この場合，側圧を直接水圧で作用させると異なった現象が生ずる．

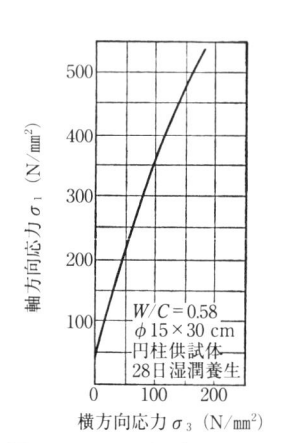

図 4.18　三軸圧縮強度試験における破壊時の横方向応力と軸方向応力との関係[13]

4.6 弾性と塑性

a. 応力-ひずみ曲線

コンクリートは不完全弾性体であり，応力とひずみとの関係を求めると低応力では直線に近いが，載荷応力が強度の30%を過ぎると，前節に述べたようにマイクロクラックを発生し，これが成長または増加するために曲線となる．供試体を途中まで載荷し，その後，徐荷すると図4.19のように残留ひずみが生じる．再び載荷するとヒステリシスループを描き，処女載荷の曲線に戻る．なお，普通コンクリートの最大圧縮ひずみは $2 \sim 4.5 \times 10^{-3}$ の値が示されている．

b. 弾性係数

コンクリートの弾性係数（ヤング係数ともいう）は静的載荷によって求めた静弾性係数 E_S と動的方法によって求めた動弾性係数 E_D とがある．

1) 静弾性係数 円柱供試体を用いて静的載荷試験を行う際に，最大荷重の1/3〜1/4の荷重を繰り返して加えて，応力-ひずみ曲線を描いて求める弾性係数を**静弾性係数**という．図4.20のように**初期接線弾性係数，割線弾性係数**および**接線弾性係数**の3種類があり，一般に割線弾性係数を用いる．この値は応力度が高くなると小さくなる傾向があるので，最大応力の1/3の範囲内で求める．弾性係数 E_c は圧縮強度 f'_c と単位質量 W と密接な関係があり，次式で表される．

$$E_c = aW^m f'^n_c$$

ここに，a, m, n は定数．

示方書[14]では不静定力や弾性変形の計算に用いる値として表4.5を示してい

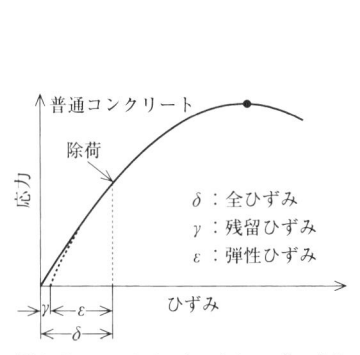

図4.19 コンクリートの応力-ひずみ曲線

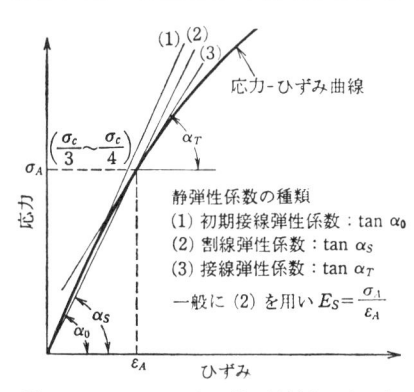

図4.20 コンクリートの静弾性係数の求め方

表 4.5　コンクリートのヤング係数[14]

f'_{ck} (N/mm²)		18	24	30	40	50	60	70	80
E_c (kN/mm²)	普通コンクリート	22	25	28	31	33	35	37	38
	軽量骨材コンクリート †	13	15	16	19	—	—	—	—

†：骨材の全部を軽量骨材とした場合

る．なお，引張りに対する弾性係数は圧縮応力に対するものよりやや小さいが，一般には同じとして取り扱われている．最大引張ひずみすなわちコンクリートの伸び能力は 2×10^{-4} 前後である．

2) 動弾性係数　供試体に縦振動またはたわみ振動を与えて共鳴振動数 f（共振周波数ともいう）から求めた弾性係数を**動弾性係数** E_D といい，次式で計算する．

$$E_D = C \cdot W \cdot f^2$$

ここに，W：供試体質量，C：供試体寸法で定まる定数．

動弾性係数は小さい応力における弾性係数であるから，初期接線弾性係数に近い値になるといわれており，静弾性係数との比は 1.1～1.15 である．また，動弾性係数も圧縮強度，単位容積質量などと密接な関係がある．なお，動弾性係数の大小は品質判定の目安となるので，耐凍害性，耐薬品性などの供試体の非破壊試験に用いられる．

3) ポアソン比　コンクリート供試体を圧縮した場合の縦ひずみ ε_l と横ひずみ ε_t との比を**ポアソン比** μ という．ポアソン比は使用材料，配合などによってあまり変わらないが，応力度の大きさによって変化し，弾性域では 1/5～1/7 であり，破壊応力付近では横ひずみが増し，1/2.5～1/4 となる．なお，ポアソン比の逆数をポアソン数 m という．ポアソン数を用いるとせん断弾性係数 G と弾性係数 E との関係は次式で与えられる．

$$G = \frac{Em}{2(m+1)} \quad (m=6 \text{ とすると } G \fallingdotseq 0.43E)$$

c．クリープ

コンクリートに圧縮荷重を加えると，載荷時に**弾性ひずみ**を生じ，その後荷重を保持すると時間の経過とともにひずみが増加する．すなわち**クリープひずみ**を生じる．ある時間後に除荷すると除荷時弾性ひずみと時間とともに回復クリープ（**遅延弾性ひずみ**）を生じ，最終的には非回復クリープの**永久ひずみ**（永久変形）

4.6 弾性と塑性

が残ることとなる（図4.21）．

なお，乾燥条件下でクリープ試験を行うと，クリープひずみと同時に乾燥収縮ひずみも生じるので，無載荷供試体で乾燥収縮ひずみを測定し，全ひずみから差し引く必要がある．厳密には乾燥していないコンクリートに生じる**基本クリープ**と乾燥によって促進される**乾燥クリープ**とがあるが，工学的には両者を一緒に取り扱っている．

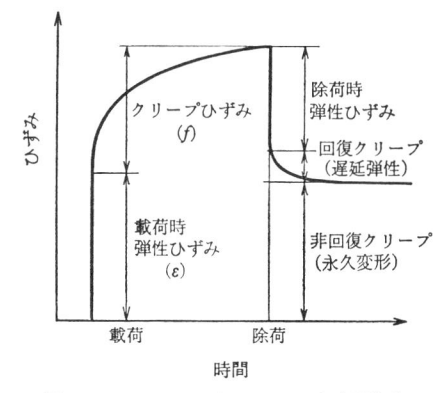

図4.21 コンクリートのクリープ-時間曲線

コンクリートでクリープが生じる原因については，セメントゲル内の水の圧出によるとする浸出説，セメントペーストの粘性流動説，結晶内部のすべり説，引張りと圧縮では機構が異なるとする説，微細ひび割れ説など種々の考え方がある．いずれにしても単一の機構で説明することは難しい現象である．

クリープに影響する各種要因には，① 載荷時の材齢，② 部材寸法，③ 載荷応力，④ 水セメント比，⑤ 温度・湿度，⑥ 骨材，⑦ セメントの種類，⑧ セメント中のアルカリ不純物などがあり，材齢が若いほど，部材寸法が小さいほど，載荷応力が大きいほど，温度が高いほど，湿度が低いほど，骨材量が少ないほど，C_3Sが多くC_3Aが少ないセメント（不純物が少ない）ほどクリープは大きくなる．持続応力が静的強度の1/3以下であれば，載荷応力が大となるほどクリープひずみは大となり，クリープは持続応力に比例する（図4.22）というDavis-Glanvilleの法則が成立する．また，水セメント比が大きいほどクリープが大であり（図4.23），ゲル内の水の圧出による浸出説のよりどころとなっている．

コンクリート標準示方書では材齢 t' に載荷されたコンクリートの材齢 t における単位応力当りのクリープひずみ $\varepsilon'(t, t', t_0)$ を次式で与えている．

$$\varepsilon'_{cc}(t, t', t_0) = [1 - \exp\{-0.09(t-t')^{0.6}\}]\varepsilon'_{cr}$$

右辺の［ ］内はクリープの進行速度を表し，ε'_{cr} はクリープひずみの最終値であり，コンクリートの配合，部材寸法，湿度，乾燥開始時材齢 t_0，載荷時材齢によって定まる．また，同一コンクリートでは単位応力に対するクリープひずみの進行は一定であるというWhitneyの法則より，図4.24に示すように t_0 から載

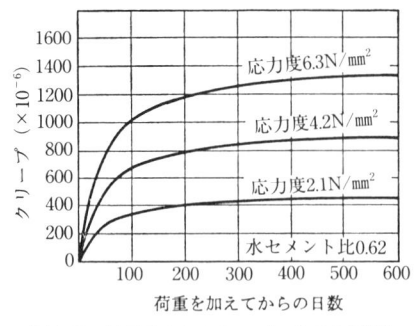

図 4.22 持続応力がクリープに及ぼす影響[3]

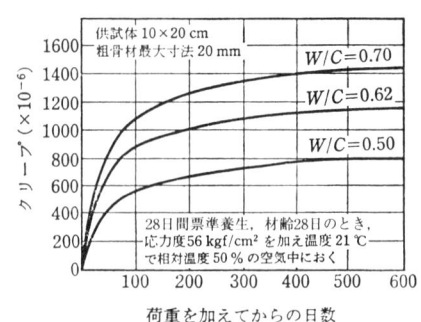

図 4.23 水セメント比とクリープとの関係[3]

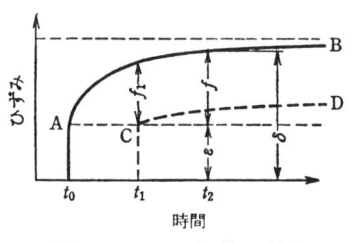

図 4.24 クリープひずみの特性 (Whitney の法則)

荷したクリープの経時変化を AB とすると，t_1 から載荷した場合のクリープ CD は AB を下方に移動したものとして与えられる．なお，弾性ひずみに対するクリープひずみの比を**クリープ係数**といい，普通コンクリートの場合，セメントの種類や材齢で異なるが屋外では 1～3 程度である．

クリープひずみのコンクリート構造物への影響は，ひび割れ発生の低減や不静定構造物では不静定力の緩和などの利点があり，欠点は PC 部材のプレストレス力を減少することやたわみが増加することなどである．

4.7 体 積 変 化

a. 収 縮

コンクリートは空中で乾燥すると収縮する．これを**乾燥収縮**と呼ぶ．配合や湿度条件にもよるが，10 cm 角のコンクリートで実測すると $400 \sim 700 \times 10^{-6}$ の収縮ひずみとなる．この値はモルタルになると約 3 倍，セメントペーストでは，さらにこの値の数倍に達する．乾燥収縮の原因は間隙水が水蒸気として空中に逸散するためであるので，重量減少を伴う．また蒸発はコンクリートの表面から内部に向かって進むので，断面内で一様ではなく，大型部材になると乾燥収縮は表面だけに影響する要因となる．

セメントの水和反応によって，練混ぜ水は固体の一部になる．液状の水が失わ

れるため，コンクリート内部は質量変化なしに乾燥状態になり，内部空隙の湿度は低下する．この現象を**自己乾燥**と呼ぶ．自己乾燥によっても乾燥収縮と同様に収縮ひずみが生ずる．この収縮を**自己収縮**と呼ぶ．自己収縮は本来コンクリートの寸法に無関係と考えられ，部材の大きさに関係なく収縮が起きる．従来乾燥収縮と考えられてきた収縮の一部は自己収縮であり，乾燥が生じなくても生じていた変形であることが実験によって確かめられた．

乾燥収縮・自己収縮はともにセメントペースト自体の収縮によるので，骨材混入の影響は両者で大きな差が認められない．

硬化セメントペーストは，セメント水和物，未水和セメント，毛細管空隙，ゲル空隙などで構成されている．水で飽和されたペーストが乾燥すると，まず毛細管空隙の水が蒸発し，大きな空間を占める水から順次水隙が空隙に変わっていく．水隙は当初3次元的に連続しているが，蒸発の起こる端部にはメニスカスが生じ，そこに働く．毛細管張力により，ゲル水の再分布と固体部分の変形が生じ，その結果が収縮となる．

収縮に影響する要因として，単位水量，単位セメント量，セメントの種類，混和材料，骨材，環境条件，部材寸法，養生条件などがある．

乾燥収縮に対しては単位水量の影響が最も大きく，単位セメント量が増すと増大する．W/C が増すと乾燥収縮は増加する（図4.25，4.26）．

自己収縮は W/C を低下させるほど大きくなる．セメントが一定量の水と必ず反応するのでセメントに対して水量が少なくなるほど自己乾燥が激しくなるためで，乾燥収縮とはこの点で正反対になる．

セメントの種類の影響は自己収縮で特に大きく認められるが乾燥収縮でも傾向は同じである．中庸熱セメント，ビーライトセメントなど，アルミネート鉱物の少ないセメントやフライアッシュセメントでは収縮が少なく，高炉セメントではやや大きくなる．骨材については弾性係数と体積濃度が影響し，複合理論による予測が可能になる．蒸気養生やオートクレーブ養生などにより水和を促進すると収縮が小さくなる．また高温高圧水中養生をオートクレーブと同じ条件で行うとコンクリートの含水状態の変化では長さが変化しないという報告がある[5]．

b．湿潤膨張

通常のコンクリートを水中あるいは湿潤状態に保存すると $50 \sim 200 \times 10^{-6}$ 程度膨張する．この膨張は長期にわたって続くものであるが，しだいに収れんしてい

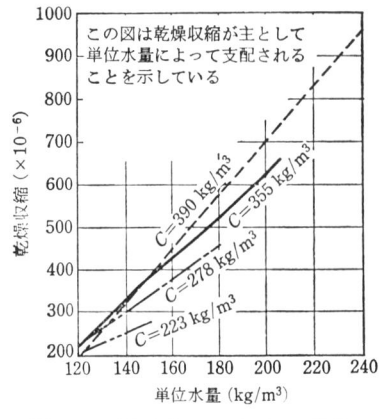

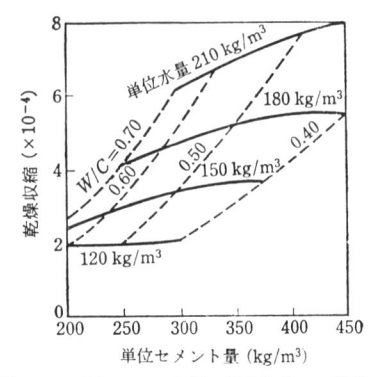

図 4.25　単位水量と乾燥収縮との関係[3]　　図 4.26　単位セメント量の乾燥収縮への影響[15]

く，セメント水和物の膨潤によると考えられている．コンクリートを高性能にし，緻密な組織にすると，この種の変形はほとんど生じない．

c．温度による膨張・収縮

コンクリートも他の材料と同様に，温度が上昇すると膨張し，下降すると収縮する．1℃の温度変化に対する膨張あるいは収縮するひずみを熱膨張係数（線膨張係数）と称し，一般に使用量の多い骨材の種類，配合，コンクリートの含水状態などによって異なるが，通常の温度変化の範囲では $7 \sim 13 \times 10^{-6}/℃$ であり，設計では $10 \times 10^{-6}/℃$ を用いている．これは長さ10mのコンクリート版が10℃温度が変動すると1mm膨張あるいは収縮することを示しており，舗装版，壁体などでは目地または継目が必要となる．なお，軽量コンクリートの熱膨張係数は普通コンクリートの70〜80％である．

マスコンクリートではセメントの水和熱により内部温度が40℃以上も上昇することがある．初期材齢では拘束された膨張ひずみが圧縮クリープを起こすこと，自己収縮が同時に起こること，温度上昇により膨張したコンクリートが温度降下時に基礎や既設コンクリートなどによって拘束されること，コンクリート内部と表面とに温度差が生じることなどによって，施工段階の初期材齢において引張応力が生じ，温度ひび割れを発生する場合がある（7.12節参照）．したがって，マスコンクリートの場合，水和熱の低いセメントの使用，混和材でセメントの一部を置換，単位セメント量の少ない貧配合の使用，プレクーリングやパイプ

クーリングの採用などによって，温度上昇をできるだけ小さくすること，あるいはひび割れ誘発目地の設定や鉄筋の配置による温度ひび割れ幅の制御など設計，施工上十分な配慮が必要である．

4.8 硬化コンクリートのひび割れ

a．コンクリートのひび割れ

モルタル・コンクリートは本質的にひび割れを発生しやすい材料であり，通常のコンクリート構造物を詳細に観察すると容易にひび割れを発見することができる．ひび割れにはごく表面的な**ヘアクラック**から構造物を貫通したひび割れまでさまざまである．ヘアクラック以外のひび割れは無筋コンクリートでは重大な欠陥となる．

一方，鉄筋コンクリート構造物では，鉄筋のひずみはひび割れの発生を前提にせざるをえない．したがって，耐久性，機能性などの要求性能から許容できるひび割れ幅を設定している．この許容ひび割れ幅を超えると耐久性，水密性などが低下し，鋼材腐食が促進され耐荷力の不足を生じるので，構造物の重要度，使用環境条件を考慮して，ひび割れ幅を一定限度以下にしなければならない．性能照査型設計法では，ひび割れの発生の有無やひび割れ幅の影響を考慮して構造物の性能を照査する必要があり，ひび割れが耐久性や機能性に及ぼす影響を把握することが重要となる．

b．ひび割れ発生の原因と分類

コンクリートのひび割れ発生の原因は表 4.6 に示す四つのグループに分類することができる．現場の構造物で調査すると複数の原因が重なっている場合も多い．また，図 4.27 は硬化コンクリートに発生するひび割れの主原因に基づいてその対策を示している．コンクリート構造物の劣化損傷の第一段階は，まずひび割れの発生から始まる．コンクリートのひび割れはその原因によってほぼその特徴が決まっているので，ひび割れの発生時期，発生状況，進展状況などを調査することにより，劣化の主原因や進行程度をある程度まで推測することが可能である．ただし，実際のコンクリート構造物ではいくつかの原因が複合していることが多く，原因推定や対策立案には総合的な判断が必要である．

c．ひび割れと鋼材の腐食

コンクリート中の**鋼材腐食**でひび割れが発生する場合と，ひび割れから鋼材腐

表 4.6 コンクリートのひびわれの原因と特徴[17]

		ひび割れの原因	ひび割れの特徴
A コンクリートの材料的性質に関係するもの	A1	セメントの異常凝結	幅が大きく、短いひび割れが、比較的早期に不規則に発生
	A2	セメントの異常膨張	放射形の網状のひび割れ
	A3	コンクリートの沈下とブリーディング	打設後1～2時間で、鉄筋の上部や壁と床の境目などに断続的に発生
	A4	骨材に含まれている泥土量	コンクリート表面の乾燥に伴い、不規則に網状のひび割れが発生
	A5	セメントの水和熱	断面の大きいコンクリートで、1～2週間してから直線状のひび割れがほぼ等間隔に規則的に発生。表面だけのものと部材を貫通するものとがある
	A6	コンクリートの硬化・乾燥収縮	2～3か月してから発生し、次第に成長。開口部や柱、梁にかこまれた隅角部には斜めに、細長い床、壁、梁などにほぼ等間隔に垂直に発生
	A7	反応性骨材や風化岩の使用	コンクリート内部からポツポツ爆裂状に発生。多湿な個所に多い
B 施工上の欠陥に関係するもの	B1	長時間の練混ぜ	全面に網状のひび割れや長さの短い不規則なひび割れ
	B2	ポンプ圧送の際のセメント量・水量の増加	A3やA6のひび割れが発生しやすくなる
	B3	配筋の乱れ、鉄筋のかぶりの減少	床スラブでは周辺にそってサークル状に発生。配筋・配管の表面にそって発生
	B4	急速な打込み速度	B6やB3のひび割れが発生
	B5	不均一な打込み・豆板	各種のひび割れの起点となりやすい
	B6	型枠のはらみ	型枠の動いた方向に平行し、部分的に発生
	B7	打継ぎ処理の不良	コンクリートの打継ぎ個所やコールドジョイントがひび割れとなる
	B8	硬化前の振動や載荷	Dの外力によるひび割れと同様
	B9	初期養生の不良（急激な乾燥）	打込み直後、表面の各部分に短いひび割れが不規則に発生
	B10	初期養生の不良（初期凍結）	細かいひび割れ。脱型するとコンクリート面が白っぽく、スケーリングを生じる
	B11	支保工の沈み	床や梁の端部上方および中央部下端などに発生
C 使用環境・条件に関するもの	C1	環境温度・湿度の変化	A6のひび割れに類似。発生したひび割れは温度・湿度変化に応じて変動する
	C2	コンクリート部材両面の温度・湿度差	低温側または低湿側の表面に、曲がり方向と直角に発生
	C3	凍結・融解の繰り返し	表面がスケーリングを起こし、ボロボロになる
	C4	火災・表面加熱	表面全体に細かい亀甲状のひび割れが発生
	C5	内部鉄筋の発錆膨張	鉄筋にそって大きなひび割れ発生、かぶりコンクリートが剥落したり錆が流出する
	C6	酸・塩類の化学作用	コンクリート表面が侵されたり、膨張性物質が形成され全面に発生
D 構造外力などに関するもの	D1	オーバーロード（曲げ）	梁や床の引張側に、垂直にひび割れが発生
	D2	地震・積載荷重（せん断）	柱、梁、壁などに45°方向にひび割れが発生
	D3	断面・鉄筋量の不足	D1, D2と同じ。床やひさしなどではたれ下がる方向に平行する
	D4	構造物の不等沈下	45°方向に大きなひび割れが発生

4.8 硬化コンクリートのひび割れ

	硬化後のひびわれ						
(1) 1次分類	乾燥収縮	化学作用		温度			構造的破壊
(2) 2次分類		コンクリート	鋼	内的	外的		
(3) 原因	水分の損失	表層にひびわれを生じるような内部の膨張		膨張と収縮との差	気候の変化	霜と氷の作用	荷重による過度の引張応力
(4) (3)の具体例またはこれを促進する条件	構造物のスラブと壁のひびわれ	反応性骨材	鉄筋の腐食	セメントの水和熱熱膨張の著しい骨材	適当な目地のない大きいスラブまたは壁	表面のはく離	構造物の沈下 過大な荷重 振動 地震 不十分な鉄筋量
(5) 対策	単位水量の少ない緻密な配合，十分な養生	低アルカリ形セメントの使用，反応性骨材の使用を避ける	緻密なコンクリートによる十分なかぶり	水和熱の低いセメントと温度上昇の制御，熱膨張の正常な骨材の使用	適当な伸縮目地	空気連行と健全なコンクリート	構造の正しい設計

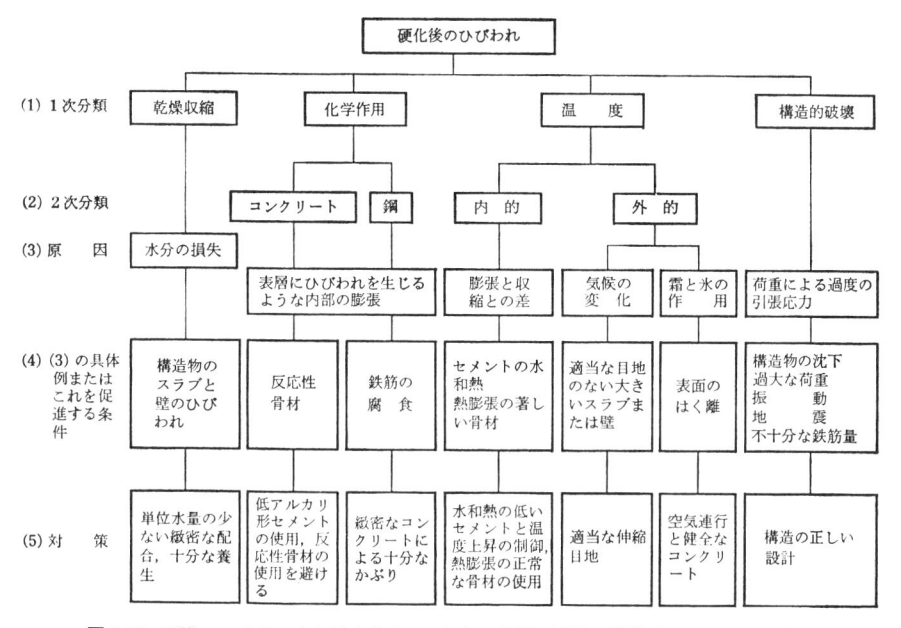

図4.27 硬化コンクリートに発生するひびわれの種類，原因と対策（Mercerによる）[16]

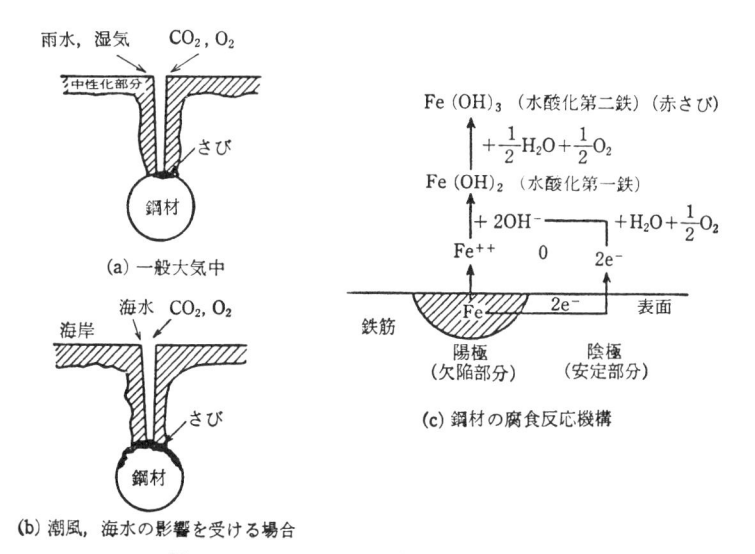

図4.28 ひび割れ，鋼材の腐食とその反応機構

(a) 一般大気中

(b) 潮風，海水の影響を受ける場合

(c) 鋼材の腐食反応機構

$Fe(OH)_3$ （水酸化第二鉄）（赤さび）

$+\frac{1}{2}H_2O + \frac{1}{2}O_2$

$Fe(OH)_2$ （水酸化第一鉄）

$+ 2OH^- \longrightarrow + H_2O + \frac{1}{2}O_2$

Fe^{++}　0　　$2e^-$

鉄筋　　Fe　　$2e^-$　　表面

陽極（欠陥部分）　　陰極（安定部分）

食を招く場合とがある．前者では，図4.28のように**不動態被膜**が消失した部分が**アノード**（陰極），健全な部分が**カソード**（陽極）となり，**セル**（腐食電池ともいう）を形成し，電気化学反応を生じる．アノードから溶出した鉄イオンはカソードで発生した水酸イオンと反応し水酸化第一鉄を生成し，さらに酸化されて赤錆と呼ばれる水酸化第二鉄となる．鋼材が腐食すなわち錆びると，錆の体積はもとの約2.5倍に膨張し，その膨張圧によりかぶりコンクリートに鉄筋に沿ったひび割れを発生させる．後者の場合には，鉄筋に直交するひび割れが関係する．そのひび割れを通じて空気中のCO_2や，海岸付近では塩分が侵入しやすく，また，腐食に必要な水や酸素も供給されやすいことから，ひび割れがない場合より著しく腐食の進行が促進される．どちらの場合もひび割れはさらに加速され構造物の劣化がさらに進行する．したがってひび割れ幅が広がり構造物に重大な影響を与えると判断した場合には直ちに補修を行う必要がある．

4.9 耐 久 性

コンクリート構造物は，その供用期間中，耐荷力や機能性を維持することが必要である．実際の使用環境条件で長い年月にわたり劣化作用に抵抗し使用に耐えられるコンクリートを耐久性に富むという．

耐久性は，強度とともにきわめて重要な性質であり，耐久性の低下は使用材料，配合，施工方法など，コンクリート自体の品質に関係する内的な因子と，使用環境条件，外力など，外的な因子に分けられる．また，鉄筋コンクリート部材の耐久性低下ではコンクリート自体の劣化と鋼材の腐食による劣化に大別できる．実際の構造物では，遭遇する種々の作用に対する抵抗性を考慮し，耐久性のあるコンクリート構造物を設計し，施工しなければならない．

a. 気象作用に対する耐久性

乾湿，寒暑，風雨，凍結融解などの繰り返し，炭酸ガスの作用など自然の暴露条件下での気象作用に対する耐久性で，**耐候性**ともいう．この中で特にきびしいのが凍結融解の繰り返し作用である．

1) 耐凍害性 凍結融解の繰り返し作用に対する抵抗性を**耐凍害性**という．寒冷地ではコンクリートが凍結融解の繰り返し作用により，ひび割れの発生やポップアウトやスケーリングなど表層部の部分的な剥離などが生じ，表層に近い部分から次第に破壊し，劣化していく．

4.9 耐久性

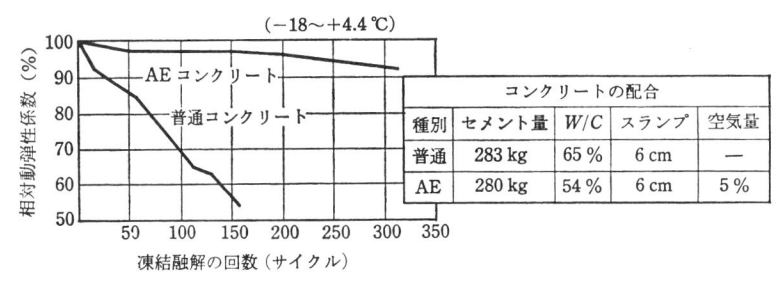

図4.29 普通およびAEコンクリートの凍結融解試験の結果[18]

種別	セメント量	W/C	スランプ	空気量
普通	283 kg	65 %	6 cm	—
AE	280 kg	54 %	6 cm	5 %

コンクリートの配合

この劣化のメカニズムは水圧説で説明されている．毛細管空隙内の自由水は温度降下に伴い，大きい空隙部分より順に凍結する．水が氷になると体積が1.09倍に増加するので，未氷結の水は毛細管空隙内に押し出され水圧が発生する．この水圧がセメントペーストの局部的な破壊を引き起こす．

以上のことから，AE剤などで空気を連行し水圧の発生を緩和すると耐凍害性の改善にきわめて効果的である（図4.29）．同じ空気量であっても個々の気泡が小さく均一に分布していると，気泡間の距離が短いため水圧の緩和により有効であり，気泡間隔は200～250μm以下が推奨されて

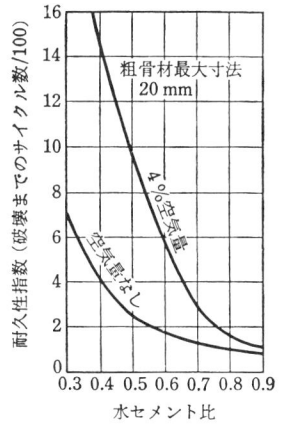

図4.30 水セメント比の耐凍害性への影響[3]

いる．また，図4.30のように水セメント比が小さいほど，凍結可能な自由水が減少し，組織が緻密化することにより耐凍害性が向上する．骨材の品質も影響し，吸水率の大きい骨材，軽量骨材などを用いたコンクリートは耐凍害性が劣るのでコンクリートの空気量を多めにする必要がある．

コンクリートの耐凍害性の評価に用いる「凍結融解試験方法」（JIS）では，表4.7に示すような条件で試験を行う．たわみ振動による一時共鳴振動数から相対動弾性係数を求め，次式によって**耐久性指数** D_F を算出する．

$$D_F = PN/M$$

ここに，P：Nサイクルのときの相対動弾性係数（%），N：相対動弾性係数が60%になるサイクル数または300サイクルのいずれか小さいもの，M：凍結

表 4.7　JIS によるコンクリートの凍結融解試験方法

供試体寸法，個数			$10\times10\times40$ cm，3 個
試験までの養生			20 ± 2℃ 水中
試験材齢			14 日
凍結融解試験	1 サイクル	凍結：温度	水中 (A 法)，気中 (B 法) ：-18℃
		融解：温度	水中：5℃
		所要時間	3 時間以上　4 時間以内
	測定項目		たわみ振動による一次共鳴振動数，質量
	測定時間		36 サイクルを越えない間隔
	試験終了		300 サイクルか，相対動弾性係数 60% 以下になるサイクル数

融解サイクル数（通常 300 サイクル）．

2) 中性化　コンクリートは大気中の炭酸ガスを吸収し，次式のように水酸化カルシウムが徐々に炭酸カルシウムに変化し，表面から徐々に内部に向かってアルカリ性を失っていく．これを一般に**中性化**という．

$$Ca(OH)_2 + CO_2 \longrightarrow CaCO_3 + H_2O$$

コンクリート中の間隙水は，未中性化部では pH $12\sim13$ であるため，埋め込まれた鋼材表面は不動態被膜が形成され安定であるが，中性化が鉄筋位置まで達すると，不動態被膜を維持できなくなり鉄筋は腐食しやすくなる．なお，水酸化カルシウム以外の水和物も炭酸ガスと反応し，$CaCO_3$ と他の化合物に分解される．この現象を**炭酸化**と呼ぶが，上記の反応を炭酸化に含める場合もある．

中性化の進行速度は，炭酸ガスの拡散速度と水酸化カルシウム量に支配される．したがって水セメント比を小さくし湿潤養生を十分に行いコンクリートの空隙構造を緻密にすると，中性化の進行は遅くなる．

中性化深さの予測式として圧縮強度や水セメント比を用いた式が提案されている．中性化深さは材齢の平方根にほぼ比例して増加する．また，中性化の進行速度は環境条件や仕上げの有無，種類などの影響も受ける．

中性化深さの判定は，フェノールフタレインの 1% アルコール溶液（1 g を無水アルコール 65 cc に溶かして水を加え 100 cc とする）を用いて行う．計測するコンクリート断面に散布すると中性化部分は変色しないが，アルカリ性の部分は赤紫色を呈する．

3) 塩化物の侵入　塩化物の侵入により鉄筋が腐食し，鉄筋コンクリートが

劣化する現象を塩害という．コンクリート中の塩化物は使用材料中に含まれていたものと外部から供給されるものの2種類に分けられる．前者は海砂，混和剤，水などに含まれる塩分で，フレッシュコンクリートに含まれる．この種の塩分について土木学会標準示方書では練混ぜ時塩化物イオンの総量を原則として 0.30 kg/m^3 以下と制限している．後者は構造物が海洋環境にある場合や融氷剤散布の影響を受ける場合であり，外部から内部に向かって浸入してくる塩化物イオンである．外部環境からの塩化物の浸入過程も中性化と同様に主として拡散であるが，いったん浸入した後には間隙水の蒸発，移動，凍結，中性化に伴い移動や濃縮を起こすことがある．

浸入を低減するために，低水セメント比で塩化物含有量の少ないコンクリートを入念に施工すること，鋼材に対し所定のかぶりを確保することが大切である．

b．化学的侵食の作用に対する耐久性

コンクリート中のセメント水和物は化学薬品や海水中の物質と反応して変質し，これが原因で時には劣化する．化学的侵食による劣化はそのメカニズムから，可溶性カルシウム化合物の形成による溶脱と膨張性生成物の形成による劣化の二つに大別できる．

1) 可溶性カルシウム化合物の形成による溶脱 大多数の無機酸や有機酸はコンクリート中の水和物と化学反応を起こし，本来水に溶けにくいセメント水和物を可溶性のカルシウム化合物に変えてしまう．硫化水素や亜硫酸ガスなどの腐食性ガスも酸に変化して反応し，可溶性のカルシウム化合物を生成する．また，塩化物や硝酸塩などの無機塩類もカルシウム化合物などの可溶性化合物を生成する．これら化学物質による劣化は産業施設，汚水処理施設，下水道などで問題となるが，温泉地帯，酸性河川流域，海水環境でも無視できない．

可溶性生成物の形成による劣化のメカニズムを塩酸を例にとって述べる．

水酸化カルシウム：$Ca(OH)_2 + HCl \longrightarrow CaCl_2 + H_2O$

ケイ酸カルシウム水和物：$3CaO \cdot 2SiO_2 \cdot 3H_2O + HCl \longrightarrow CaCl_2 + SiO_2 + H_2O$

エトリンガイト：$3CaO \cdot Al_2O_3 \cdot 3CaSO_4 \cdot 32H_2O$
$$\longrightarrow CaCl_2 + Al_2O_3 \cdot nH_2O + CaSO_4 \cdot 2H_2O$$

このような反応により，セメント水和物は分解されて，反応で生成する $CaCl_2$ は水に容易に溶解し，溶出する．なお，水酸化カルシウムは上述の化学反応を起こす物質を含まない水（軟水）に対しても溶解し，溶出することにより空隙構造

が粗となり強度が低下する．さらに溶出物はしばしば空気中の炭酸ガスと反応し，表面に炭酸カルシウムの白い沈殿をもたらす．この現象がエフロレッセンスであり，コンクリート部材に上下に貫通したひび割れがある場合には部材下面に垂れ下がり，つらら状となる場合もある．また，環境問題の一つである酸性雨は工場や自動車からの排ガスによる硫黄酸化物（SO_x）や窒素酸化物（NO_x）が化学反応し，pHが6.5以下となった雨水のことであり，通常の雨水に比べて，コンクリートを浸食する力は大きいと考えられている．

　強酸の作用により，コンクリートの表面部分で酸により分解されたセメント水和物は泥状の柔らかい組織に変化し劣化が生じる．この柔らかい組織が取り去れると骨材が露出する．劣化がさらに進むと骨材の剥落が生じる．また，無機塩類の場合には主として水酸化カルシウムが分解され，生成した可溶性物質が溶出し，組織が多孔化することにより強度低下をもたらす．

　以上のことから，酸に最も反応しやすい水酸化カルシウムの生成量が比較的少ないフライアッシュセメントや高炉セメントなどの混合セメントは普通セメントなどに比べて耐化学的浸食性に優れるといえる．また，空隙構造を緻密にすることは腐食性物質の浸透を抑制することから効果がある．しかしながら，コンクリートにおいてはコンクリートのみで酸などによる劣化の進行を完全にくい止めることは困難であるので，コンクリートの表面を化学的浸食に強い材料で被覆する方法が広く採用されている．

　2） 膨張性生成物による劣化　　硫酸塩はコンクリート中のセメント水和物と反応して体積膨張を起こす．この膨張が過度に生ずるとコンクリートは粗になり，劣化する．硫酸塩は下水，土壌，工場廃水や海水などに含まれている．

　硫酸塩によるコンクリートの劣化は
$$Ca(OH)_2 + Na_2SO_4 + H_2O \longrightarrow CaSO_4 \cdot 2H_2O + NaOH$$
この反応でまず$CaSO_4 \cdot 2H_2O$（石こう）が生成する．次に，この石こうがカルシウムアルミネート（C_3A）と反応して**エトリンガイト**を生成する．
$$3CaSO_4 \cdot 2H_2O + 3CaO \cdot Al_2O_3 \cdot 6H_2O + 20H_2O \longrightarrow 3CaO \cdot Al_2O_3 \cdot 3CaSO_4 \cdot 32H_2O$$
このエトリンガイトにより，セメント水和物が押し拡げられ，コンクリートにひび割れが発生する．このひび割れがさらに硫酸塩の浸入を助長し，劣化の進行を促進する．

　硫酸塩による劣化を低減する方法はセメント中にある原因物質C_3Aを減少さ

せることである．耐硫酸塩セメントはC_3Aの含有量を4%以下と少なくしている．フライアッシュセメントや高炉セメントなどの混合セメントの使用も硫酸塩の劣化に対して有効である．

c．アルカリ骨材反応に対する耐久性

セメント中の不純物であるアルカリ成分（Na_2O, K_2O）は骨材中の非晶質のシリカと化学反応する．生成したアルカリシリカは毛細管空隙中の水を吸収してゲル状になって膨潤し，図4.31のようなひび割れがコンクリートに発生する．

図4.31 アルカリ骨材反応によるひびわれの例

アルカリシリカゲルの生成はアルカリとシリカの反応過程と吸水による膨潤過程に分けることができる．生成するゲルの量は反応性骨材の量には必ずしも比例せず，**ペシマム量**（現象）と呼ばれる生成するゲルの量が最大となる反応性骨材量がある．

以上のことから，一般的には，反応性骨材の存在，十分なアルカリ量と水の供給という三つの条件が整ったときにアルカリ骨材反応によるコンクリートの劣化が生じる．したがって，この三つの条件のうちいずれか一つの条件を取り除けばアルカリ骨材反応による劣化を防止することができる．

骨材自身に関しては，反応性を判定して使用を避けるか，反応性骨材を使用する場合には他の対策を講ずる．まず，アルカリの供給源は主としてセメントであるので，アルカリ量が0.6%以下の低アルカリ形セメントを使用するのがよい．フライアッシュや高炉スラグ微粉末などの混和材をセメントと置換することでアルカリ骨材反応を抑制することができる．

d．損食・すりへりに対する耐久性

河川の水路，護岸，ダムの越流部などでは砂を含んだ流水による摩耗あるいはキャビテーションによる損食を受ける．コンクリート表面に凹凸があると高速で流水面空洞現象を生じて大きなせん掘力が働き，コンクリートが崩壊する．この現象を**キャビテーション**という．この限界流速は開渠で12 m/s程度である．

一方，道路・空港の舗装版，橋床版，工場の床などでは車輪によるすりへり作用を受ける．コンクリートのすりへり抵抗すなわち耐摩耗性は骨材のすりへり抵抗ときわめて密接な関係があり，すりへり減量の少ない骨材を用い，水セメント比の小さいコンクリートを使用する．

e. 電食に対する耐久性

鉄筋コンクリートは無筋コンクリートの場合と違って，高圧の直流電流が鉄筋に流れると，腐食を促進し，ひび割れを発生することがある．これを**電食**と呼んでいる．特にコンクリート中に塩分が存在すると，電気伝導率を増し，鋼材が錆びやすくなるので，漏電などのないようにしなければならない．

4.10 水密性

a. コンクリートの水密性とそれに影響する諸要因

水を通しにくい性質すなわち透水性の小さいことを**水密性**という．ダムなどの水理構造物，地下構造物，貯水槽，上下水道施設，トンネルなどではその機能上から水密性が要求される．また水密性はコンクリートの緻密さの程度を表す指標

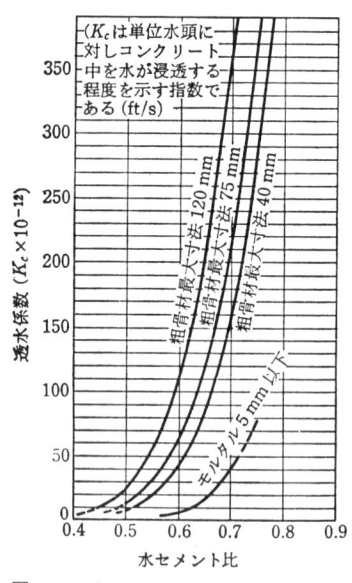

図4.32 水セメント比，粗骨材最大寸法と透水係数[3]

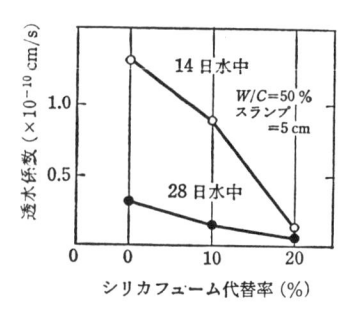

図4.33 シリカフュームが透水係数に及ぼす影響[19]

の一つであるので，水密性を高めることは劣化因子のコンクリート内部への浸入，移動を低下させるので，コンクリートの耐久性を確保する観念からも望ましい．コンクリートはセメントの水和に必要な水量以上の水を用いるので，内部に毛細管空隙を持っており，水圧が加わると透水する．また，骨材周辺の多孔質な遷移帯やブリーディングによる骨材下面などの空隙はその通路となりやすく，さらに打継目やひび割れは水密性の低下に大きく影響する．

水密性を支配する最大の要因は水セメント比で，図4.32のように所要のワーカビリティーの得られる範囲では水セメント比が小さいほど，透水係数は指数関数的に小さくなる．また，水セメント比を低くすることと同様にコンクリートを緻密にするという点から，混和材を使用すること（図4.33），湿潤養生期間を長くすること，入念な施工を行うことなども水密性を大幅に改善する．

一方，原子力関連施設，汚水槽，くん蒸サイロ，海水淡水化装置などでは機能上定められた気圧の差に対して**気密性**が要求される．気密性は気体を透しにくい性質であり，その影響要因は水密性とほぼ同じである．ただし，気密性はコンクリートの含水状態の影響を受け，乾燥しているほど透気しやすく気密性が低下する．

b．水密性の試験方法

コンクリートの水密性はアウトプット法あるいはインプット法による透水試験によって評価される．アウトプット法はコンクリートに一定水圧を作用させ，単位時間に単位面積から流出する水量からDarcy則より次式で求めた**透水係数** K_c で水密性を評価する．

$$K_c = LQ/AH$$

ここに，Q：流量，L：供試体の長さ，A：供試体の断面積，H：水頭差．インプット法は一定圧力のもとで所定の時間供試体に水を圧入し，圧入した水量，水の浸透深さ，浸透深さから求めた透水係数などにより水密性を評価する．

4.11 熱・温度に対する性質

a．熱 的 性 質

コンクリートの**比熱**，**熱伝導率**，**熱拡散率**，**熱膨張係数**などの特性をコンクリートの熱的性質と呼び，次の関係がある．

$$h^2 = \lambda/\rho C$$

表 4.8 各種コンクリートの熱的性質[13]

コンクリート	骨材		密度 ρ (kg/m³)	熱膨張率 α (1/℃)×10⁻⁶	熱伝導率 λ (W/m·K)	比熱 C (J/g·K)	熱拡散率 h^2 (m²/h)	温度範囲 (℃)
	細骨材	粗骨材						
重量コンクリート	磁鉄鉱	磁鉄鉱	4020	8.9	2.44～3.02	753～837	0.0028～0.0037	
	赤鉄鉱	赤鉄鉱	3860	7.6	3.26～4.65	795～837	0.0039～0.0054	≃300
	重晶石	重晶石	3640	16.4	1.16～1.40	544～586	0.0021～0.0027	
普通コンクリート (ダム用コンクリートを含む)		けい岩	2430	12 ～15	3.49～3.61	879～963	0.0056～0.0062	
		石灰岩	2450	5.8～7.7	3.14～3.26	921～1005	0.0048～0.0052	
		白雲岩	2500	—	3.26～3.37	963～1005	0.0048～0.0051	
		花こう岩	2420	8.1～9.7	2.56	921～963	0.0040～0.0043	10～30
		流紋岩	2340	—	2.09	921～963	0.0033～0.0034	
		玄武岩	2510	7.6～10.4	2.09	963	0.0031～0.0032	
	川砂	川砂利	2300	—	1.51	921	0.0026	
軽量コンクリート	川砂	軽量	1600～1900	—	0.63～0.79	—	0.0014～0.0018	
	軽量	軽量	900～1600	7 ～12	0.50	—	0.0013	
気泡コンクリート	セメント-シリカ系		500～800	8	0.22～0.24	—	0.0009	
	石灰-シリカ系			7 ～14				

表 4.9 普通コンクリートの加熱時の反応[20]

	コンクリート成分の反応
I	約100℃で水の気散
II	180℃でゲルの崩壊（脱水の第一段階），エトリンガイトの分解
III	450～550℃でポルトランダイトの分解（Ca(OH)$_2$ ⟶ CaO + H$_2$O）
IV	570℃で石英の変態（α石英 ⟶ β石英，急激な膨張）
V	700℃以上でC-S-H水和物の分解（β-C$_2$S生成）
VI	800℃で石灰岩の脱炭酸反応（CaCO$_3$ ⟶ CaO + CO$_2$）
VII	1150～1200℃以上で融解の開始

・示差熱分析で測定

ここに，h^2：熱拡散率（m²/s），λ：熱伝導率（W/m·K），C：比熱（J/kg·K），ρ：密度（kg/m³）．コンクリートの熱的性質はその体積の70%以上を占める骨材の石質，比重，密度によって影響され，水セメント比や強度の影響は少ない．種々の骨材を用いたコンクリートの熱的性質を表4.8に示す．

b. 耐熱性と耐火性

コンクリートは金属材料に比べ，比熱が大きく，熱が伝わりにくいので耐熱性および耐火性が比較的優れているが，長時間高温度に保持したり，高熱にさらされると，ひび割れなどを発生して崩壊する．コンクリートを加熱した場合に生じる反応を示差熱分析で測定した結果を表4.9に示す．450～550℃でCa(OH)$_2$

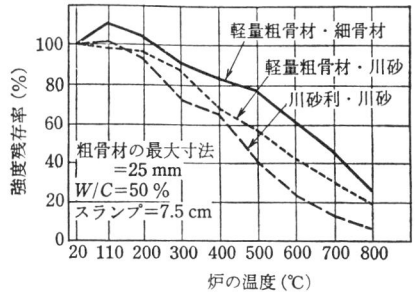

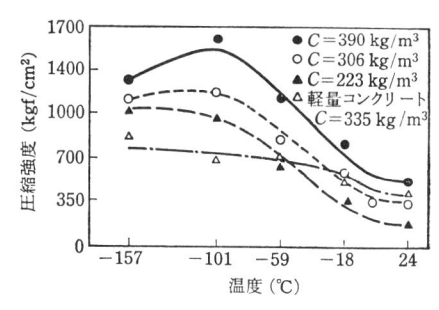

図 4.34 軽量骨材コンクリートの耐熱性[2]

図 4.35 低温における湿潤コンクリートの強度[21]

が，700 から C-S-H 水和物が，800℃ 以上で $CaCO_3$ がそれぞれ分解する．

特に高温度の火熱に抵抗する性質を耐火性という．コンクリートの耐火性は使用セメントや骨材の品質と密接に関係し，セメントではアルミナセメント，骨材では軽量骨材，高炉スラグ骨材，火山礫などが高温に強く，軽量骨材コンクリートは川砂利，川砂を用いたものに比べ耐熱温度が上昇する（図 4.34）．

c. 高温時の性質

高温時に圧縮強度が低下する割合は，骨材の種類によって異なり，500℃ では普通の骨材を用いたコンクリートの残存強度は 60% 以下となる．また，ヤング係数の低下は強度以上に顕著であり，500℃ では常温の値の 10～20% である．高温時になると熱伝導率も低下し，骨材の種類によっては高温下で変態を起こす鉱物を含むものがあり，熱膨張特性が大幅に変化するため，劣化につながることがある．

コンクリートが火災を受け温度が上昇すると，品質低下のみならず，PC 部材や含水率の多いコンクリートでは爆裂を生じることがある．表面にひび割れ発生がみられなくても，火災を受けたコンクリートは品質調査が必要である．

d. 極低温下の性質

液化天然ガスを貯蔵すると，コンクリートが極低温にさらされることになる．温度が低下するにつれて，コンクリートの圧縮強度は増加する（図 4.35）．極低温の -100℃ では，常温の約 3 倍となる．この強度の増加はコンクリート中の自由水の凍結によるもので，含水率の高いコンクリートほど強度増加が顕著である．引張強度の増加は圧縮強度より急激で，-60℃ が最大で以後は徐々に低下する．弾性係数の増加率は低いが，圧縮強度と傾向が似ており，-100℃ で

$50 \sim 60 \text{ kN/mm}^2$ である．コンクリートの熱膨張係数は常温の1/2である．

4.12 音響に対する性質

騒音公害を防止するために遮音，吸音などの音響に対する性質も重要視され，コンクリート系の遮音壁も実用されている．一般に，モルタルコンクリートは遮音性能に優れているが，吸音性能が劣っている．音響に対する性質の表示方法は図4.36の遮音壁に音圧の速さ I_i (W/m^2) の音波を入射し，その反射波を I_r，透過波を I_t，遮音壁内部で吸収されるものを I_a とすると，透過率，反射率，吸音率は図中の式で示される．透過率が小さいほど，遮音性能がよいといえる．

遮音性能を表すもう一つの方法に，一つの音源に対して二つの位置ABでの音圧レベルを測定し，その音圧レベル差 (dB) で評価する方法があり，図4.36で入射波 I_i と透過波 I_t との音圧レベル差を透過損失として次式で与えられる．

$$TL = 10 \log_{10}(I_i/I) = 10 \log_{10}(1/\tau) \quad \text{(dB)}$$

各種コンクリートでこの透過損失を比較すると，単位質量の大きいコンクリートほど高い遮音性を示している．(図4.37)．吸音性能を高めるためには，ロックウール，スポンジ，ウレタンなどの吸音材を取り付けるとよい．

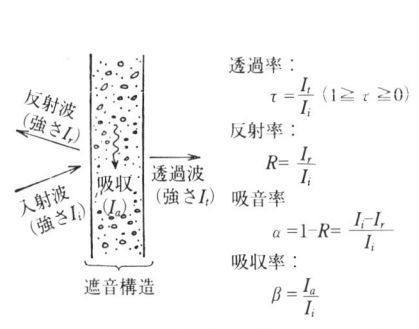

図4.36 遮音構造と音の反射，吸収，透過

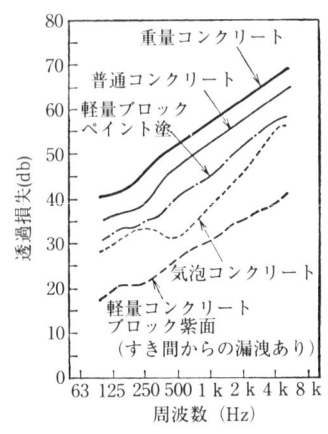

図4.37 各種コンクリート壁 (100 mm 厚) の透過損失[22]

参 考 文 献

演 習 問 題

1. コンクリートの強度に及ぼす要因をあげよ．
2. コンクリートの破壊過程について論ぜよ．
3. コンクリートの応力ひずみ曲線を図示し，静弾性係数の求め方を示せ．
4. コンクリートのクリープに影響する主な要因をあげて簡単に説明せよ．
5. コンクリートの乾燥収縮を低減する方法を説明せよ．
6. 硬化コンクリートのひび割れの原因とその対策について述べよ．
7. コンクリートの耐久性，特に耐凍害性を改善する方法を使用材料，配合，施工上から説明せよ．
8. コンクリートの中性化について説明せよ．
9. 海洋構造物に用いるコンクリートについて注意すべき事項をあげよ．
10. コンクリートのアルカリ骨材反応とその防止対策を説明せよ．

参 考 文 献

1) 河野　清・水口裕之・竹村和夫・芝　洋征：製品用かた練りコンクリートに対する粗骨材最大寸法の影響，セメント技術年報，**27**，510-514，1973．
2) 樋口芳朗・村田二郎・小林春夫：コンクリート工学 I，施工，彰国社，1981．
3) 米国内務省開拓局編，近藤泰夫訳：コンクリートマニュアル（第 8 版），国民科学社，1978．
4) C. C. Wiley : Effect of temperature on the strength of concrete, *Engineering News Rocord*, **102**, 1929.
5) E. Tazawa, K. Kawai and K. Miyaguchi : Expansive concrete cured in pressurized water at high temperature, *Cement and Concrete Composites*, **22**, 2000.
6) G. W. Washa and K. F. Wedent : Fifty years properties of concrete, *Proc. Am. Conc. Inst.*, **72**-1, 20-28, 1975.
7) 小坂義夫：やさしいコンクリートの知識（その 14）コンクリートと力，コンクリート工学 17-5，56-62，1979．
8) P. Soroushian, K. B. Choi and A. Alhamad : Dynamic constitutive behavior of concrete, *ACI Journal*, **83**-2, 251-259, 1986.
9) H. F. Gonnerman : Effect of size and shape of test specimen on compressive strength of concrete, *Proc. of ASTM*, 1925.
10) 赤沢常雄：コンクリートの圧縮による内部応力を求むる新試験法，土木学会誌，**29**-11，777，1943．
11) 吉田徳次郎：コンクリート及鉄筋コンクリート施工方法，丸善，1956．
12) W. Shelson : Bearing capacity of concrete, *Proc. Am. Conc. Inst.*, **29**, 5, 1957.
13) 小林一輔：最新コンクリート工学，森北出版，1985．
14) 土木学会編：コンクリート標準示方書・設計編（平成 8 年版），土木学会，1996．
15) ACI : ACI Manual of Concrete Inspection, 1957.

16) 仕入豊和・長瀧重義：コンクリートのひびわれ（日本コンクリート会議編：鉄筋コンクリート技術の要点, pp. 121-149), 1974.
17) G. E. Troxell, H. E. Davis and J. W. Kelly : *Composition and Properties of Concrete*, McGraw-Hill, 1968.
18) 高野俊介・森茂二郎・柳川晃夫：各種のAE剤の試験成績について, セメント技術年報, **16**, 245-253, 1952.
19) 河野 清：コンクリート新材料, セメント協会第61回コンクリート講習会テキスト, 127-161, 1986.
20) U. Schneider（森永 繁監訳）：コンクリートの熱的性質, 技報堂出版, 1973.
21) G. E. Monfore and A. E. Lentz : Physical properties of concrete at very low temperature, *J. PCA Research and Development Lab.*, **4**, 2, 1962.
22) 日本コンクリート工学協会編：コンクリート便覧, 技報堂出版, 1976.

5. コンクリートの配合設計

5.1 概　　説

　コンクリートをつくるときの各材料の割合または使用量を**配合**といい，設定されたコンクリートの性能を満足するように材料とその配合を定める一連の作業を**配合設計**と呼んでいる．配合設計は，材料と配合を仮定し，コンクリートの性能が満足されるまで照査を繰り返すことによって行われる．よいコンクリートをつくるためには，所要のコンクリートの性能を満足し，作業に適するワーカビリティー，ポンパビリティーを有するもので，品質のばらつきが少なく，しかも経済的なものが望まれる．

　配合設計において照査すべきコンクリートの性能には，一般に，構造物の設計において設定された強度，中性化速度係数，Cl^-イオンに対する拡散係数，相対動弾性係数，耐化学侵食性，耐アルカリ骨材反応性，透水係数，耐火性，凝結特性などがある．

　したがって，コンクリート材料とその配合は，所要の性能を満足するように，製造プラントの制約条件，材料入手のしやすさや輸送コストを含めた経済性などを考慮して，これを定めなければならない[1]．

5.2　配合の表し方

　コンクリート$1\,m^3$をつくるときに用いる材料の量を単位量といい，**単位セメント量**C，**単位水量**W，**単位細骨材量**S，**単位粗骨材量**G，**単位AE剤量**AEA，**単位減水剤量**WRAなどのように表す．

表5.1 コンクリートの配合の表し方

粗骨材の最大寸法 (mm)	スランプの範囲 (cm)	空気量の範囲 (%)	水セメント比[+1] W/C (%)	細骨材率 s/a (%)	単位量 (kg/m³)					
					水 W	セメント C	混和材[+2] F	細骨材 S	粗骨材 G mm〜mm	mm〜mm	混和剤[+3]

[+1]: ポゾラン反応性や潜在水硬性を有する混和材を使用するとき，水セメント比は水結合材比となる．
[+2]: 同種類の材料を複数種類用いる場合はそれぞれの欄を分けて表す．
[+3]: 混和剤の使用量は，ml/m³ または g/m³ で表し，薄めたり溶かしたりしないものを示すものとする．

配合の表し方は表5.1のように**示方配合**で示す．この示方配合は，示方書または責任技術者によって指示される配合で，骨材は表面乾燥飽水状態であり，細骨材は5mmふるいを通るもの，粗骨材は5mmふるいにとどまるものを用い，1m³当りの量を示す．示方配合のコンクリートが得られるよう骨材の粒度や含水状態，計量方法によるバッチ量に応じて定めた配合を**現場配合**という．実際に練混ぜを行う場合は必ず示方配合を現場配合に換算する必要がある．

5.3 標準的な配合設計の方法

a. 配合設計の進め方

配合設計の前に，使用材料の調査と試験を行い，セメント，細骨材，粗骨材などの比重，粗骨材の最大寸法，細・粗骨材の粒度と粗粒率，吸水率，表面水率，含水率，単位容積質量など配合計算に必要な数値を求めておく．

配合設計を進める順序を，図5.1に示す．まず，構造物の種類・寸法，外界の気象条件，施工方法などを考慮して粗骨材の最大寸法，スランプ，空気量を定め，所要の品質から水セメント比を定め，単位水量と細骨材率を定める．次に各材料の使用量を計算し，最終的には試し練りを行って，所定のスランプ，空気

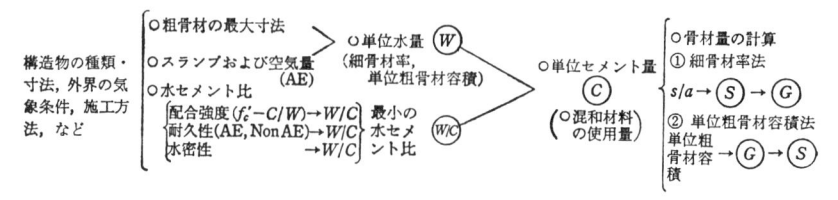

図5.1 コンクリートの配合設計を進める順序[2)]

量，ワーカビリティーが得られるように単位水量，混和剤の単位量，細骨材率を調整した後に配合を決定する．なお，骨材量の計算には細骨材率法と単位粗骨材容積法とがある．

b．細骨材率法による配合設計と設計例

1) 粗骨材最大寸法の選定　構造物の種類，部材の最小寸法，鉄骨の最小あきなどを考慮し，示方書に規定されている表5.2の値を参考にして決定する．最大寸法が大きいほど同一スランプを得るに要する単位水量が少なくなる．

2) スランプと空気量　コンクリートのスランプは作業に適する範囲内でできるだけ小さい値とする．打込み時のスランプは表5.3の値を標準とする．

激しい気象作用を受ける場合は，AE剤，AE減水剤を用いたAEコンクリートとし，その空気量は練混ぜ後において4～7%とする．空気量は，運搬，振動締固めなどによって1/5前後減少するので，大きめの値とする．なお舗装コンクリートでは締固め後の空気量は4%を標準とし，ダムコンクリートは40mmでウェットスクリーニングした試料で5.0±1.0%を標準とする．

3) 水セメント比の選定　水セメント比は，所要の強度，耐久性，水密性を

表5.2　粗骨材の最大寸法の標準[3,4]

構造物の種類		粗骨材の最大寸法	
鉄筋コンクリート	一般の場合	20または25mm	部材最小寸法の1/5または鉄筋の最小あきの3/4およびかぶりの3/4以下とする
	断面の大きい場合	40mm	
無筋コンクリート		40mm 部材最小寸法の1/4を越えてはならない	
舗装コンクリート		40mm以下	
ダムコンクリート		150mm程度以下	

表5.3　フレッシュコンクリートのスランプの標準[3,4]

構造物の種類		通常のコンクリート	高性能AE減水剤を用いたコンクリート
鉄筋コンクリート	一般の場合	5～12cm	12～18cm
	断面の大きい場合	3～10cm	8～15cm
無筋コンクリート	一般の場合	5～12cm	—
	断面の大きい場合	3～8cm	—
舗装コンクリート		2.5cm（沈下度では30秒）	
ダムコンクリート		2～5cm（40mm以上の粗骨材を取り除いたもの）	

考慮し，これらの中で最小の水セメント比を選定する．

① 圧縮強度をもとにして水セメント比を定める場合：適当な範囲で3種以上の異なった水セメント比で，しかもスランプと空気量が同じコンクリートの材齢28日の圧縮強度 f'_c とセメント水比 C/W との関係式を求める．両者の関係は，$f'_c = A(C/W) + B$ なる1次式で与えられるので，最小二乗法で A, B の定数を求める．

コンクリートの配合強度 f'_{cr} は，設計基準強度 f'_{ck} に適当な割増し係数 α を乗じて求め，この配合強度に相当する C/W から W/C を決定する．この割増し係数は，現場において予想されるコンクリートの圧縮強度の変動係数 V (%) に応じて，現場における圧縮強度の試験値（配合強度）が設計基準強度を下回る確率が5%（1/20）以下になるよう定めるが，変動係数と割増し係数との関係を示した図5.2の曲線より求めることができる．なお，この図中に「レディーミクストコンクリート」（JIS A 5308），舗装コンクリート，ダムコンクリートの場合の割増し係数も示した．なお，舗装コンクリートでは表5.4のように空港舗装の場合，割増し係数を大きくとることにしている．

② 耐久性をもとにして水セメント比を定める場合：耐凍害性をもとにして水セメント比を定める場合，一般のコンクリートでは表5.5，海洋コンクリートでは表5.6，舗装コンクリートでは表5.7，ダムコンクリートでは表5.8による．また，化学作用に対する耐久性をもとにして水セメント比を定める場合や，硫酸根 SO_4 として0.2%以上の硫酸塩を含む水や土に接する場合には，表5.6の(a)に示す値以下，融氷剤を用いることが予想される場合は同表の(b)に示す値以下とする．

③ 水密性をもとにして水セメント比を定める場合：水密性をもとにして水セメント比を定める場合は55%以下を標準とする．海洋構造物に用いる鉄筋コンクリートの水セメント比は，海洋コンクリートでの表5.7による．

4) 単位水量の選定 所要のスラン

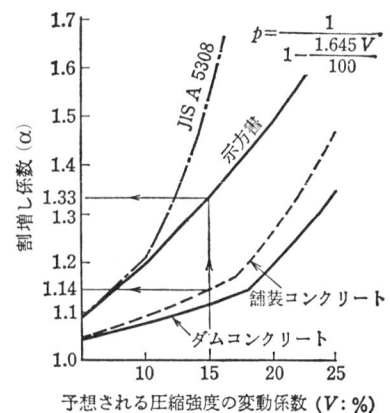

図5.2 コンクリートの配合設計における強度の変動係数と割増し係数

5.3 標準的な配合設計の方法

表5.4 舗装版の種類と割増し係数[4]

変動係数（%）	10	12.5	15
道路舗装　割増し係数 (α)	1.09	1.12	1.14
空港舗装　割増し係数 (α)	1.21	1.36	1.55

表5.5 コンクリートの耐凍害性をもとにして水セメント比を定める場合におけるAEコンクリートの最大の水セメント比（%）[3]

構造物の露出状態 \ 気象条件 \ 断面	気象作用が激しい場合または、凍結融解がしばしば繰返される場合		気象作用が激しくない場合、氷点下の気温となることがまれな場合	
	薄い場合[*2]	一般の場合	薄い場合[*2]	一般の場合
(1) 連続してあるいはしばしば水で飽和される部分[*1]	55	60	55	65
(2) 普通の露出状態にあり、(1)に属さない場合	60	65	60	65

[*1]：水路、水槽、橋台、橋脚、擁壁、トンネル覆工などで水面に近く水で飽和される部分および、これらの構造物のほか、桁、床版などで水面から離れてはいるが融雪、流水、水しぶきなどのため、水で飽和される部分。

[*2]：断面の厚さが20 cm程度以下の構造物の部分。

表5.6 海洋コンクリートにおける耐久性から定まるAEコンクリートの最大の水セメント比（%）[3]

環境区分 \ 施工条件	一般の現場施工の場合	工場製品または材料の選定および施工において、工場製品と同等以上の品質が保証される場合
(a) 海上大気中	45	50
(b) 飛沫帯	45	45
(c) 海中	50	50

・実績、研究成果などにより確かめられたものについては、耐久性から定まる最大の水セメント比を、表5.6の値に5〜10程度を加えた値としてよい。

表5.7 舗装コンクリートで耐久性をもとにして水セメント比を定める場合の最大水セメント比（%）[4]

(1) 特に厳しい気候で凍結融解がしばしば繰り返される場合	45
(2) 凍結融解がときどき起こる場合	50

表5.8 ダムコンクリートで耐久性をもとにして水セメント比を定める場合のAEコンクリートの最大水セメント比（％）[3]

気象作用が激しい場合，凍結融解がしばしば繰り返される場合	60
気象作用が激しくない場合，氷点下の気温となるのがまれな場合	65

表5.9 コンクリートの単位粗骨材容積，細骨材率，単位水量の概略値

粗骨材の最大寸法 (mm)	単位粗骨材容積 (%)	AEコンクリート				
		空気量 (%)	AE剤を用いる場合		AE減水剤を用いる場合	
			細骨材率 s/a (%)	単位水量 W (kg)	細骨材率 s/a (%)	単位水量 W (kg)
15	58	7.0	47	180	48	170
20	62	6.0	44	175	45	165
25	67	5.0	42	170	43	160
40	72	4.5	39	165	40	155

・この表に示す値は，全国の生コンクリート工業組合の標準配合などを参考にして決定した平均的な値で，骨材として普通の粒度の砂（粗粒率2.80程度）および砕石を用い，水セメント比0.55程度，スランプ約8 cmのコンクリートに対するものである．使用材料またはコンクリートの品質がこの条件と相違する場合には，上記の表の値を下記により補正する．

区　分	s/a の補正（％）	W の補正
砂の粗粒率が0.1だけ大きい（小さい）ごとに	0.5だけ大きく（小さく）する	補正しない
スランプが1 cmだけ大きい（小さい）ごとに	補正しない	1.2％だけ大きく（小さく）する
空気量が1％だけ大きい（小さい）ごとに	0.5～1だけ小さく（大きく）する	3％だけ小さく（大きく）する
水セメント比が0.05大きい（小さい）ごとに	1だけ大きく（小さく）する	補正しない
s/a が1％大きい（小さい）ごとに		1.5 kgだけ大きく（小さく）する
川砂利を用いる場合	3～5だけ小さくする	9～15 kgだけ小さくする

・なお，単位粗骨材容積による場合は，砂の粗粒率が0.1だけ大きい（小さい）ごとに単位粗骨材容積を1％だけ小さく（大きく）する．

プを得るのに必要なコンクリートの単位水量は，表5.9の配合参考表の値以下とすることが望ましく，最終的には試し練りによって決定する．また，舗装コンクリートでは単位水量を150 kg以下，ダムコンクリートでは120 kg以下を標準とする．なおコンクリート温度が5℃増減すると単位水量が2～3 kg増減するので注意しなければならない．

5) **単位セメント量の選定**　単位セメント量は，単位水量と水セメント比から定める．一般の水中コンクリートでは，370 kg/m³以上を標準とし，海洋コンクリートでも示方書で280～320 kg/m³の範囲で定められている．舗装コンクリートでは280～350 kg/m³程度，ダムの内部コンクリートでは最小量を140 kg/m³程度，外部コンクリートでは210～220 kg/m³程度としている場合が多い．

6) **混和材料の単位量の選定**　AE剤，AE減水剤などの単位量は所要の空気量が得られるよう試験によって使用量を決定する．それ以外の混和材料の単位量も，既往の経験，資料などを参考にして所要の効果の得られる量を使用する．

7) **塩化物量**　練混ぜ時にコンクリートに含まれる塩化物（Cl⁻）イオン総量は，原則として0.30 kg/m³以下とする．なお，一般の環境条件下で使用される鉄筋コンクリートや用心鉄筋を有する無筋コンクリートの場合でCl⁻イオン量の少ない材料の入手が困難な場合には，コンクリート中のCl⁻イオン総量の上限値を0.60 kg/m³としてもよい．

8) **細骨材率の選定**　細骨材率は，所要のワーカビリティーが得られる範囲内で単位水量が最小になるように試験によって定めるのが原則であるが，表5.9の配合参考表の細骨材率がほぼ最適値となっている．工事中に細骨材の粒度が変化した場合には，所要のワーカビリティーのコンクリートが得られるように細骨材率を変えなければならない．なお，細骨材率の設定の代わりに単位粗骨材容積を設定してもよく，この場合にも，所定のワーカビリティーが得られる範囲内で単位水量が最小になるよう，試験により定めるものとする．

9) **細骨材率法による骨材量の計算**　1 m³すなわち1000 l 中の水，セメント，空気の絶対容積（それぞれ V_w, $V_c = C/\rho_c$, V_{air}）と細骨材率（s/a）を用いて骨材量を計算する．

　　　　骨材の絶対容積（l）：$V_A = 1000 - (V_w + V_c + V_{air})$

　　　　細骨材の絶対容積（l）：$V_S = V_A \times s/a$

　　　　単位細骨材量（kg）：$S = V_S \times \rho_s$,　　ρ_s：細骨材の密度

粗骨剤の絶対容積 (l)：$V_G = V_A - V_S$

単位粗骨材量 (kg)：$G = V_G \times \rho_g$，ρ_g：粗骨剤の密度

なお，フライアッシュ，スラグなどの混和剤を用いる場合には，その密度で除して V_F, V_{slag} を加算する．

10) 示方配合表の作成　以上の計算結果を示方配合表に示す．

11) 現場配合への換算

① バッチ量への換算：1バッチの練混ぜ量が $0.5\,m^3$ のミキサーであれば，示方配合に 1/2 を乗じて，実際のバッチ量に換算する．

② 骨材粒度に対する補正：細骨材の中に 5 mm 以上の過大粒が $a\%$，粗骨材中に 5 mm 以下の過小粒が $b\%$ 含まれており，示方配合表に示された細骨材量を S，粗骨材量を G とすると，実際に計量すべき現場配合の細骨材量 S' と粗骨材料 G' とは次式で与えられる．

$$\begin{cases} S' = \dfrac{100S - b(S+G)}{100-(a+b)} \\ G' = \dfrac{100G - a(S+G)}{100-(a+b)} \end{cases} \quad \text{または} \quad G' = (S+G) - S'$$

③ 骨材の含水状態による補正：細骨材が湿潤状態で，その表面水率を $x\%$，表乾状態の細骨材量を S，実際に計量すべき湿潤状態の細骨材量を S'' とすると

$$S'' = S + S\frac{x}{100} = S\left(1 + \frac{x}{100}\right), \quad \Delta W = S'' - S$$

したがって，練混ぜの際の水量は $W - \Delta W$ となる．

また，粗骨材が気乾状態で含水率 $z\%$，吸水率 $y\%$ の場合，表乾状態の粗骨材量を G，計量すべき気乾状態の粗骨材量を G'' とすると

$$G'' = G\left(1 + \frac{z}{100}\right) / \left(1 + \frac{y}{100}\right), \quad \Delta W = G - G''$$

となり，練混ぜの水量は $W + \Delta W$ となる．

12) 試し練り　この配合について試し練りを行い，予定のスランプと空気量が得られない場合，表 5.9 の配合参考表で修正を行って再び配合計算を行い，予定の配合に近づける．

13) 配合設計例題

① 設計条件：気象作用の激しい場所に用いる鉄筋コンクリート擁壁に用いるコンクリートの配合を設計する．設計基準強度 f'_{ck} は $21\,N/mm^2$，現場で予想

5.3 標準的な配合設計の方法

される圧縮強度の変動係数は15%で，擁壁の最小寸法は25 cm，鉄筋の最あきは7 cmである．なお，セメントの比重は3.15，細骨材は川砂で比重2.61，粗粒率は2.70，粗骨材は砂石で比重2.60である．また，空気量5%のAEコンクリートで $f'_c = 25C/W - 18$ という式が得られているものとする．

② 配合計算：

・粗骨材最大寸法：鉄筋コンクリート擁壁の一般的な場合に準じ25 mmとする．

・スランプと空気量：5〜12 cmの範囲でスランプは10 cmとし，気象作用が激しい場所なので表5.9より空気量を5.0%とする．

・単位水量：表5.9から最大寸法25 mmに対し良質のAE剤を用いる場合は170 kgであるが，スランプが8 cmのときの値なので2 cm分を補正し加える．

$$W = 170 + 170 \times \frac{2 \times 1.2}{100} = 170 + 4.1 \fallingdotseq 174 \quad (\text{kg})$$

・水セメント比：圧縮強度の変動係数 V が15%なので，図5.2から求めた割増し係数 $a = 1.33$ を用い配合強度を求める．

$$f'_{cr} = 21 \times 1.33 \fallingdotseq 27.9 \quad (\text{N/mm}^2)$$

これを $f'_c - C/W$ 式に入れて

$$27.9 = 25C/W - 18 \quad \therefore \quad W/C = 25/45.9 = 0.545$$

耐久性からは，気象作用が激しい場合，普通の露出状態で断面が一般の場合，表5.5から65%となり，圧縮強度からの54%を使用する．

・単位セメント量：単位水量と W/C から求める．

$$C = 174/0.54 = 322 \quad (\text{kg})$$

・単位AE剤量：目標空気量5%を得るためAE剤Vinsolの資料を調査し，セメント量に対し使用量を0.05%とする．

$$\text{AE剤量} = 322 \times 0.05/100 = 161 \quad (\text{cc})$$

・細骨材率：粗粒率（2.80 → 2.70），W/C（0.55 → 0.54）の変更に対し表5.9を用いて修正する．

$$s/a = 42 - \overset{(\text{FM})}{0.50} - \overset{(W/C)}{0.20} = 41.3 \fallingdotseq 41 \quad (\%)$$

・骨材量の計算：

骨材の絶対容積 (l)：$V_A = 1000 - (174 + 322/3.15 + 50) = 674$

表5.10 コンクリートの示方配合

粗骨材の最大寸法 (mm)	スランプの範囲 (cm)	空気量の範囲 (%)	水セメント比 W/C (%)	細骨材率 s/a (%)	単位量 (kg/m³)					
					水 W	セメント C	細骨材 S	粗骨材 G 25mm〜5mm	粗骨材 G 40mm〜25mm	混和材料 混和材	混和材料 混和剤 (cc/m³)
25	10±2.5	5±1	54	41	174	322	720	1074	—	—	161

・混和剤の使用量は，cc/m³ または g/m³ で表し，薄めたり溶かしたりしないものを示すものとする．

$$\text{細骨材の絶対容積 }(l): V_S = 674 \times 0.41 = 276$$
$$\text{単位細骨材量 }(kg): S = 276 \times 2.61 = 720$$
$$\text{粗骨材の絶対容積 }(l): V_G = 674 - 276 = 398$$
$$\text{単位粗骨材量 }(kg): G = 398 \times 2.60 = 1035$$

・示方配合表：表5.10のようにコンクリートの示方配合を示し，現場配合に換算する．

c．単位粗骨材容積法による配合設計と設計例

単位粗骨材容積法は，一般に舗装コンクリートの配合設計に用いられる．

1) 粗骨材の最大寸法の選定
2) スランプと空気量
3) 水セメント比の選定
4) 単位水量の選定
5) 単位セメント量の選定
6) 混和材料の単位量の選定

（細骨材と同様のため省略）

7) 単位粗骨材容積の選定　単位粗骨材容積は，コンクリート1m³に用いる粗骨材のかさ容積で次式で与えられる．

$$\text{単位粗骨材容積} = \frac{\text{コンクリート1m}^3\text{に用いる粗骨材の質量}}{\text{JIS A 1104 で示す方法で求めた粗骨材の単位容積質量}}$$

細骨材率の代わりに配合に使用する単位粗骨材容積を，表5.11に示す配合参考表を用いて選定する．

8) 単位粗骨材容積法による骨材量の計算

$$\text{単位粗骨材量 }(kg): G = \text{単位粗骨材容積} \times \text{単位容積質量}$$
$$\text{細骨材の絶対容積 }(l): V_S = 1000 - (V_w + V_C + V_{air} + V_G)$$
$$\text{ここに，} V_C = C/\rho_C, \quad V_G = G/\rho_G$$

単位細骨材量 (kg)：$S = V_s \times \rho_s$

9) 示方配合表の作成　細骨材率の項を単位粗骨材容積として示す．

10) 配合設計例題

① 設計条件：寒冷地で版厚 30 cm の舗装版に用いるコンクリートの配合設計を行う．設計基準曲げ強度 f_{bk} を 4.5 N/mm^2，現場における強度の変動係数を 15% とする．普通ポルトランドセメントの密度 3.15，細骨材は密度 2.60 で粗粒率が 2.85，粗骨材は砕石で密度 2.62，吸水率 1.10%，単位容積重量 1650 kg/m^3 とする．なお，空気量 4.5% の AE コンクリートで $f_b = 1.60 C/W + 1.41$ なる式

表 5.11　配合参考表[4]

この表の値は，粗粒率 FM=2.80 の細骨材を用いた沈下度 30 秒（スランプ約 2.5 cm）の AE コンクリートで，ミキサーから排出直後のものに適用する．

粗骨材の最大寸法 (mm)	砂利コンクリート		砕石コンクリート	
	単位粗骨材容積	単位水量 (kg)	単位粗骨材容積	単位水量 (kg)
40	0.76	115	0.73	130
30		120		135
25		125		140
20		125		140

上記と条件の異なる場合の補正		
条件の変化	単位粗骨材容積	単位水量
細骨材の FM 増減に対して	単位粗骨材容積＝(上記単位粗骨材容積)×(1.37−0.133 FM)	補正しない
沈下度 10 秒の増減に対して	補正しない	∓2.5 kg
空気量 1% の増減に対して		∓2.5%

- 砂利に砕石が混入している場合の単位水量および単位粗骨材容積は，上記表の値が直線的に変化するものとして求める．
- 単位水量と沈下度との関係は (log 沈下度) ～ 単位水量が直線的関係にあって，沈下度 10 秒の変化に相当する単位水量の変化は，沈下度 30 秒程度の場合は 2.5 kg，沈下度 50 秒程度の場合は 1.5 kg，沈下度 80 秒程度の場合は 1 kg である．
- スランプ 6.5 cm の場合の単位水量は上記表の値より 8 kg 増加する．
- 単位水量とスランプとの関係は，スランプ 1 cm の変化に相当する単位水量の変化は，スランプ 8 cm 程度の場合は 1.5 kg，スランプ 5 cm 程度の場合は 2 kg，スランプ 2.5 cm 程度の場合は 4 kg，スランプ 1 cm 程度の場合は 7 kg である．
- 細骨材の FM 増減に伴う単位粗骨材容積の補正は，細骨材の FM が 2.2～3.3 の範囲にある場合に適用される式を示した．
- 高炉スラグ粗骨材コンクリートの場合は表に示されている砕石コンクリートと同じとしてよい．

が得られているものとする.

② 配合計算
・粗骨材の最大寸法:舗装用で 40 mm とする.
・ワーカビリティー(スランプ)と空気量:沈下度 30 秒(スランプでは 2.5 cm)とする.締固め後の空気量が 4.0% なので,練混ぜ直後は 4.5% とする.
・単位水量:表 5.11 (p. 119) の配合参考表から 130 kg となる.
・水セメント比:曲げ強度の変動係数 V が 15% の場合,割増し係数 α の値は 1.14 となる(表 5.4 参照).したがって

$$f_{br} = 4.5 \times 1.14 = 5.13 \quad (\text{N/mm}^2)$$
$$5.13 = 1.60 C/W + 1.41 \quad \therefore W/C = 1.60/3.72 \fallingdotseq 0.43$$

となる.耐久性からは,表 5.7 により W/C は 45% を必要とする.よって,水セメント比は 43% となる.
・単位セメント量:単位水量と W/C から求める.

$$C = 130/0.43 \fallingdotseq 302 \quad (\text{kg})$$

・単位 AE 減水剤量:標準型のもの Pozzolith No.5 L を,セメント量に対し 0.25% 使用する.

$$AEWRA = 302 \times 0.25/100 = 755 \quad (\text{g})$$

・単位粗骨材容積:表 5.11 から 0.73 となるが粗粒率(2.80 → 2.85)の補正を行う.

$$\text{単位粗骨材容積} = 0.73 \times (1.37 - 0.133 \times 2.85) = 0.723$$

・骨材量の計算:

$$\text{単位粗骨材量 (kg)}: G = 1650(1 + 0.011) \times 0.723 = 1206$$

$$\text{細骨材の絶対容積 } (l): V_S = 1000 - \left(130 + \frac{302}{3.15} + 45 + \frac{1202}{2.62}\right)$$

$$= 1000 - 731 = 269$$

表 5.12 舗装用コンクリートの示方配合

粗骨材の最大寸法 (mm)	スランプまたは沈下度 (cmまたはs)	空気量の目標値 (%)	水セメント比 W/C (%)	単位粗骨材容積	単位量 (kg/m³)				
					水 W	セメント C	細骨材 S	粗骨材 G	AE 減水剤† (cc/m³)
40	2.5 (30)	4.5	43	0.723	130	302	699	1206	3020

†:755 g を水に溶いて 25% 溶液として使用.

単位細骨材量（kg）：$S = 269 \times 2.60 = 699$

・示方配合表の作成：表5.12のように舗装用コンクリートの示方配合を示す．

以上の結果をバッチ量や骨材の状態によって現場配合に換算し，試し練りを行い，所要の配合に近づける．

演 習 問 題

1. コンクリートの配合設計を進める手順を説明せよ．
2. 設計基準強度と配合強度とについて述べ，両者の関係を示せ．
3. コンクリートの配合設計を行う場合の水セメント比の決定方法を説明せよ．
4. 最大寸法25 mmの川砂利を用いてスランプの8 cmプレーンコンクリートの配合計算を行う場合，単位水量175 kg/m³，水セメント比50%のとき，単位セメント量，単位細骨材量，単位粗骨材量を求めよ．ただし，セメントの比重は3.15，川砂と川砂利の表乾密度2.60とする．
5. 単位セメント量320 kg/m³，水セメント比40%，目標空気量4.5%の舗装用AEコンクリートの単位粗骨材量と単位細骨材量を求めよ．ただし，砕石の単位容積重量は絶乾状態で1660 kg/m³，単位粗骨材容積は0.72，粗骨材の表乾比重と吸水率は2.60と1.2%，細骨材の表乾密度は2.62，セメントの密度は3.16とする．
6. コンクリートの示方配合として，単位セメント量320 kg/m³，単位水量160 kg/m³，単位細骨材量650 kg/m³，単位粗骨材量1150 kg/m³が与えられている．現場で使用する細・粗骨材が下表の条件であった場合，現場配合を求めよ．

骨材別	5 mmふるいを通る量	5 mmふるいにとどまる量	含水率	吸水率	表面水率
細骨材	95%	5%	—	1.2%	5%
粗骨材	5%	95%	0.5%	1.0%	—

参 考 文 献

1) 土木学会編：コンクリート標準示方書・施工編（2002年制定），土木学会，2002．
2) 河野　清：配合（土木）（日本コンクリート工学協会編：コンクリート技術の要点 '76, pp. 46-57），1976．
3) 土木学会編：コンクリート標準示方書・施工編（昭和61年版），土木学会，1991．
4) 土木学会編：コンクリート標準示方書・舗装・ダム編（昭和56年版），土木学会，1986．

6. コンクリートの製造・品質管理・検査

6.1 概　　説

　所要の品質を持ち，そのばらつきが少ないコンクリートを製造するには，使用材料を十分に管理すること，コンクリートの配合設計を適切に行うこと，材料の計量を正確に行うこと，コンクリートが均一になるまで十分な練り混ぜを行うこと，適切な品質管理と検査を行うことなどが必要である．コンクリートは，現場に設置した仮設のコンクリートプラントで製造する場合と，レディーミクストコンクリート工場から購入する場合とがある．後者は一般に生コンと呼ばれており，平成4年度の統計によると全国で約5450の工場があるので，容易にコンクリートを入手することができる．

6.2 材料の取り扱い

a．セメント

　セメントの取り扱い上重要な基本事項は，風化させないことと異品種の混入を避けることである．

1) バラセメント　　セメントは，袋詰めにしないでバラのまま現場に運搬し，サイロに貯蔵されることが多い．サイロは，機密性が高く，内部に結露を生じないものでなければならない．また，底にセメントがたまったり，排出口に詰まったりしないよう，底を非対称形にする，円すい部の角度を急にする，バイブレーターやエアレーション装置を取り付けるなどの対策が必要である．

　異種セメントや混和材を同時に貯蔵する場合は，サイロの仕切りの漏れ，切替

えダンパーの誤操作などにより誤混入が起こらないよう十分な注意を要する．

   2) **袋詰めセメント**　袋詰めセメントは，次の事項に注意して取扱い，貯蔵を行う．

   ① 貯蔵倉庫を湿気から守る（水はけをよく，開口部を最小限に，雨漏り防止，床を高く；木造で約 30 cm）．

   ② セメントを湿気から守る（長期には防湿袋使用，壁から離す，床に防水シート，積み重ねた上にもシート）．

   ③ 貯蔵期間を短くする（古い順に使用）．

   ④ 過荷重を加えない（積み重ねは 13 袋程度以下）．

   3) **長期間貯蔵したセメント**　長期間貯蔵したセメントは，風化している恐れがあるので，試験を行って品質を確かめたうえ使用する．まず，強熱減量を求め，この値がかなり大きくなっていれば，比重，凝結，強さの試験を行う必要がある．固まりを生じている場合，そのセメントを用いてはならない．

 b．骨　材

受け入れた骨材は試験を行い，粒度や表面水率の変動を調べ，コンクリートの配合の変更が必要であるかどうかを検討する．このため骨材の貯蔵設備は，余裕のある容量と入荷順序で使用できるように設計されていることが必要である．

　入荷した骨材を取り扱ううえで，次の点が重要である．

   ① 大小粒を分離させない；斜面を移動させない．

   ② 異種骨材あるいは異物を混入させない；種類や粒度の異なる骨材は仕切り壁などで区分して貯蔵する（床をコンクリート造とする，周囲に溝や塀を設ける，など，骨材搬入車のタイヤの泥に注意）．

   ③ 骨材粒子を破砕しない；骨材取り扱い用のショベルローダーをキャタピラ式にしないでゴムタイヤ式にする．

   ④ 表面水率を一定に保つ；雨のかからないよう上屋と適当な排水設備を設ける．

 c．混 和 材 料

混和材料の取り扱いには，次の注意が必要である．

   ① 異品種または異物の混入を避ける．

   ② 漏出による損失を防止する．

   ③ 長期間貯蔵したものは品質を試験し，その結果から使用の可否を判断する．

1) 混和材　粉体の混和材は，吸湿性のものが多いので，セメントの場合と同様に，防湿に関する注意が必要である．

2) 混和剤　液体の混和剤は，貯蔵中の分離のほか，蒸発や水の混入による濃度の変化，寒冷期の凍結などに注意する必要がある．

6.3　材料の計量

コンクリート用材料は1練り分（1バッチ）ずつを重量で計量するのが基本である．ただし，水や混和剤溶液は，容積で計量してもよい．また，袋詰めのセメントや混和材は，袋単位で計量することができる．

連続ミキサーを用いる場合は，各材料の計量を容積で行ってよい．ただし，容積による単位時間当りの供給量が，重量計量に見合う精度を満足しなければならない．

a．計量装置

計量装置には，機械式（プルワイヤ式）と電子式（パンチカード式）とがあり，それぞれ図6.1，6.2に示す機構で作動する．機械式は，はかりと指示計との間の機構が，全材料とも同じであり，数量的に少ないセメントや水の計量管理にやや問題がある．電子式は，指示値や計量値を電気的パルスとして伝達するの

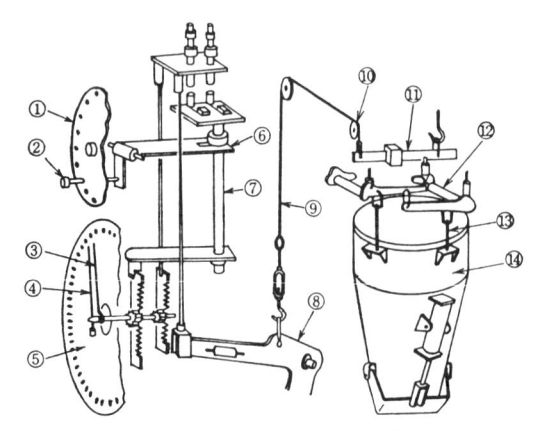

①セレクト版，②秤量規定ねじ，③置針，④計量指針，⑤ダイヤル文字版，⑥セレクタアーム，⑦置針連動ロッド，⑧ペンジュラムアーム，⑨ワイヤ，⑩ワイヤシーブ，⑪天びん，⑫てこ，⑬ハンガーボルト，⑭計量びん

図6.1　機械式計量器の計量値伝達機構（プルワイヤ式）[1]

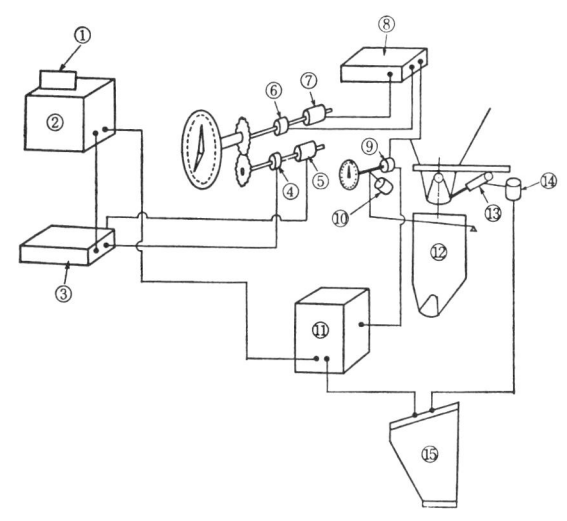

① カード，② カードリーダ，③ サーボアンプ，④ 設定用ポテンショメータ，⑤ 設定用サーボモータ，⑥ 指示用ポテンショメータ，⑦ 指示用サーボモータ，⑧ サーボアンプ，⑨ ポテンショメータ，⑩ おもり，⑪ コンパレータ，⑫ 計量びん，⑬ エアラム，⑭ 電磁弁，⑮ 操作盤

図6.2 電子式計量器の計量値伝達機構（パンチカード式）[1]

表6.1 計量の許容誤差（％）

材料	コンクリート標準示方書		JIS A 5308	JASS 5
	一般工事[2]	重要構造物		
水	1	1	1	1
セメント	1	1	1	1
骨材	3	(2)	3	3
混和材	2	2	2	2
混和剤	3	3	3	3

・( ) 内の値は，規制値ではなく，努力目標である．

で精度が高い．

b．計量誤差

　計量誤差には，計量器自体によるものと材料供給装置などによるものとがある．前者は，計量器の検査（原器検査）によって調整を行い，誤差をある程度低減することができるが，後者の誤差はある程度避けられない．計量の際の誤差

は，動荷重による計量検査によって調べる．計量の許容誤差としては表6.1の規定がある．

6.4 練混ぜ

a．ミキサーの種類

コンクリートの練混ぜには，主としてバッチミキサーが用いられる．バッチミキサーはさらに重力式と強制式とに大別される．

重力式ミキサーには不傾胴式と可傾式（傾胴式，チルチング式）とがあるが，近年では「可傾式ミキサー」（JIS A 8602）が多く使われている．

強制式ミキサは一般に「強制練りミキサー」（JIS A 8603）という．これには回転軸が鉛直のもの（パン型）と水平のもの（パッグミル型）とがあり，さらに後者には一軸式と二軸式とがある．前者のパン型にはミキサーを上下に組み合わせ2段とする形式（デュアル式）も市販されている．

連続ミキサーも一部で使用されるが，バッチ式では得られない特徴を有している．

一般に練混ぜ所要時間は，強制練りミキサーの場合は短くてよく，硬練りコンクリートや富配合の軽量コンクリートの練混ぜにも適しているが，ブレードの摩耗が激しいこと，再起動時の動力が大きくなることなどが欠点である．

b．練混ぜ性能の判定

ミキサーの練混ぜ性能は，「ミキサーで練り混ぜたコンクリート中のモルタルの差および粗骨材量の差の試験方法」（JIS A 1119）によって評価する．この試験では，ミキサー中のコンクリートまたはミキサーから排出時にコンクリート流の2か所から試料を採取し，それぞれに含まれるモルタルの単位質量と粗骨材の単位量を求め，その偏差によって結果を判定する．モルタルの単位質量差は0.8%以下，単位粗骨材料の差は5%以下であれば，満足な練混ぜ性能を有すると判定する[2]．

c．練混ぜ効果に影響する要因

練混ぜの効果は，ミキサーの種類，練混ぜ時間，ミキサーの容量に対する投入材料の比，各材料の投入順序，部分混練の有無などによって変化する．6.4.b項による試験は練混ぜ後の均質性に着目しているが，練混ぜの効果はコンクリートのワーカビリティーにも大きな影響を与える．このため単位体積当りに消費され

た練混ぜエネルギー，例えば消費電力，積算電流などで練混ぜの程度を評価しようとする試みがなされている．

d．ダブルミキシングとSEC

投入する水を2分割し，ある量の水とセメントをいったん練り混ぜた後，残りの水を投入してセメントペーストを練り混ぜると，通常の方法で練り混ぜたペーストに比べ性質の異なるセメントペーストが得られる．このような練混ぜ方法をダブルミキシング（略称DM）と呼ぶ．最初に投入する水を一次水というが，図6.3に示すように適当な一次水セメント比でダブルミキシングを行うと，最終水セメント比に関係なくブリーディングをきわめて小さくすることができる[3,4]．

SECは，sand enveloped with cementの頭文字をとったもので，モルタルの新しい練混ぜ方法の略称である．この方法では，一定の表面水を持った砂にセメントを投入して1次混練し（造殻という），次いで残りの材料を投入して練り混ぜる．表面水の調整にはサンドコントローラと呼ばれる装置を用いる．青函トンネルの吹付けコンクリートに用いられ，リバウンド（8.6節参照）を減少させた実績があり，ブリーディングやワーカビリティーの改善に有効といわれている[5]．SEC工法では造殻混練が結果としてセメントをダブルミキシングしていた

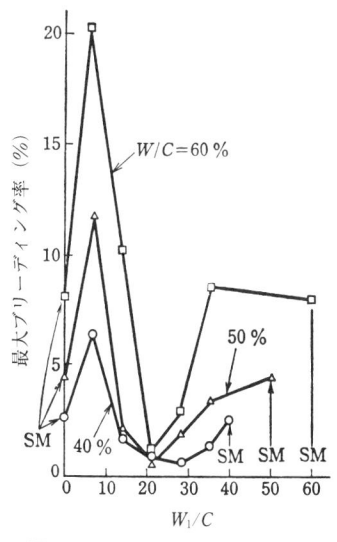

図6.3　一次水セメント比とブリーディング

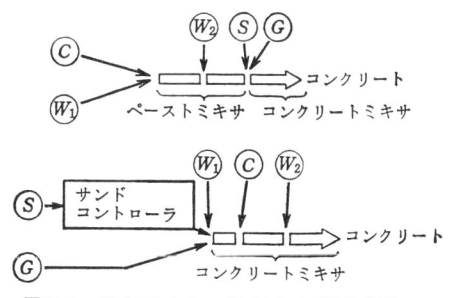

図6.4　ダブルミキシング（上）とSEC（下）の練混ぜ方法

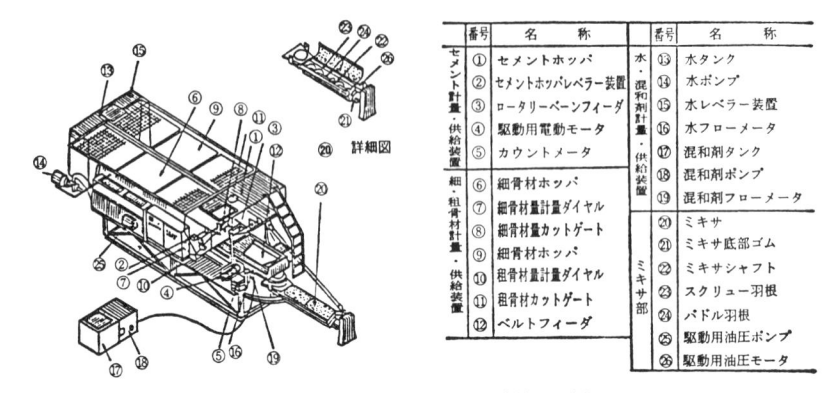

図6.5 連続練りミキサーの機構図の例

番号	名称	番号	名称
①	セメントホッパ	⑬	水タンク
②	セメントホッパレベラー装置	⑭	水ポンプ
③	ロータリーベーンフィーダ	⑮	水レベラー装置
④	駆動用電動モータ	⑯	水フローメータ
⑤	カウントメータ	⑰	混和剤タンク
⑥	細骨材ホッパ	⑱	混和剤ポンプ
⑦	細骨材計量ダイヤル	⑲	混和剤フローメータ
⑧	細骨材カットゲート	⑳	ミキサ
⑨	粗骨材ホッパ	㉑	ミキサ底部ゴム
⑩	粗骨材計量ダイヤル	㉒	ミキサシャフト
⑪	粗骨材カットゲート	㉓	スクリュー羽根
⑫	ベルトフィーダ	㉔	パドル羽根
		㉕	駆動用油圧ポンプ
		㉖	駆動用油圧モータ

(セメント計量・供給装置／水・混和剤計量・供給装置／細・粗骨材計量・供給装置／ミキサ部)

ことにあると考えられる．

e. 連続ミキサー

連続ミキサー（連続練りミキサー）は，コンクリートの各材料を一方から連続的に供給し，練り上がったコンクリートを他方から連続的に吐出する形式のミキサーである（図6.5）．セメントはロータリーフィーダーにより，水と混和剤溶液はバルブの開閉により，骨材は貯蔵ビン底部のカットゲートとベルトフィーダーにより連続計量する．容積計量となるので表面水による砂のバルキングなどに注意する必要があるが，管理がよいと品質の安定したコンクリートの供給が可能である．

「連続練りミキサーによる現場練りコンクリート施工指針（案）」[6]が1986年6月に土木学会で制定されている．この指針では，練混ぜ性能の判定は前述のJIS A 1119のほか空気量の差が1％以内，スランプの差が3cm以内，圧縮強度の差が2.5％以内になることを判定の基準につけ加えている．

連続ミキサーは超速硬コンクリート，鋼繊維補強コンクリート，吹付けコンクリート，洋上プラント（コンクリートミキサー船）による海洋コンクリートなど特殊な工事に使用されることが多い．

6.5 レディーミクストコンクリート

レディーミクストコンクリートは，一定の品質管理のもとに工場で製造されたフレッシュコンクリートを打込み現場まで運搬し，荷おろしするものである．

a．工場の選定

経済産業省では，設備，運営，管理などについて審査し，これに合格した工場にJISマーク表示の許可を与えている．また全国生コンクリート品質管理監査会議では㊝マークを認定，交付している．原則として，レディーミクストコンクリート工場はこのJISマーク表示許可工場や㊝マーク取得工場の中から選定する．コンクリート主任技士およびコンクリート技士の資格を有する技術者またはこれらと同レベルの技術者が常駐し，配合設計，製造，品質管理などの業務に携わっていることも，工場選定の条件の一つである．

以上のような基本条件のほか，打込み現場の工事の規模や立地条件などを勘案し，① 打ち込み現場までの運搬時間，② コンクリートの製造能力，③ 運搬車の種類と台数，④ コンクリートの製造設備，⑤ 品質管理状態，を十分に検討したうえで工場を選定する．

b．種　　類

レディーミクストコンクリートは，JIS A 5308に適合する規格品を用いるのが原則である．JISの規格品は，表6.2に示す〇印のものである．この表以外のものまたはJISに示される指定事項以外の事項を指定するもの，あるいは品質基準が異なるものは，規格外の別注品となる．

1) 規格品 規格品は，表6.2のうち〇印で示されるものである．空気量は，普通コンクリート4.5％，軽量コンクリート5.0％，舗装コンクリート4.5％に決められている．なお，購入者は，生産者と協議のうえ，次の事項を指定する．

① セメントの種類
② 骨材の種類
③ 粗骨材の最大寸法
④ 骨材のアルカリシリカ反応性による種類（区分Bの骨材を使用する場合は，アルカリ骨材反応の抑制方法）
⑤ 混和材料の種類
⑥ 塩化物含有量の上限量
⑦ 呼び強度を保証する材齢
⑧ 空気量
⑨ コンクリートの単位容積質量（軽量コンクリートの場合）

表6.2 レディーミクストコンクリートの種類

コンクリートの種類	粗骨材の最大寸法(mm)	スランプ(cm)	呼び強度 (N/mm²)										
			18.0	19.5	21.0	22.5	24.0	25.5	27.0	30.0	35.0	40.0	曲げ4.5
普通コンクリート	20, 25	5	—	—	—	—	—	—	—	—	—	—	—
		8, 10, 12	○	—	○	○	○	○	○	○	○	○	—
		15, 18	○	—	○	○	○	○	○	○	○	○	—
		21	—	—	○	○	○	○	○	○	○	○	—
	40	5	—	—	—	—	—	—	—	—	—	—	—
		8	○	○	○	○	○	○	○	○	—	—	—
		12, 15	○	—	○	○	○	○	○	○	—	—	—
		18	—	—	—	—	—	—	○	○	—	—	—
計量コンクリート	15, 20	8, 12, 15, 18, 21	○	—	○	○	○	○	○	○	—	—	—
舗装コンクリート	40	2.5, 6.5	—	—	—	—	—	—	—	—	—	—	○

⑩ コンクリートの最高・最低の温度
⑪ 水セメント比の上限値
⑫ 単位水量の上限値
⑬ 単位セメント量の上・下限値
⑭ スランプの増大量（流動化コンクリートのベースコンクリートの場合）
⑮ その他必要な事項

2) 規格品の呼び方 規格品は，呼び強度とスランプの組み合わせ，協議事項などが指定されると，次のような記号で呼ばれる．

呼び方の例：

$$\frac{普通}{軽量2種}\binom{コンクリートの種類}{}, \quad \frac{21}{27}\binom{呼び}{強度}, \quad \frac{8}{21}\binom{スランプ}{}, \quad \frac{20}{15}\binom{粗骨材の}{最大寸法}, \quad \frac{N}{H}\binom{セメント}{の種類}$$

3) 別注品 規格品の呼び強度とスランプの組み合わせ以外の組み合わせ，規格品の指定事項以外の事項の指定，異なる品質基準の導入などによるコンクリートは，規格外の別注品となる．別注品も JIS 規格に準じて製造する．

c. 品　　質
品質の判定は荷おろし地点で行う．
1) 強　度　　圧縮強度の試験結果は，次の条件を満足しなければならない．
① 1回の試験値が，呼び強度の85%以上であること．
② 3回の試験の平均値が，呼び強度以上であること．
2) スランプと空気量　　指定した値に対するスランプの許容差は，表6.4に示す値とする．また，空気量の許容差は，±1.5%とする．
3) 塩化物含有量　　コンクリート中の塩化物含有量は，荷おろし地点で，塩素イオンとして0.30 kg/m^3以下とする．

d. 製造と運搬
コンクリートの製造は，十分に整備された所定の設備で行う．材料の計量誤差は，表6.1に示した範囲内とする．コンクリートの練り混ぜは，固定ミキサによって，工場内で均一になるまで行う．

運搬は，原則としてトラックアジテーターで行う．スランプ2.5 cmの舗装コンクリートを運搬する場合に限り，ダンプトラックを使用することができる．

コンクリートの運搬時間は，原則として次による．
$$\begin{cases} \text{トラックアジテーター：} & 1.5 \text{時間以内} \\ \text{ダンプトラック：} & 1.0 \text{時間以内} \end{cases}$$

e. 受け入れ検査
コンクリートの受け入れ検査は，コンクリートが打ち込まれる前に実施することを原則とする．

強度の検査は，コンクリートの配合検査によることを標準とし，配合検査を行わない場合，表6.3に従って圧縮強度試験による検査を行う．この検査で不合格となった場合，構造物中のコンクリートの強度を検査しなければならない．1回の試験結果は，任意の1運搬車から採取した試料でつくった3個の供試体の試験値の平均値で表す．c項の強度条件①に適合すればよい．

その他の検査は，表6.4によるのを標準とする．なお，ワーカビリティーの検査は，粗骨材の最大寸法とスランプが設定値を満足するかどうかを確認するとともに，材料分離抵抗性を目視によって確認するのを原則とする．

f. コンクリートの性能と主な指標
通常のコンクリートに求められる性能とそれらに関係の大きい指標を表6.5に

表6.3 圧縮強度の検査[7]

項 目	試験・検査方法	時期・回数	判定基準
圧縮強度（一般の場合，材齢28日）	JIS A 1108の方法	荷おろし時1回/日または構造物の重要度と工事の規模に応じて20～150 m³ごとに1回	設計基準強度を下回る確率が5％以下であることを，適当な生産者危険率で推定できること

表6.4 コンクリートの受け入れ検査[7]

項 目	検査方法	時期・回数	判定基準
フレッシュコンクリートの状態	責任技術者またはそれと同等の技術を有する技術者による目視	荷おろし時随時	ワーカビリティーがよく，品質が均質で安定していること
スランプ	JIS A 1101の方法	荷おろし時1回/日または構造物の重要度と工事の規模に応じて20～150 m³ごとに1回，および荷おろし時に品質変化が認められたとき	許容誤差 スランプ3 cm以上8 cm未満：±1.5 cm スランプ8 cm以上18 cm未満：±2.5 cm
空気量	JIS A 1116の方法 JIS A 1118の方法 JIS A 1128の方法		許容誤差：±1.5
温 度	温度測定		定められた条件に適合すること
単位容積質量	JIS A 1116の方法		定められた条件に適合すること
塩化物イオン量	信頼できる機関で評価を受けた試験方法	荷おろし時 海砂を使用する場合2回/日，その他の場合1回/週	原則として0.30 kg/m³以下
配合（水セメント比，単位水量，単位セメント量など）	骨材の表面水率およびコンクリート材料の計量値	荷おろし時全バッチ	許容範囲内にあること
ポンパビリティー	ポンプにかかる最大圧送負荷の確認	ポンプ圧送時	コンクリートポンプの最大理論吐出圧力に対する最大圧送負荷の割合が80％以下

示す．コンクリートの性能を確認する場合，表6.5を参照するとよい．

6.6 コンクリートの品質管理

品質管理の基本は，図6.6（p.134）によって示される．これをコンクリート

表 6.5 コンクリートの性能と関係する主な指標との関係[7)]

コンクリートの性能	関係する主な指標
断熱温度上昇特性	結合材の品質，単位結合材量，温度（打込み時）
強　度	セメント（結合材）水比
中性化速度係数	結合材の品質，有効水結合材比
Cl⁻イオンに対する拡散係数	水セメント比（Cl⁻イオン量：内的塩害の場合），ひび割れ中
相対動弾性係数	水セメント比，空気量，骨材の品質，凍結融解サイクル数
耐化学的侵食性	結合材の品質，水結合材比
耐アルカリ骨材反応性	骨材および結合材の品質，単位セメント量
透水係数	水セメント比
耐火性	骨材の品質，単位水量
収縮特性	コンクリート材料の品質，単位水量，単位セメント量
ワーカビリティー	粗骨材の最大寸法，スランプ，ブリーディング率（量），（目視による材料分離の程度）
ポンパビリティー	骨材の品質，粗骨材の最大寸法，スランプ，ブリーディング率（量），（目視による材料分離の程度）
凝結特性	セメントの品質，混和材料の品質，温度（打込み時）

に適用すると，次のようになる．

① 計画：所要の品質および所期のばらつきのコンクリートを製造する手順，管理方法などを決める．

② 実行：計画に従ってコンクリートを製造する．

③ 検査：製造されたコンクリートの品質，ばらつきを試験によって求め，所定の基準を満足しているかどうかを検査する．

④ 処置：検査結果を評価し，必要に応じて計画の変更などに反映させる．

通常品質管理は，同一材料，同一配合のコンクリートで作業を進める場合について実施されるので，ここではこのような場合の品質管理について述べる．

a. 基本事項

正常な工程で製造されたコンクリートの圧縮強度などの試験値は，図 6.7 に示すような正規分布を示す．管理状態が良好であれば，a の曲線のように試験値が平均値の近くに集まる．逆に管理状態が悪い場合は，b の曲線のように試験値が分散する．この分散の程度を表す代表的な統計量に標準偏差がある．母集団既知の場合の標準偏差を σ で表すと，平均値 μ から $\pm\sigma$ の範囲内に試験値が含まれ

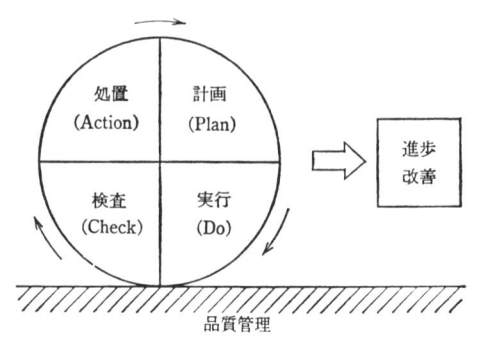

図 6.6 品質管理の基本

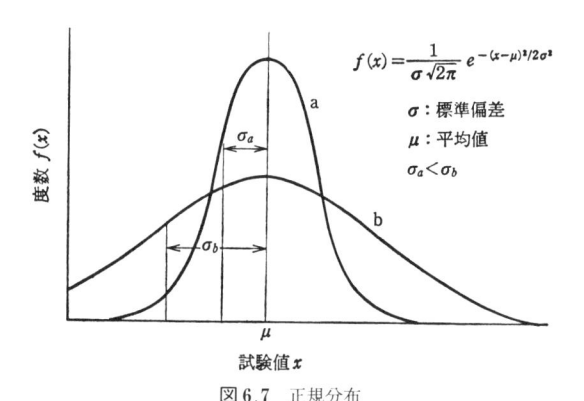

図 6.7 正規分布

る確率は 68.27％，±2σ では 95.45％，±3σ では 99.73％ である．しかし，母集団未知の場合の母分散の推定には，不偏分散の平方根 S_n の方が適しているので，通常，σ の代わりに，S_n を用いる．

いま，n 個の試験値を $x_1, x_2, \cdots, x_n$ とすれば，それらの平均値 $\bar{x}$ と不偏分散の平方根 S_n は，次式で表される．

$$\bar{x} = \frac{\sum_{i=1}^{n} x_i}{n} = \frac{x_1 + x_2 + \cdots + x_n}{n}$$

$$S_n = \sqrt{\frac{\sum_{i=1}^{n}(x_i - \bar{x})^2}{n-1}} = \sqrt{\frac{x_1^2 + x_2^2 + \cdots + x_n^2}{n-1} - \frac{n\bar{x}^2}{n-1}}$$

分散が大きいほど S_n の値は大きい．

このほか，試験値のばらつきを表す統計量には，次のものがある．

$$\text{変動係数 (\%)}: C_n = \frac{S_n}{\mu} \times 100$$

$$\text{範囲}: R = x_{\max} - x_{\min}$$

ここに，μ：母平均値（通常 $\mu = \bar{x}$ と仮定する），$x_{\max}$, $x_{\min}$：n 個の試験値のうち最大値と最小値．

b．管理図とヒストグラム

1) 管理図 品質管理のための特性値の試験値を連続的に記録するグラフで，管理限界線が示されているものを管理図という．コンクリート工事では，主として大規模な現場に $\bar{x}$-R 管理図，小規模な場合に x-R_s-R_m 管理図が用いられる．これらの管理限界には，(特性値の推定値)$\pm 3 \times$(標準偏差) を用いる．ここでは，$\bar{x}$-R 管理図のつくり方を述べる．

$\bar{x}$ 管理図をつくるには，まず試験値の個数 $n=3\sim5$ の平均値 $\bar{x}$ と範囲 R を初期の試料（試料数 $q=10\sim30$）について求め，次式からそれぞれの数値を求める．

$$\bar{x} \text{ の平均値}: \quad \bar{\bar{x}} = \frac{\bar{x}_1 + \bar{x}_2 + \cdots + \bar{x}_q}{q}$$

$$R \text{ の平均値}: \quad \bar{R} = \frac{R_1 + R_2 + \cdots + R_q}{q}$$

$$\mathrm{CL} = \bar{\bar{x}}, \quad \mathrm{UCL} = \bar{\bar{x}} + A_2 \bar{R}, \quad \mathrm{LCL} = \bar{\bar{x}} - A_2 \bar{R}$$

ここに，A_2：1 組の試験値の個数 n によって定まる定数（表 6.6 から求める）．

次に R 管理図をつくるため，次式からそれぞれの数値を求める．

$$\mathrm{CL} = \bar{R}, \quad \mathrm{UCL} = D_4 \bar{R}, \quad \mathrm{LCL} = D_3 \bar{R}$$

ここに，D_3, D_4：表 6.6 から求める値．

これらの数値から，図 6.8 のように，$\bar{x}$ 管理図，R 管理図とも，中心線 (central line, 略して CL)，上方管理限界 (upper control limit, 略して UCL) および下方管理限界 (lower control limit, 略して LCL) をそれぞれ図中に記す．工事が進むとともに試験値数が増加するので，それに基づいて中心線と管理

表 6.6 $\bar{x}$-R 管理図の定数値[8]

n	2	3	4	5	6	7	8	9	10
A_2	1.88	1.02	0.73	0.58	0.48	0.42	0.37	0.34	0.31
D_3	—	—	—	—	—	0.08	0.14	0.18	0.22
D_4	3.27	2.57	2.28	2.11	2.00	1.92	1.86	1.82	1.78

図 6.8 $\bar{x}$-R 管理図

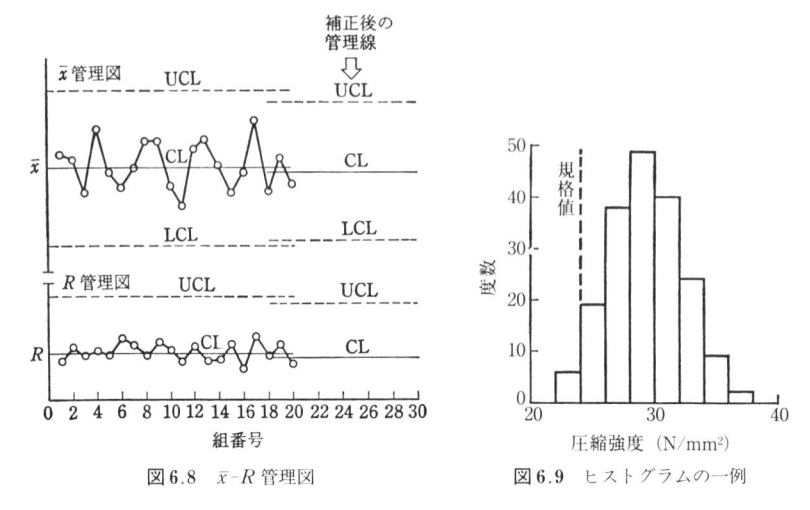

図 6.9 ヒストグラムの一例

限界線を補正するとよい．なお，管理限界外に試験値が打点された場合は，直ちに原因調査を行う．また，管理図の打点に一定の傾向が認められる場合は，管理限界内であっても注意を要する．

2) ヒストグラム ヒストグラム (histogram) は，図 6.9 に示すように，試験値を 8～20 個程度の区間に分割して，柱状図として示したもので，品質の分布を調べるために利用する．

ヒストグラムは，その中に規格値を記入すると，合格品の割合や規格値に対する余裕を知ることができる．

c．品質管理試験

品質管理の対象となる特性値には，骨材の粒度と含水率，コンクリートのスランプ，空気量，単位容積重量，配合，圧縮強度，塩化物含有量などがあり，必要に応じて試験を行う．ここでは配合，スランプ，空気量，圧縮強度を取り上げる．

1) 配 合 配合の管理は，フレッシュコンクリートを分析して得られた水セメント比によって行う．

フレッシュコンクリートの単位セメント量，単位水量，水セメント比などを知る方法として，次のものが提案されている．

① 洗い分析方法：コンクリートの「洗い分析試験方法」（JIS A 1112）によってセメント量，水量などを求めて水セメント比を調べる．

② 比重計方法：水中に微粒子が多く含まれているほど液の比重が大きいことを利用して，モルタルを水で薄めた液中のセメント量を比重計により測定する．

③ 反応熱方法：セメントが塩酸に接触すると反応熱を生じる．このときの温度上昇を測定して，液中のセメント量を推定する．

④ 炎光分析方法：試料中のカルシウム分を炎光分析により測定し，セメント量を推定する．

2) スランプと空気量　フレッシュコンクリートのスランプによる品質管理は，試験が容易であることから回数を多くすることができる．スランプは単位水量の管理に有用であるが，骨材の品質，単位量，細骨材率の変化，空気量の変化などにも影響を受ける．

AEコンクリートの空気量は，コンクリートのワーカビリティーや強度さらには耐久性に大きな影響を与えるので，それを適切な範囲となるよう管理することが必要である．空気量は，AE剤やAE減水剤の量によって変動するほか，骨材の粒度，コンクリートの配合，温度，施工条件などの影響も受ける．

3) 圧縮強度　圧縮強度の試験は，JIS A 1108 によって行われる．材齢は，28日を基準とする．しかし，品質管理の目的から，早期に判断試料を得ることが望ましいので，早期材齢の試験値または促進養生による試験値などから，材齢28日の圧縮強度の推定を行うことが多い．

促進養生による試験方法は，次のものが提案されているが，材齢28日の圧縮強度との関係をあらかじめ求めておくことが必要である．

① 急速硬化法：ウェットスクリーニングしたモルタルに急結剤を加え，湿度100%の空気中で，約70℃の高温養生を行い，圧縮強度を試験により求める．

② 温水法：35〜70℃の温水中で供試体を養生し，圧縮強度を試験で求める．

品質管理に用いる圧縮強度の1回の試験値は，一般に，同一バッチから採取した3個の試料の試験値を平均して求める．

6.7　コンクリートの品質検査

a．検査ロット

検査を行う試験値の1組をロット（lot）という．検査ロットが大きすぎると，合格品または不良品と判定されるコンクリート量が多くなり，小さすぎると試験の回数が必要以上に多くなる．工事中打ち込まれたコンクリート量全部を一つの

ロットとすると同時に，適当な数の連続する試験値を1ロットとして検査する．

試験回数は，構造物の重要度と工事の規模に応じて定めるが，一般に，連続して打ち込むコンクリートの20～150 m³ごとに1回とする．ただし，打込み量が少ない場合でも，1日に打ち込むコンクリートごとに少なくとも1回は行う．

b．合格判定基準

1) 配合 フレッシュコンクリートを分析して得られた水セメント比の試験値の平均値が，所要の水セメント比より小さければ，そのコンクリートは，所要の品質を有していると判定する．

2) スランプ・空気量・塩化物含有量 スランプ，空気量および塩化物含有量は，各試験値があらかじめ定められた範囲内にあれば合格と判定する．

3) 圧縮強度 圧縮強度は，円柱供試体による試験値が設計基準強度を下回る確率が5％以下であることを適当な危険率で推定できれば，合格であると判定する．この判定をするには，次式が成立することを確かめればよい．

$$\bar{x} \geq f'_{ck} + kS_n, \quad \bar{x} = \frac{x_1 + x_2 + \cdots + x_n}{n} \quad (\text{N/mm}^2)$$

$$S_n = \sqrt{\frac{x_1^2 + x_2^2 + \cdots + x_n^2}{n-1} - \frac{n\bar{x}^2}{n-1}} \quad (\text{N/mm}^2)$$

ここに，$\bar{x}$：圧縮強度の試験値（x_1, x_2, …, x_n）の平均値，f'_{ck}：設計基準強度（N/mm²），k：合格判定係数（生産者危険率0.10の場合図6.10から求める），S_n：不偏分散の平方根．

変動係数は，着工前に予想し，配合強度を設定するが，実際の変動係数は，工事に用いたコンクリートの圧縮強度の試験値から求められる．当初の予想の適確さを判断するため，図6.11を利用する．図中の実線は予想した変動係数の最大値，点線は最小値をそれぞれ示すが，利用方法は，例題を参照するとよい．

〔例題〕 設計基準強度を30.0 N/mm²とし，変動係数を16％と予想した工事において，表6.7に示す20個の試験値が得られた．これについて，合格判定および変動係数の予想の的確さの判断を行え．

〔解〕 $\bar{x} = 40.0$，$S_n = 6.0$，$k = 1.25$（図6.10から）として，$\bar{x} \geq f'_{ck} + kS_n$において，左辺＝40.0，右辺＝30.0＋1.25×6.0＝37.5．したがって，原式は成立し，合格と判定される．

次に，変動係数

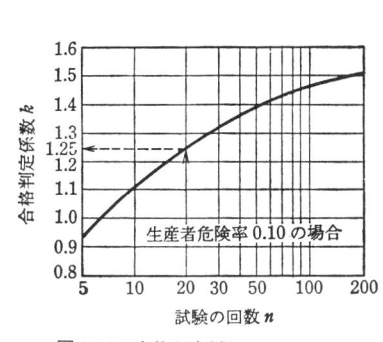

図 6.10 合格判定係数 k の求め方

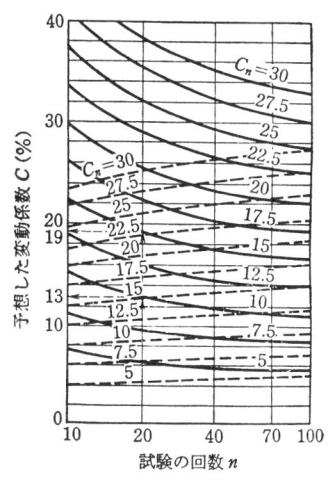

図 6.11 変動係数の判定方法

$$C_n = \frac{S_n}{\mu} \times 100 = \frac{6.0}{40.0} \times 100 = 15.0 \quad (\%)$$

ここに, μ：母平均値（$=\bar{x}$ と仮定）．

図 6.11 から, $n=20$ の場合, 試験値の変動係数が 15% であれば, 実際の変動係数は 13〜19% の範囲に存在するので, 着工前の予想は適切であったといえる．

c. 結果の処置

1) 結果が良好な場合　品質調査の結果が良好で所要の品質のコンクリートが打ち込まれていると判断される場合は, 使用材料の品質管理, 計量, コンクリートの練混ぜ, 運搬, 打込み, 各種の試験などの作業をそのまま継続してよい．

2) 結果に疑問がある場合　品質検査の結果から, 所要の品質のコンクリートが得られていない疑いがある場合は, ①使用材料の品質, ②プラントの計量装置, ③ミキサの能力と操作方法, ④コンクリートの運搬方法, ⑤試験用の試験採取方法, ⑥供試体の作製方法, ⑦品質管理試験方法, の各事項について検討する．

表 6.7 試験結果

No.	試験値	No.	試験値
1	39.8	11	34.3
2	39.2	12	49.8
3	33.0	13	41.5
4	40.9	14	37.1
5	43.7	15	38.0
6	49.0	16	45.4
7	30.3	17	30.5
8	46.8	18	43.6
9	33.5	19	35.2
10	47.7	20	40.1
$\bar{x} = 40.0$			

これらの中から，適切でない部分を発見したら，その部分を改善し，作業を再開する．その後もコンクリートの品質に関し疑いが残る場合は，コンクリートの配合を修正する．

品質に疑問のあるコンクリートが，すでに構造体に打ち込まれている場合は，「コアによる強度試験」（JIS A 1107），非破壊試験，載荷試験などを行って，その構造物の安全を確かめる．

演 習 問 題

1. セメントを取り扱うときの注意事項を述べよ．
2. コンクリート用材料の計量誤差について述べよ．
3. ミキサーの種類について説明し，練混ぜ性能の判定方法を述べよ．
4. レディーミクストコンクリートの工場選定において，考慮すべき点をあげよ．
5. レディーミクストコンクリートの種類をあげ，それぞれについて説明せよ．
6. コンクリートの品質管理の基本を説明せよ．
7. 正規分布における標準偏差の意味を説明せよ．
8. 管理図とはどのようなものか図解せよ．
9. コンクリートの圧縮強度の合格判定基準について述べよ．
10. コンクリートの品質検査の結果に疑問がある場合の検討事項を列挙せよ．

参 考 文 献

1) 冨樫凱一：建設工事の仮設計画と実例，近代図書，1969．
2) 土木学会編：土木学会コンクリート標準示方書・施工編（昭和61年版，改訂資料），土木学会，1986．
3) 田澤栄一・松岡康訓・金子誠二・伊東靖郎：ダブルミキシングで作成したセメントペーストの諸性質について，第4回コンクリート工学年次講演会論文集，1982．
4) 田澤栄一・宮沢伸吾：新しい練りまぜ方法がコンクリートの性質に及ぼす影響，セメントコンクリート，**466**，1985．
5) 伊東靖郎・辻　正哲・加賀秀治・山本康弘：SECコンクリートの特性と展望，セメントコンクリート，1981．
6) 土木学会編：連続練りミキサによる現場練りコンクリート施工指針（案），コンクリート・ライブラリー第59号，土木学会，1986．
7) 土木学会編：コンクリート標準示方書・施工編（2002年制定），土木学会，2002．
8) 河野　清：コンクリートの管理，試験および検査について，土木コンクリートブロック，**132**，1982．

7. コンクリートの施工

7.1 概　　説

　コンクリート構造物の建設では，一般に，図7.1に示すように，設計作業，施工計画，製造作業，施工作業，維持管理の順に作業が進められる．本章では，施工作業に相当する技術について述べる．施工作業の最終目的は，所定の空間に，所定の寸法，精度を有し，所要の強度，耐久性，水密性などを有するコンクリート構造物を建設することである．このためには，使用材料の選定，配合設計が適正であるとともに，材料の管理，計量，練混ぜ，運搬，打込み，締固め，養生などのコンクリートの製造と施工の工程がそれぞれ目的にかなっていなければならない．また，鉄筋コンクリートでは，鉄筋の配置が設計図どおりに行われているか否かをチェックするとともに，コンクリートの打込みによって，型枠・支保工に有害な変形が生じないようにすることが必要である．

a．コンクリートの製造と施工の工程

　コンクリートの製造と施工の工程を図7.2に示す．コンクリートを連続的に打ち継ぐ場合には，この全工程を繰り返すことになる．工程間の間隔は，打継面処

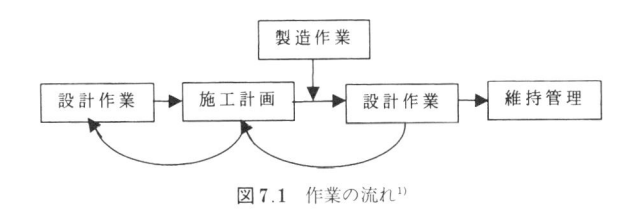

図7.1　作業の流れ[1]

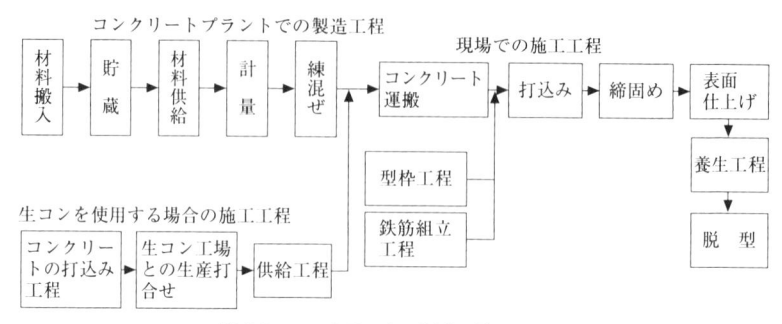

図7.2 コンクリートの製造・施工工程図

理（打重ね時間間隔を含む），脱型に必要なコンクリートの養生期間，型枠の取り外し，鉄筋の配置（止水版などの配置を含む），型枠の組立工期によって定まってくる．

b. 施工計画とその内容

コンクリート構造物を与えられた条件の中で経済的に施工できるかは，施工計画の良否にかかっているといえる．そこで，一般に施工計画書を作成することが義務づけられている．

施工計画書に記述する内容は次のとおりである．

① 施工する構造物（形状，寸法，鉄筋の配置，施工場所）
② 工期，工程，施工開始時期
③ 気象条件，労働条件，稼働日数
④ 構造物に要求される性能（設計条件，環境条件）
⑤ 使用材料（セメント，骨材，混和材料，鋼材などの品質，数量）
⑥ 施工法（練混ぜ，運搬，打込み，締固め，養生，継目，鉄筋工，型枠・支保工，プレストレッシング）
⑦ 施工機械（機種，性能，使用期間など）
⑧ 仮設備（運搬路，電気，水，排水など）
⑨ 労務計画（機械，人員，作業期間，資格など）
⑩ 安全衛生計画（公害防止策も含む）
⑪ 試験，品質管理・検査計画（作業中の管理，検査，維持方法など）
⑫ 施工担当責任者，作業組織，管理系統図

7.2 運　　搬

　練り混ぜたコンクリートを，型枠内で締め固める位置まで運ぶことを一般に運搬と呼ぶ．練り混ぜたコンクリートは，材料の分離ができるだけ少なく，その品質を損なうことのないように，速やかに運搬しなければならない．なお，コンクリートポンプを用いる場合には，プラントからコンクリートポンプのホッパーまでを供給，それから先を圧送と呼ぶ．したがって，この場合には，供給・圧送が運搬に相当する．

a．運搬の各種方法

　コンクリートの運搬は，プラントから工事現場までの運搬と，現場内における打込み箇所までの短い運搬に分けられ，表7.1に示す各種の方法がある．

　長距離の運搬には，一般にトラックアジテーター車が用いられる．運搬車は，荷おろしが容易なものでなければならない．スランプ5cm以下のコンクリートを，10km以下の距離で運搬する場合や1時間以内に運搬可能で材料分離が著しくなければ，ダンプトラックによる運搬，あるいはバケットをトラックに積んで運搬することが可能である．

表7.1　コンクリートの各種運搬方法[2]

分類	運搬機械	運搬方向	運搬時間 運搬距離	運搬量 (m³)	動力	適用範囲	備考
主としてプラントから現場までの運搬	トラックアジテーター ダンプトラック	水平	～90分 ～30 km	1.0～4.5/台	内燃機関	遠距離運搬	一般の長距離運搬に適する 舗装用コンクリートやRCDコンクリートに使用
主として現場内運搬	コンクリートポンプ	水平 垂直	～500 m ～120 m	20～70/h	内燃機関 電動機	一般・長距離・高所	硬練りから軟練りコンクリートまで広く使われている
	コンクリートバケット	垂直 水平	10～50 m	15～20/h	クレーン	一般・高強度用	分離が少なく場内運搬に適する
	コンクリートタワー	垂直	50～120 m	15～25/h	電動機	高所運搬	手押し車，ベルトコンベヤー，ポンプとの組み合わせ
	ベルトコンベヤー	水平 やや勾配	5～100 m	5～20/h	電動機	硬練り用	分離傾向にあり，軟練りには適さない
	シュート	垂直 斜め	5～20 m	10～50/h	重力	一般	分離に注意する必要がある
	手押し車	水平	10～60 m	0.05～0.1/台	人力	小規模工事	振動しない桟橋が必要

144   7. コンクリートの施工

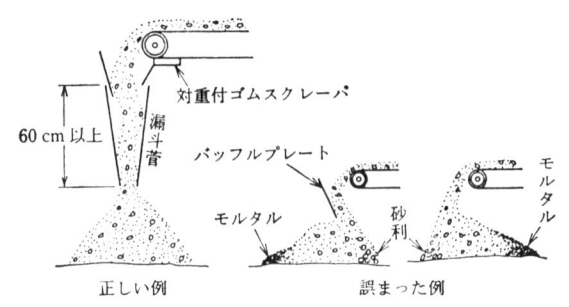

図7.3 ベルトコンベヤー使用上の注意（末端における分離の防止）

　短い距離の運搬には，コンクリートポンプ（b項参照）が用いられることが多い．その他の方法としては，バケット，ベルトコンベヤー，シュート，コンクリートプレーサーなどがある．以下に，各種の運搬方法の注意点を記す．

　① バケットは各種のクレーンと組み合わせて用いられることが多い．振動が少なく，打込み場所まで直接運搬ができるので，コンクリートの材料分離を最も少なくできる運搬方法の一つである．バケットは排出が容易で，材料の付着しにくい構造のものがよく，排出口を中央部真下に設けたものがよい．一般の工事では，0.5～1.5 m^3，ダム工事では3～6 m^3 程度の容量のものが多く使用される．

　② ベルトコンベヤーは，コンクリートを連続して運搬するのに便利である．図7.3に示すように，ベルトコンベヤーの終端にバッフルプレートと漏斗管を設けて，材料分離を防がなければならない．長いベルトコンベヤーには乾燥防止などの目的で覆いを設けることが必要である．

　③ シュートを用いる場合には，原則として縦シュートとする．やむを得ず斜めシュートを用いる場合，シュートの傾きは，コンクリートの材料分離を起こさない程度のものであって，一般に水平2に対して鉛直1以下とし，その吐出口には，材料分離を防ぐために，バッフルプレートと漏斗管を設けるのがよい．斜めシュートで運搬したコンクリートに材料分離が認められた場合にはシュートの吐出口に受け台を設け，コンクリートを練り直してから用いなければならない．

　④ コンクリートプレーサーは，輸送管内のコンクリートを圧縮空気で圧送するもので，コンクリートポンプと同様にトンネルなどの狭いところにコンクリートを運搬するのに便利である．

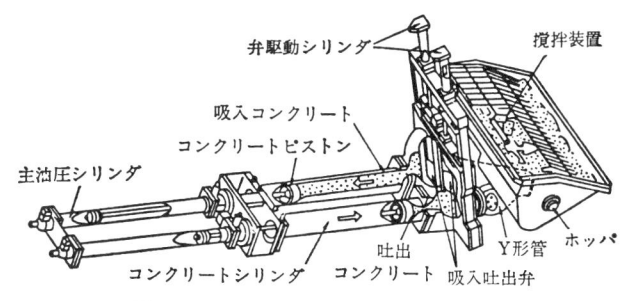

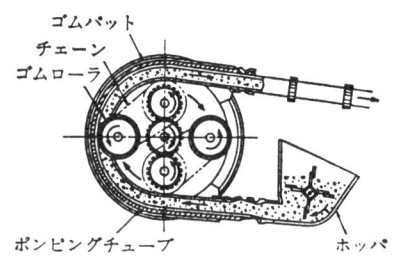

図7.4 油圧ピストン式コンクリートポンプ

b. コンクリートポンプを用いた運搬

コンクリートポンプ工法は，昭和40年代初期から急速に採用され，現在では，土木・建築の分野を問わず広く普及し，コンクリート工事の施工の合理化，省力化，工期の短縮，経済性などに多大な効果をもたらしている．いまや，コンクリートポンプは，施工現場で必要不可欠なルーチンワークの一つになっているといっても過言ではない．コンクリートポンプは，利用の拡大に伴い，大型化，高速化され，施工条件の厳しい高所圧送，長距離圧送，水中施工にも適用されてきた．また，圧送性に劣る特殊なコンクリート，すなわち低スランプコンクリート，高強度コンクリート，軽量コンクリート，流動化コンクリート，貧配合コンクリート，鋼繊維補強コンクリート，大粒径骨材コンクリート，高流動コンクリートなどにも採用されている．

図7.5 スクイズ式コンクリートポンプ

近年多く用いられているコンクリートポンプはトラック搭載式でブームを油圧操作できる形式のものである．機動性があり，短い距離では配管が不要である．コンクリートポンプは圧送方式によって大きく2種類に分かれる．図7.4に示すピストン式のものと図7.5に示すスクイズ式のものである．ピストン式はシリンダ内部のコンクリートをピストンで押し出す形式で，バルブの形式により各種のものがある．スクイズ式は，回転するローラーに取り付けられた複数のローラーでゴムチューブを押しつぶしながら，チューブ内に吸入したコンクリートをしぼり出す構造である．ピストン式は大吐出量，高圧力の圧送に適し，スクイズ式は

比較的軟練りのコンクリートに適する．

圧送条件はコンクリートポンプにかかる圧送負荷と閉塞に対する安全度を考慮して定める．最大圧送負荷 P_{max} は，

$$P_{max}＝水平管1m当りの管内圧力損失×水平換算距離$$

で求める．水平管1m当りの管内圧力損失はスランプ，配管径，吐出量の関数で図7.6のようになる．水平換算距離は，垂直管，ベント管，テーパー管，フレキシブルホースについて，表7.2の値をもとにそれぞれの水平換算長さを求め，それらと水平管の長さの合計として求める．斜め配管は望ましくない場合も少なくないが，避けられないときは水平成分，垂直成分に分けて表7.2を適用する．上式から求めた P_{max} がコンクリートポンプの最大理論吐出圧力の80％以下であれば，圧送可能と判断する．

一方，閉塞に対する安全度の検討は，実際の圧送現場を想定した試験圧送を行うのがよい．また，簡単な事前予測方法には，「フレッシュコンクリートの変形性試験

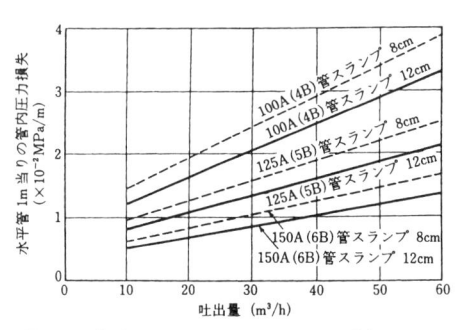

図7.6 普通コンクリートにおける水平管1m当りの管内圧力損失の標準値（粗骨材最大寸法20～25mmの場合)[3]

表7.2 水平換算長さ[3]

項　目	単　位	呼び寸法	水平換算長さ [1] (m)
上向き垂直管	1m当り	100 A (4 B) 125 A (5 B) 150 A (6 B)	3 4 5
テーパー管 [2]	1本当り	175 A → 150 A 150 A → 125 A 125 A → 100 A	3
ベント管	1本当り	90°　r = 0.5 m 　　　r = 1.0 m	6
フレキシブルホース	5～8mのもの1本		20

[1]：普通コンクリートの圧送における値である．
[2]：テーパー管は長さ1mを標準とする値であり，この水平換算長さは小さい方の径に対応する値である．

方法」と「加圧ブリーディング試験方法」(p.62, 図 3.5, 3.6 参照) がある．ポンプ施工指針[3]では，両試験で得られる指標に関して安全度の判定基準が提案されている．

示方書[1]とコンクリートのポンプ施工指針では，コンクリートポンプで圧送するコンクリートのスランプを，一般に 12 cm 以下（プレストレストコンクリートでは 10 cm 以下）と決めているが，高性能 AE 減水剤を用いたコンクリートや流動化コンクリートでは，18 cm までスランプを増加させてよいとしている．ただし，高流動コンクリートや水中不分離性コンクリートの場合は，スランプフローで管理しており，スランプの上限値は規定していない．

圧送性をよくするには，通常のコンクリートより s/a を若干大きくとり，0.3 mm 以下の微粒分が一定量以上含まれるように材料・配合に留意するとよい．圧送性は練混ぜ条件でも変化する．

コンクリートの圧送に先立ちモルタルを圧送し，配管内に潤滑性を与えなければならない．中断時にはインターバル運転を行う．圧力指示値が異常に高まった場合は逆転運転を繰り返すと閉塞傾向を解除できることがある．閉塞は管軸方向のコンクリートの分離，継手からの漏水，スランプロスによる吐出圧力の増大などによって促進されるので，このような事態を極力さけるように圧送することが重要である．

高流動コンクリート，高強度コンクリート，水中不分離性コンクリートは，通常のコンクリートと比べて粘性が高いため，配管内の圧力損失が増大し，吐出量が低下する．しかし，材料分離は生じにくく脱水による管内閉塞は発生しにくい．この種類のコンクリートは，配合や使用材料の組み合わせによって，図 7.7 に示すように測定データが大きくばらつき，定量的評価はいまだ不可能である．したがって，コンクリートポンプの機種選定は，十分慎重に行うことが大切である．

近年，比較的広い面積を数系統の

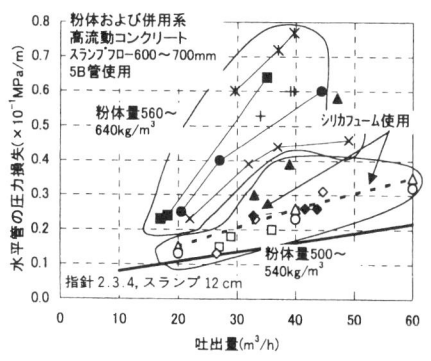

図 7.7 高流動コンクリートの水平配管における吐出量と圧力損失の関係[3]

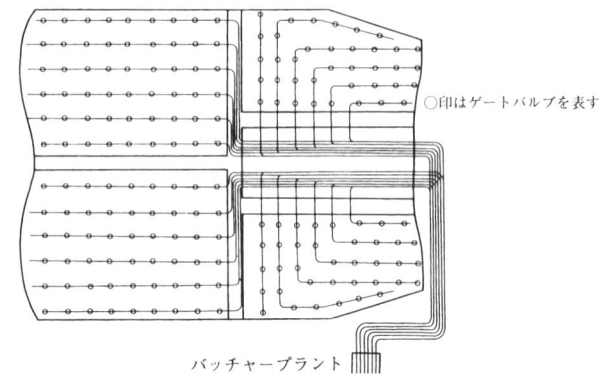

図7.8 明石海峡大橋4Aアンカレイジにおけるゲートバルブの配置[3]

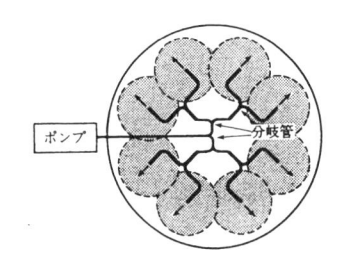

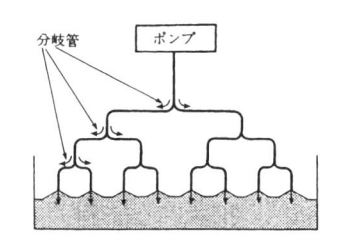

図7.9 分岐管工法による広範囲一括施工法の分岐管の配置[3]

ポンプ配管で打ち込むことができ,従来人力に頼っていた配管の切り替えや筒先の移動を不要にした広範囲一括施工法が開発された.図7.8はゲートバルブによる広範囲一括施工法の一例を示す.また,図7.9は分岐管工法による広範囲一括施工法の一例を示す.これらの工法は,高流動コンクリートの併用によってさらにその効率が増す.

7.3 打　込　み

コンクリートを打ち込む前に,まず打込み区画を決定する必要がある.打込み区画は,採用する施工方法に適したものであると同時に,温度,収縮などによるひび割れの発生についても考慮しなければならない.

しかし施工上の都合で,設計で定められた位置以外に打継目を設けることがある.この場合には計画書にその位置,方向,施工法を明記するとともに,構造物

の強度,耐久性などを損なうことのないようにしなければならない.また,コールドジョイントが発生しないよう,1施工区画の面積,コンクリートの供給能力,許容打重ね時間間隔などを定めなければならない.

a. 打込み準備

コンクリートの打込み前に,鉄筋,型枠,その他が施工計画で定められたとおりに配置されていることを確かめなければならない.また,コンクリートの打込み作業や打込み中のコンクリートの圧力によって,鉄筋や型枠が移動するおそれのないことも確かめることが必要である.

コンクリートの打込みの直前に,運搬装置,打込み設備,型枠を清掃して,コンクリート中に雑物が混入することを防がなければならない.打ち込んだコンクリートの水分が型枠に吸われると,型枠を取り外した後によい仕上げ面が得られないことが多い.そのため,コンクリートと接して吸水するおそれのあるところは,あらかじめ湿らせておかなければならない.ただし,ぬらしすぎて水がたまるようなことのないように注意を要する.

根掘り内の水は,打込み前にこれを除かなければならない.また,根掘り内に流入する水が新しく打ったコンクリートを洗わないように,適切な処置を講じておかなければならない.

b. 打込みの順序

1回に打ち込むコンクリートでは,コールドジョイントをつくらないため,硬化したコンクリートの上にコンクリートを打ち込むことを避けなければならない(下層のコンクリートと上層のコンクリートが一体化しないでできる境界面を**コールドジョイント**という).

1区画内のコンクリートは,打込みが完了するまで連続して打ち込まなければならない.1区画内が水平になり,支保工に偏圧がかからないように打ち込み,また高低差のある場合は,一般に低所から打ち始める.

コンクリートを供給する動線の奥から手前に向かって仕上げができるように打ち込むと,打ち終わったコンクリートを乱すことが少ない.

打込み高さに差のある構造物は,沈下ひび割れを防ぐため,図7.10のよ

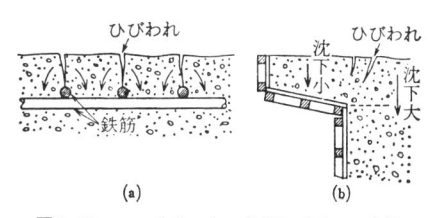

図7.10 コンクリートの沈下によるひび割れ

うに断面が変化する位置で打ち止め，沈下が落ち着くのを待って（1～2時間程度）から打ち継ぐ（3.7.b項参照）．

沈下ひび割れが発生した場合には，ただちにタンピングや再振動により，これを消さなければならない．発生後長時間してから行うと打ち込んだコンクリートの品質を害することもあるので，発生後間を置かずに行うことが重要である．

c．打込みの原則

練り混ぜてから打ち終わるまでの時間は，原則として外気温が25℃を越えるときで1.5時間，25℃以下のときで2時間を越えてはならない．

コンクリートの打込み作業に当っては，鉄筋の配置や型枠を乱してはならない．万一，配筋を乱した場合に備えて，打込み作業中も鉄筋工を配置しておくのがよい．また，打込み中の型枠の損傷に備えて型枠工も配置しておくことが望ましい．

打ち込んだコンクリートは型枠内で横移動させてはならない．コンクリートを型枠内で目的の位置から遠いところに下ろすと，目的の位置までコンクリートを移動させることが必要であるが，移動させるごとに材料分離する可能性があるので，これを避けるために目的の位置に下ろすことが大切である．

打込み中に著しい材料分離が認められた場合には，材料分離を防止する手段を講じなければならない．

型枠が高い場合には，型枠に投入口を設けるか，縦シュートあるいはポンプ配管の吐出口を打込み面近くまで下げてコンクリートを打ち込まなければならない．この場合，シュート，ポンプ配管，バケット，ホッパーなどの吐出口と打込み面までの高さは，1.5m以下を標準とする．

コンクリートの打込み中，表面にブリーディング水がある場合には，適当な方法でこれを取り除いてからコンクリートを打ち込まなければならない．コンクリート表面にたまった水を取り除くために，スポンジやひしゃく，小型水中ポンプなどを用意しておくとよい．

壁または柱のような高さが大きいコンクリートを連続して打ち込む場合には，打込みおよび締固めの際に発生するブリーディングの悪影響をできるだけ少なくするように，コンクリートの1回の打込み高さや打上り速度を調整しなければならない．打上り速度は断面の大きさ，コンクリートの配合，締固め方法などによって変えることが望ましいが，一般の場合30分につき1～1.5m程度を標準とする．

コンクリートを直接地面に打ち込む場合には，あらかじめ，ならしコンクリートを敷いておくのがよい．

d. 許容打重ね時間間隔

コンクリートの打込みは原則として，1区画の打込みが完了するまで連続して行う．しかしながら，現場によっては2層以上に分けて打ち込まなければならない場合がある．この場合，下層のコンクリートが固まり始めている場合に，そのまま上層コンクリートを打ち込むとコールドジョイントができるおそれがある．これを防ぐためには，コンクリートの種類，品質・性能，練混ぜから打込み終了までの経過時間，コンクリートの温度，締固め方法などの影響を考慮して，打重ね時間間隔を設定し管理することが大切である．特に，暑中コンクリートは凝結が早いため，通常のコンクリートに比べてコールドジョイントが生じやすいので，注意を要する．

コンクリートの許容打重ね時間間隔は，セメントの種類，混和剤の種類と使用量，コンクリートの温度，外気温などにより異なる．一般のコンクリートの場合，許容打重ね時間間隔は表7.3に示す値を標準とする．コールドジョイントが発生しやすくなる場合には，遅延形のAE減水剤などの使用，リフト高さの低減などの対策を講じる必要がある．なお，施工前に許容打重ね時間間隔の設定を行ったり，施工中に打込み継続の可否を判断する方法として，プロクター貫入試験，鉄筋やスランプ試験用突き棒挿入など現場で簡易的に行える試験方法がある．

表7.3 許容打重ね時間間隔の標準

外気温	許容打重ね時間間隔
25℃を越える	2.0時間
25℃以下	2.5時間

・打重ね時間間隔は，下層のコンクリートの打込みが完了した後，静置時間をはさんで上層のコンクリートが打ち込まれるまでの時間

7.4 締 固 め

コンクリートは，打込み作業中に十分に締め固めなければならない．これは，エントラップトエアを取り除き密実な組織をつくるためである．締固めは過度に行うと材料分離を伴うことがあるが，一般には締固め不足によるトラブルが多い．

a. 振動機の種類

内部振動機と外部振動機に大別されるが，一般に締固めには内部振動機を用い

ることを原則とする．内部振動機の使用が困難な場合には，型枠振動機を使用してよい．振動機は偏心錘を回転させることによって，振動を生じさせる．動力には，通常，交流電気を用いるが，圧縮空気やガソリンエンジンを動力とするものもある．

① 内部振動機：コンクリートの中に，直接差し込んで締め固めるもので，一般には円形断面の棒状のものが多い．「コンクリート棒形振動機」(JIS A 8610) では，振動部に直接モータを固定した直結型と，モータと振動部がフレキシブルシャフトで連結されたフレキシブル型とが規定されている．

② 外部振動機：外部からコンクリートに振動を伝える形式の振動機で，型枠振動機，振動台，表面振動機などがある．型枠振動機は，壁やトンネルの二次覆工コンクリートなど，内部振動機のみでは締固めが不十分になる場合に用いる．「コンクリート型枠振動機」(JIS A 8611) では，型枠外部に固定する形式と，手持ち式で型枠に押し付けて使用する形式とが規定されている．振動台は，主にコンクリート製品工場で用いられているが，型枠全体を振動させる振動機である．表面振動機は，コンクリート舗装のように薄くて広がりを持ったコンクリートを，表面からの振動で締め固めるものである．表面仕上げの機能を併せ持つのが普通で，フィニッシャーと呼ばれることもある．

b．振動締固め効果

締固めの効率は，振動の液状化作用の大小によって定まる．同一材料に対する液状化作用は，振動の加速度に比例すると考えてよいが，このことから締固め効果は振動数の2乗と振幅に比例することが予想できる．

図7.11に一例を示すように，振動と振幅数との組み合わせを適当に選定することにより，良好な締固めを行うことができる．

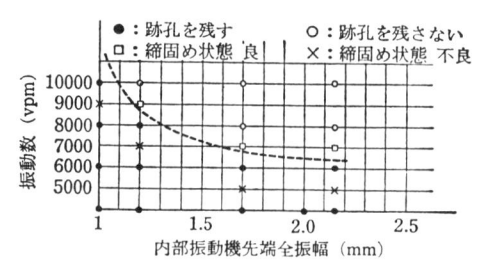

図7.11 振幅・振動数とコンクリートの締固め特性

内部振動機は，8000 rpm 以上の高振動数が用いられ，12000 rpm 程度までは，振動数の増加とともに締固め効果が増加する．型枠振動機は振動数が 3000 rpm 以上，最小振幅が無負荷時に 0.5〜3 mm で，低振動数，高振幅の形式が一般に用いられ，3 g 以上の加速度が得られるのが条件である．

c．締固め作業

コンクリートは，打込み後速やかに十分締め固め，コンクリートが鉄筋の周囲と型枠のすみずみに行き渡るようにしなければならない．

せき板に接するコンクリートは，できるだけ平坦な表面が得られるように打ち込み，締め固めなければならない．

内部振動機は，振動締固めに当っては，内部振動機を下層のコンクリート中に 10 cm 程度挿入する．鉛直に挿入し，その間隔は振動が有効と認められる範囲の直径以下の一様な間隔とし，一般に 50 cm 以下とするとよい．1か所当りの振動時間は 5〜15 秒とする．引抜きは，後に穴が残らないように徐々に行う．コンクリートを横移動させるために内部振動機を用いてはならない．

振動機の形式，大きさ，数は，1回に締め固めるコンクリートの全容積を十分に締め固めるのに適するよう，部材断面の厚さ，面積，1時間当りの最大打込み量，粗骨材の最大寸法，配合，特に細骨材率，コンクリートのスランプなどに適応するように選定する．内部振動機 1 台当りの締め固められるコンクリートの容積は，小型のもので 4〜8 m³/h，大型のもので 30 m³/h 程度である．

d．再振動

再振動とは，コンクリートをいったん締め固めた後，適切な時期に再び振動を加えることである．再振動を行う時期は適切に定めておくことが必要である．再振動を適切な時期に行うと，コンクリートは再び流動性を帯びてコンクリート中にできた空隙や余剰水が少なくなり，コンクリート強度や鉄筋との付着強度の増加，沈下ひび割れの防止などに効果がある．

再振動を行う適切な時期は，再振動によってコンクリートが締固めできる範囲でなるべく遅い時期がよい．ただし，遅くなりすぎるとコンクリート中にひび割れが残るなどの問題が生ずる．また，振動の影響が，すでに凝結を始めたコンクリート内の鉄筋に伝達されて，その周辺のコンクリートに損傷を与えないようにする必要がある．

7.5 養　　生

打込み後のコンクリートが，セメントの水和反応により十分に強度を発現し，ひび割れを生じないようにするためには，打込み後一定期間は，コンクリートを適当な温度のもとで十分な湿潤状態に保ち，かつ有害な作用の影響を受けないようにしなければならない．このための作業をコンクリートの養生という（p.76，図4.3参照）．

a. 湿潤養生

コンクリートが強度を発現するためには，硬化の初期に湿潤状態を保ち，日光の直射，風などによる水分の逸散を防がなければならない．このため，コンクリートの露出面は，養生マット，布などを濡らしたもので覆うか，または散水，湛水を行う．湿潤状態に保つ期間は，表7.4を標準とする．

その他のセメントを使用する場合や工事の期間，施工方法などによって養生期間を定める場合には，構造物の種類，位置，気象条件などを考慮し，試験によって確認したうえで決定することが望ましい．

湿潤養生の一つに**膜養生**がある．一般に，養生マット，布などで湿布養生したり，散水したりするなどの湿潤養生が困難な場合や，湿潤養生が終わったのち，さらに長期間にわたって水分の逸散を防止するために行い，コンクリート表面を膜養生剤を散布あるいは塗布して水の蒸発を防ぐ養生方法である．膜養生で水密な膜をつくるためには，十分な量の膜養生剤を適切な時期に均一に散布する必要があるので，使用に先立ち，散布量，施工方法などについて，試験により確認するのがよい．膜養生剤はビニル乳剤その他が用いられ，コンクリート表面の水光りが消えた直後に散布するのがよい．やむをえず散布が遅れるときは，膜養生剤を散布するまでコンクリート表面を湿潤に保ち，膜養生剤を散布する場合には，鉄筋や打継目などに付着しないようにする必要がある．

表7.4 養生期間の標準[1]

日平均気温	普通ポルトランドセメント	混合セメントB種	早強ポルトランドセメント
15℃以上	5日	7日	3日
10℃以上	7日	9日	4日
5℃以上	9日	12日	5日

膜養生剤が具備しなければならない性質としては，①湿気を通さない能力を持つこと，②散布あるいは塗布が用意で作業性に優れ，人体に無害であること，③コンクリートによく付着すること，④風雨，日照などの気象作用に対して十分な耐久性を有すること，⑤被覆材などとの付着を阻害しないこと，などがある．

b．温度制御養生

コンクリートを硬化に必要な温度条件に保ち，低温，高温，急激な温度変化などによる有害な影響を受けないように，打込み後一定時間コンクリートの温度を制御する養生を温度制御養生という．

外気温が著しく低い場合には，コンクリートの水和反応が阻害され，強度発現が遅れ，初期凍害を受けるおそれがある．そのため給熱または保温による温度制御をある一定期間以上行う必要がある．日平均気温が4℃以下になる場合は，寒中コンクリートとして扱う必要がある．

外気温が著しく高い場合，部材寸法が大きく温度上昇が大きくなる場合などには，パイプクーリングや表面保温を行って，ひび割れの発生を防ぐ必要がある．日平均気温が25℃以上になる場合は，暑中コンクリートとして扱う必要がある．

c．有害な作用に対する保護

まだ十分に硬化していないコンクリートは，衝撃や過大な荷重，振動などによって，ひび割れなどの損傷を受けやすいのでその上に材料などを置いたり，重量物を落下させたりしないようにすることが必要である．有害な作用には，打込み作業中のにわか雨，養生用水の水質，給熱養生用ヒーターの過熱などがある．

コンクリートが十分に硬化していないときに海水に洗われると，モルタル分の流失，その他の被害を受けるおそれがあるので，十分に硬化して強度と水密性がある程度以上確保されるまで直接海水にあてることは避けなければならない．養生期間は原則として表7.4に示す値でよい．

7.6 継　　　目

a．継目の種類

継目は，**打継目**と**伸縮継目**とに大別される．

打継目は，主として施工上の制約によって，施工区間を設ける必要から生ずる．設計時に定められる場合と，施工時に設ける場合とがある．また，**水平打継**

目と**鉛直打継目**とに分けられるが，前者は一般に打上り上面となり，せき板に接しない面になる点で後者と異なる．

伸縮継目は，温度変化や収縮などの構造物の変形を考慮して，設計上の要請から設けられるもので，一般にその位置や構造が設計図に明示されるのが普通である．ときには，基礎の不等沈下や振動の悪影響を避けるために設けられることもある．

b．継目の設計・配置

打継目は，できるだけせん断力の小さな位置に設け，打継目を部材の圧縮力の作用方向と直角にするのを原則とする．やむを得ず，せん断力の大きな位置に打継目を設ける場合には，打継目にほぞまたは溝をつくるか，適切な鋼材を配置して，これを補強しなければならない．

打継目の施工においては，設計で定められた継目の位置および構造は，これを守らなければならない．設計で定められていない継目の施工においては，構造物の強度，耐久性，水密性，外観を害さないように，施工計画書で定められた位置，方向，施工方法を守らなければならない．

外部からの塩分によって被害を受けるおそれのある海洋・港湾コンクリート構造物などにおいては，打継目はできるだけ避けるのがよい．やむをえずこれを受ける場合には，満潮位から上 60 cm と干潮位から下 60 cm との間の干満潮部分を避けるのを原則とする．

水密を要するコンクリートにおいては，所要の水密性が得られるように適切な間隔で打継目を設けなければならない．

c．水平打継目の施工

水平打継目の型枠に接する線は，できるだけ水平な直線になるようにしなければならない．旧コンクリートの表面のレイタンス，品質の悪いコンクリート（水中施工やプレパックドコンクリートでは厚くなる），ゆるんだ骨材粒などを取り除いてから，打ち継ぐことが必要である．

旧コンクリート表面の処理方法には，硬化前処理方法と硬化後処理方法，これらを併用する方法がある．

硬化前処理方法は，旧コンクリートが固まる前に高圧の空気と水でコンクリート表面の薄層を除去する．時期を誤るとコンクリートを害するおそれがあるので注意が必要である．表面に遅延剤を使用して処理を行いやすくする方法がある．

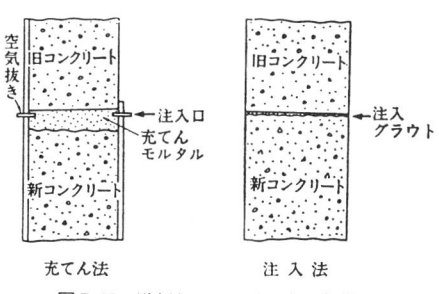

図7.12 逆打ちコンクリートの打継ぎ

硬化後の処理方法は，硬化初期には上記と同様の方法が用いられる（**グリーンカット**という）．硬化が進んだ場合にはサンドブラストやショットブラストが用いられる．また，電動式ワイヤブラシや人力によるワイヤブラシがけが行われることもある．

新コンクリートの打込みに際しては，旧コンクリートを十分に吸水させておき，セメントペーストを塗るか，モルタルを敷いて，新旧コンクリートの境界面をよく締め固める．

水平打継目の特殊な例として，**逆打ちコンクリート**がある．地中構造物などで上部から下方に打ち継いで施工するコンクリートを逆打ちコンクリートと呼ぶ．逆打ちコンクリートの打継目は，新コンクリートのブリーディングや沈下によって一体とならないため，（3.7.b項参照），水平打継目は，図7.12のような工法を用いて一体化させる．充てん法は打継目より若干下で打ち止めた隙間に，膨張材やアルミ粉末を混入したモルタルを充てんする．注入法はあらかじめ埋設した注入管により，ペーストなどを充てんする方法である．充てん法や注入法は2段工程となり工期がかかるのが欠点である．

上記に代わる方法として，新コンクリートにアルミ粉末を混入して硬化前に膨張性を与える方法が考案された．この方法はアルミニウムの反応が打込み作業中に完了してしまわないように，反応速度を遅らせることによって可能になった工法である．

d．鉛直打継目の施工

すでに打ち込まれ硬化したコンクリートの打継面は，ワイヤブラシで表面を削るか，サンドブラストやチッピングなどで粗にし十分に吸水させ，セメントペースト，モルタルあるいは湿潤面用エポキシ樹脂などを塗った後，新しくコンクリ

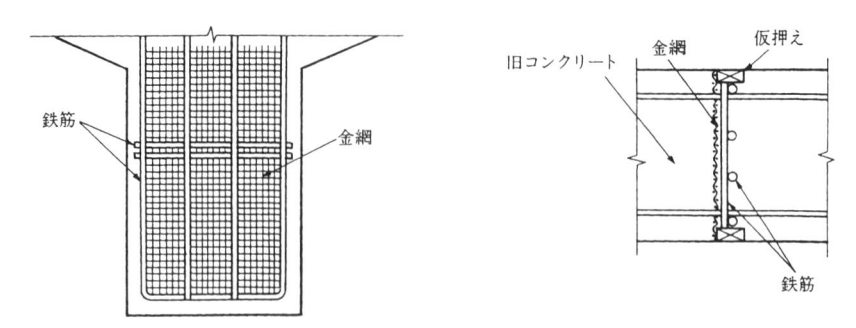

図 7.13 金網を用いた鉛直打継ぎ[1]

ートを打ち継がなければならない．打継面の型枠に金網などを用いて，鉛直打継目の目あらしを省略する方法もある（図7.13）．この場合，金網は 15 mm 程度のものを用い，鉄筋などで格子状に支持する方法が用いられる．

コンクリートの打込みにあたっては，打継面が十分に密着するように締め固めなければならない．また，新しいコンクリートの打込み後，適当な時期に再振動締固めを行うのがよい．水密性を要するコンクリートの鉛直打継目では，止水板を用いるのを原則とする．

e．その他の構造上の打継目

床組と一体になった柱または壁の打継目は，床組との境界の付近に設けることを標準とし，ハンチは，床組と連続してコンクリートを打たなければならない．張り出し部分を持つ構造物の場合も同様にして施工する．

床組における打継目は，スラブまたは梁のスパンの中央付近に設けることを標準とする．梁がそのスパンの中央で小梁と交わる場合には，小梁の幅の約 2 倍の距離を隔てて，梁の打継目を設け，打継目を通る斜めの引張鉄筋を配置して，せん断力に対して補強しなければならない．

アーチの打継目は，アーチ軸に直角となることを原則とする．やむをえず，アーチ軸に平行な方向に鉛直打継目を設ける場合には，打継目の位置，補強方法などについて十分に検討したうえで，これを設けるものとする．

f．エポキシ樹脂による新旧コンクリートの一体化

打継面を完全に一体化したい場合には，湿潤面用エポキシ樹脂を旧コンクリートに塗り，樹脂が硬化しないうちに新コンクリートを打ち継ぐ方法が有効である．この方法で打ち継ぐと打継面は通常，剝離を起こさない．ただし，20℃ 前

後の気温で樹脂のポットライフは1時間前後であるから，この間に作業を完了できない場合には，エポキシ樹脂の表面にけい砂をまぶす方法が用いられる．

g．伸縮継目の施工

伸縮継目では，相接する構造物の両端を完全に絶縁しなければならないが，構造物の種類によっては，コンクリートだけを絶縁し鉄筋を通す場合もある（特に**メナーゼヒンジ**という）．各種伸縮継目を図7.14に示す．

伸縮継目の位置で，段違いが生ずるおそれのある場合には，ほぞまたは溝を設けるか，スリップバーが用いられる．伸縮継目の間隙に土砂などが入り込むおそれのある場合には，目地材を充てんする．また水密性を要する構造物の伸縮継目には，適度の伸縮性を持つ止水板を用いる．止水板にはプラスチック製のものが多く用いられるが，金属板が用いられることもある．

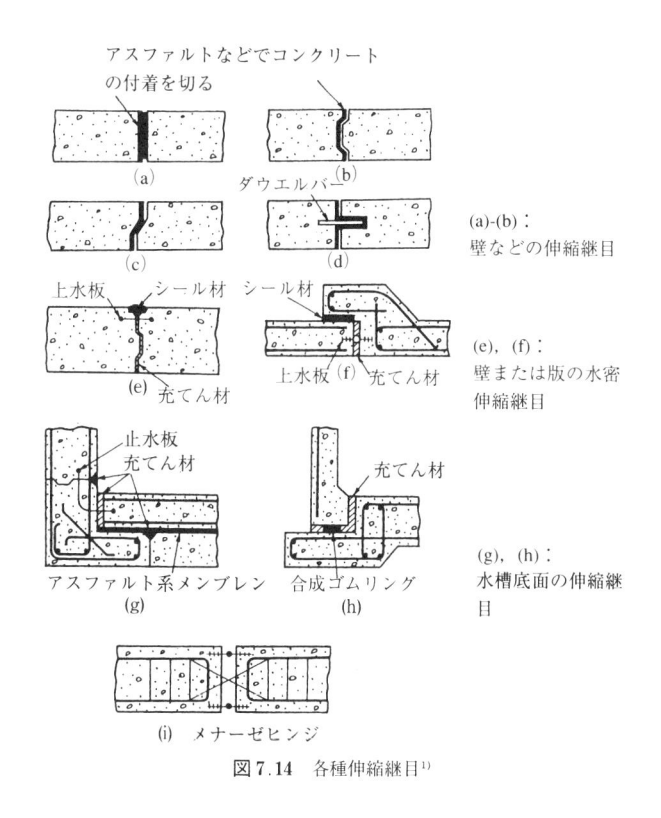

図7.14　各種伸縮継目[1]

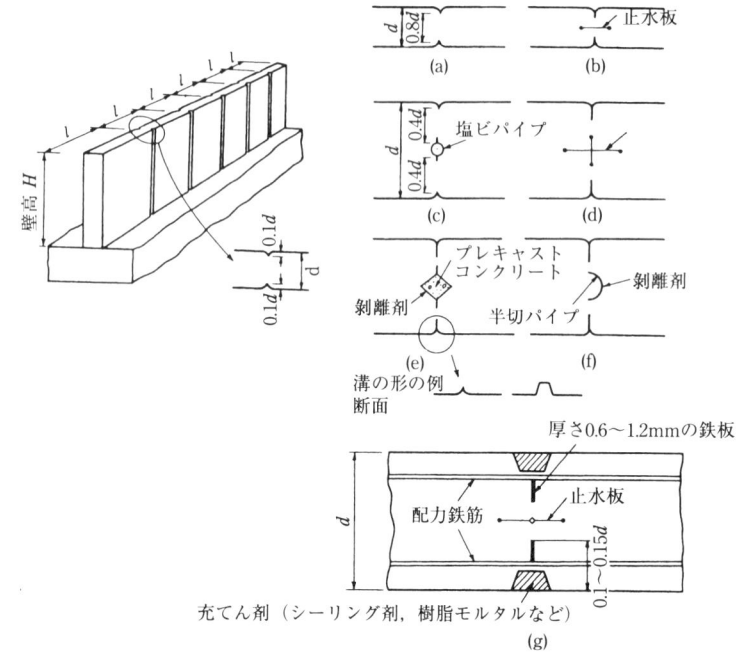

図7.15 ひび割れ誘発目地[1]

h．ひび割れ誘発目地

ひび割れが避けられないと考えられるコンクリート構造物の場合，所定の間隔で断面欠損部を設けておき，あらかじめ定めた位置にひび割れを起こさせる目的で設けるのが，**ひび割れ誘発目地**である．一般的には，誘発目地の間隔は，コンクリート部材高さの1～2倍程度とし，その断面欠損率は20%以上とするのがよい．ひび割れ誘発目地の一例を図7.15に示す．

また，水密構造物にひび割れ誘発目地を設ける場合は，その位置にあらかじめ止水板を設置しておくなどの止水対策を施しておくのがよい．

7.7 鉄　筋　工

a．鉄筋の加工

鉄筋は，設計図に示された形状・寸法に正しく一致するように，材質を害さない方法で加工しなければならない．このため，鉄筋は常温で加工することを原則とし，適切な曲げ機械を用いることが望ましい．

設計図に曲げ半径が示されていない場合は，表7.5に示した曲げ内半径以上で鉄筋を曲げなければならない．

溶接した鉄筋を曲げ加工する場合には，溶接した部分から鉄筋直径の10倍以上離れた箇所で曲げるのが望ましい．

いったん曲げ加工した鉄筋を曲げ戻すと材質を害するおそれがある．この傾向は鉄筋が高強度であるほど，太いほど，気温が高いときほど，長時間曲げておくほど大きくなる（**時効脆性**という）．

表7.5 フックの曲げ内半径[4]

種類		曲げ内半径 r	
		フック	スターラップおよび帯鉄筋
普通丸鋼	SR 235	2.0ϕ	1.0ϕ
	SR 295	2.5ϕ	2.0ϕ
異形棒鋼	SD 295 A,B	2.5ϕ	2.0ϕ
	SD 345	2.5ϕ	2.0ϕ
	SD 390	3.0ϕ	2.5ϕ
	SD 490	3.5ϕ	3.0ϕ

b．鉄筋の組み立て

鉄筋は正しい位置に配置し，コンクリート打込みの際に移動しないよう堅固に組み立てなければならない．このため必要に応じ組立用鋼材を用い，鉄筋の交点の要所は直径0.8 mm以上の焼きなまし鉄線または適切なクリップで緊結しなければならない．組み立ての許容誤差は部材の寸法，構造物の重要度，誤差の方向などで異なるが，かぶりや有効高さが変化する場合は5 mm，折曲げ，定着，継手などの位置は20 mm程度と考えてよい．

鉄筋あるいは緊張材やシースの表面とコンクリート表面の最短距離で計ったコンクリートの厚さをかぶりと呼ぶ．かぶりを正しく保つため適切な間隔でスペーサーを配置しなければならない．型枠に接するスペーサーは原則として，コンクリート製またはモルタル製のものを使用する．

縦横に鉄筋が交差する箇所や，継手の位置などでは図面どおりの配置が不可能になることが起こりうる．このような場合で，所定の位置から鉄筋をずらして配置する場合には，①かぶりを確保できること，②打込み時にコンクリートの充てんを阻害しないこと，③設計上必要な鉄筋の位置に有害な誤差が生じないこと，などを確認する．

c．鉄筋の継手

鉄筋は通常適当な長さに切断された状態で，現場に運搬されるので，組み立てに当ってこれを継手により延長することが必要になる．

設計図に示されていない鉄筋の継手を設けるときには，継手の位置と設置方法は，コンクリート標準示方書[5]の「一般構造細目」に従わなければならない．

鉄筋の重ね継手は，所定の長さを重ね合わせて，直径 0.8 mm 以上の焼きなまし鉄線で数か所緊結することを原則とする．

鉄筋の継手に．圧着継手，ねじふし鉄筋継手，ねじ加工継手，溶融金属充てん継手，モルタル充てん継手，自動ガス圧接継手，エンクローズ溶接継手，アモルファス接合継手などを用いる場合は，それぞれの継手指針の規定に従わなければならない．

将来の継足しのために，構造物から露出しておく鉄筋は，損傷，腐食などを受けないように，これを保護しなければならない．

d． 鉄筋の防錆

耐腐食性向上のため，エポキシ樹脂塗装鉄筋，亜鉛めっき鉄筋などが開発され，コンクリートに混和する防錆剤も市販されている．Cl^- イオンが外部から浸透することが予想される海洋域や凍結防止剤使用地帯での鉄筋コンクリート構造物では，防錆に対する考慮が重要になる．鉄筋の材質自体によって耐食性を高めようとする研究開発も進められている．

7.8 型枠と支保工

型枠はせき板，ばた材，締付け金具，付属金具などで構成され，支保工は支柱部材と梁部材で構成される（図 7.16，7.17）．

型枠と支保工は所定の強度と剛性を有するとともに，完成した構造物の位置，形状，寸法が正確に確保でき，所定の性能を有するコンクリートが得られるもの

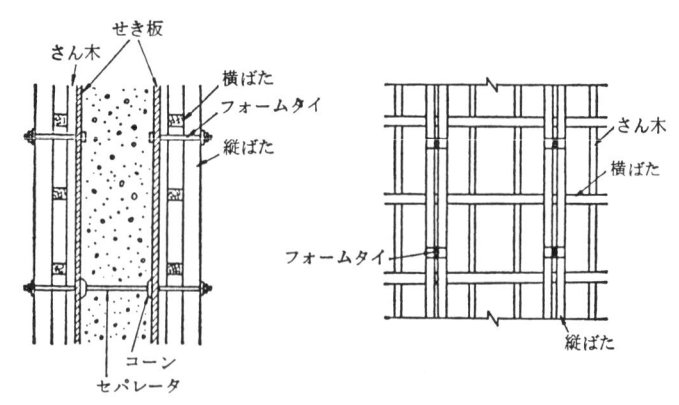

図 7.16 型枠の構成

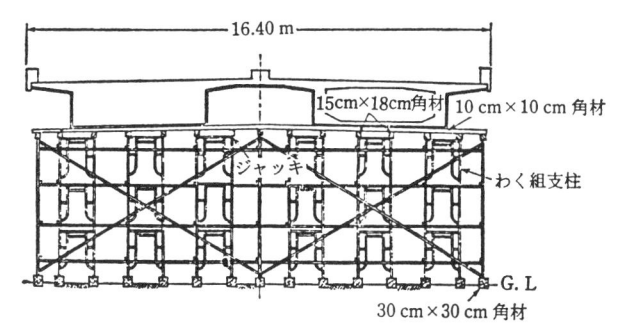

図7.17 支保工

でなければならない．また，組み立てや取り外しが容易で，繰り返し使用に対して耐久性を有することが必要である．

a．型枠と支保工の材料と構造

1) 型枠と支保工の材料　鋼管支柱は「パイプサポート」(JIS A 8651) に，鋼管型枠パネルは「金属製型枠パネル」(JIS A 8652) に，コンクリート型枠用合板は JAS (日本農林規格) に規定されている．鋼製型枠は，一般に**メタルフォーム**と呼んでいる．せき板の材料としては，軽金属のアルミ合金，プラスチック，硬質紙などが使われる．最近，地球環境問題への対応策の一環として型枠用合板の材料をラワンなどの南洋材から針葉樹林に変える傾向がある．針葉樹材は，節が多くてそり変形しやすく，樹液によるコンクリートの硬化不良をひき起こすおそれがあり，コンクリートへの対策を講じて使用する必要がある．

表7.6に，せき板材料による各種型枠の特徴と標準転用回数を示す．型枠の経済性は，転用回数に大きく左右されるが，打込みの工程や工事量との関係もあって，一概に転用回数の多いものがよいとは限らない．

2) 型枠の構造　木質型枠ではせき板の剛性を高めるため，さん木が用いられ，その外側に横ばた，縦ばたを通して緊結する．鋼製パネルは，さん木の役目をするリブが設けらているので，リブどうしをUグリップ，Lピンなどでつないで長尺の面板をつくる．その外側に形鋼製の横ばた，縦ばたを配して緊結する (図7.18)．

緊結には図7.18に示したようにセパレーターを用いるが，せき板の内側にはテーパーコンを取り付け，脱型後取り外して，モルタルあるいはプラグを埋め込んで処理する．

表7.6 せき板材料別の各種型枠の特徴と標準転用回数[2]

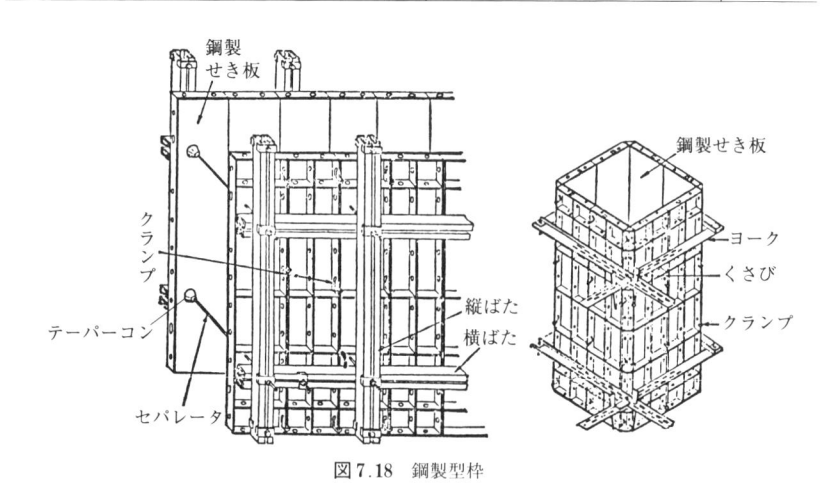

	利 点	欠 点	標準転用回数
木製型枠	加工性がよい 保湿性，吸水性を有する	強度，剛性が小さい 耐久性が低い セメントペーストが漏出しやすい	3〜4回
合板型枠	コンクリートの仕上がり面がきれい 鋼製型枠よりも加工性がよい 経済的	鋼製型枠に比べ転用数が少ない	4〜8回
鋼製型枠 (メタルフォーム)	転用数が多い 組立・解体が容易 強度が大	加工性が悪い 重い 保温性が悪い さびやすい	30回以上
アルミニウム合金型枠	鋼製型枠に比べて計量 転用数が多い 赤褐色のさびが出ない	高価 鋼製型枠に比べて剛性が小さい コンクリートが付着しやすい	50回以上
プラスチック型枠	軽い 複雑な形状のものを量産可能 透明なものも作れる	衝撃に弱い 比較的高価 熱や太陽光線に対して不安定	20回以上

図7.18 鋼製型枠

b. 型枠と支保工にかかる荷重

1) 鉛直方向の荷重 鉛直方向の荷重としては，型枠・支保工の自重，コンクリート，鉄筋，作業員，施工機械器具，仮設備などの重量と衝撃を考えなければならない．型枠・支保工の計算に用いるコンクリートの単位容積質量は，普通

コンクリートでは 2.40 t/m³, 骨材の一部あるいは全部に人工軽量骨材を用いた場合は 1.90 t/m³ と 1.70 t/m³ を標準とする. 鉄筋コンクリートでは, さらに鉄筋の質量として 0.15 t/m³ を加算しなければならない. 死荷重以外の重量と衝撃は, 一般に等分布荷重に置き換えて計算するが, 2.5 kN/m² と考えてよい.

 2) **水平方向の荷重**　支保工に作用する水平方向の荷重としては, 作業時の振動, 衝撃, 偏載荷重などがあり, 支保工頂面あるいは側面に水平方向に作用すると考えられる. 一般に, 型枠がほぼ水平で, 支保工をパイプサポート, 単管支柱, 組立鋼柱, 支保梁などを用いて現場合わせで組み立てる場合には, 設計鉛直荷重の 5%, 支保工を鋼管型枠支柱によって工場製作精度で組み立てる場合には, 設計鉛直荷重の 2.5% に相当する水平荷重が支保工頂部に作用するものと仮定する. このほか, 風や流水または地震の影響を大きく受けるときは, 別途にこれらを考慮しなければならない.

 3) **型枠に作用する側圧**　型枠にはフレッシュコンクリートの側圧が作用する. 側圧は, コンクリートの種類, 配合, 打込み速度, 打込み高さ, 締固め方法, コンクリートの温度などによって異なる. また, 使用した混和剤, 部材の断面寸法, 鉄筋量などによっても影響を受ける. 特に, 流動化コンクリートや高性能 AE 減水剤を使用したコンクリート, 高流動コンクリートのような流動性の高いコンクリートの側圧は, 液圧に近い側圧分布を示し, 一般の場合よりも大きな

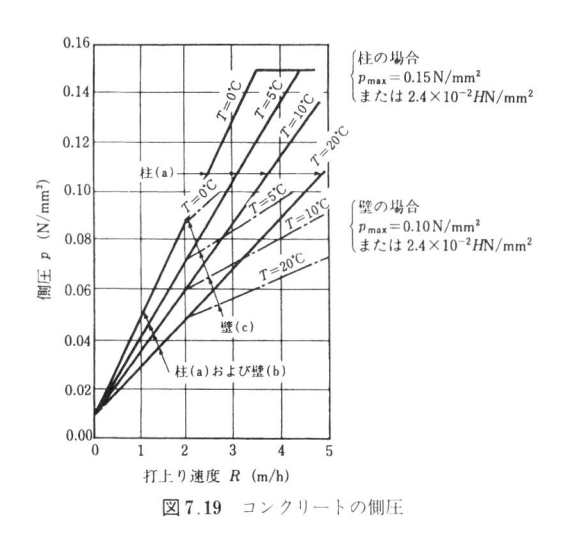

図 7.19　コンクリートの側圧

値となるので注意を要する．

普通ポルトランドセメントを使用し，単位容積質量 2.40 tf/m³，スランプ 10 cm 以下のコンクリートを内部振動機を用いて打ち込む場合には，図 7.19（p. 165）に示す値または $2.4 \times 10^{-2} H$ (N/mm²) で，H は考えている点より上のコンクリートの高さ (m) の小さい方の値としてよい．

柱では 0.15 N/mm²，壁では 0.1 N/mm² が上限値であるが，高さ方向の側圧分布は，最大値までが三角形分布（直線的増加），それ以上の深さでは一定として計算する．

c. 型枠と支保工の設計

1) 許容応力 労働安全衛生規則 241 条では，型枠支保工用材料の許容応力は，それぞれ表 7.7, 7.8 に示すとおりである．

2) 型枠の設計 せき板またはパネルの継目は，部材軸に直角または平行に設け，継目からモルタルが漏れない構造とする．型枠の清掃，検査，コンクリートの打込みに便利なように，適当な位置に一時的に開口部を設ける．型枠の角には，特に指定のない場合でも適当な面取り材を付ける．

3) 支保工の設計 支保工の鉛直荷重に対し十分な強度を持ち，水平方向荷重や座屈に対して安全であることが必要である．このため，つなぎ材，すじかいなどを用いて支柱を固定しなければならない．

支保工の基礎は過度の沈下や不等沈下を生じないよう，地盤の影響を考慮しな

表 7.7 鋼材の許容応力[1] (N/mm²)

種 類	許容応力
引張り，圧縮，曲げ	降伏強さの値，または引張強さの 3/4 の値のいずれか小さい値の 2/3 の値以下
せん断	降伏強さの値，または引張強さの 3/4 の値のいずれか小さい値の 38/100 の値以下
座屈	次の式で求められた値以下 $l/i \leq \Lambda$ の場合：$\sigma_c = \dfrac{1 - 0.4\{(l/i)/\Lambda\}^2}{\nu} F$ $l/i > \Lambda$ の場合：$\sigma_c = \dfrac{0.29}{\{l/i\}^2} F$ ここで l：支柱の長さ（支柱が水平方向の変位を拘束されているときは，拘束点間の長さのうち最大の長さ）(mm)，i：支柱の最小断面二次半径(mm)，Λ：限界細長比 $= \sqrt{\pi^2 E / 0.6 F}$．ただし，π：円周率，E：当該鋼材のヤング係数 (N/mm²)．σ_c：許容座屈応力の値 (N/mm²)，ν：安全率 $= 1.5 + 0.57\{(l/i)/\Lambda\}^2$，$F$：当該鋼材の降伏強さの値，または引張強さの値の 3/4 の値のうちいずれか小さい値 (N/mm²)．

表7.8 木材の許容応力[1] （N/mm²）

木材の種類		許容応力の値		
		曲げ	圧縮	せん断
針葉樹	あかまつ，くろまつ，からまつ，ひば，ひのき，つが，べいまつ，べいひ	13.5	12.0	1.0
針葉樹	すぎ，もみ，えぞまつ，とどまつ，べいすぎ，べいつが	10.5	9.0	0.7
広葉樹	かし	19.5	13.5	2.1
広葉樹	くり，なら，ぶな，けやき	15.0	10.5	1.5

・合板の許容応力の値としては，曲げ，圧縮，せん断について，それぞれ 16.5，13.5，1.05 N/mm² 程度を考えてよい．
・木材の繊維方向の許容座屈応力の値は，次式で求められた値以下とする．

$$l/i \leq 100 \text{ の場合}: f_k = f_c(1 - 0.007\, l_k/i)$$

$$l_k/i > 100 \text{ の場合}: f_k = \frac{0.3 f_c}{(l_k/100i)^2}$$

ここで，l_k：支柱の長さ（支柱が水平方向の変位を拘束されているときは，拘束点間の長さのうち最大の長さ）（mm），i：支柱の最小断面二次半径（mm），f_c：許容圧縮応力の値（N/mm²），f_k：許容座屈応力の値（N/mm²）．

けらばならない．

d．型枠と支保工の施工

1）上げ越し　型枠と支保工は，コンクリートの自重により変形が生じた後に規定の位置に規定の寸法の構造物が完成するよう，位置をずらしておかねばならない．支保工は，一般に沈下を予測して設計図の位置より高い位置に建て込むことが多く，この調整量を上げ越しと呼ぶ．自重によるクリープや地盤の圧密沈下を考慮する場合には，工程の影響を受けるので注意を要する．また温度変化，プレストレッシングの影響が重要になることもある．

一般に支保工の継手や接続部のなじみ，接触面のくい込みなどは，1か所当り 1～2 mm 程度である．

2）剥離剤　コンクリートが型枠に付着するのを防止し，型枠の取り外しを容易にするため，せき板内面に剥離剤を塗布する．剥離剤は，その主成分によって，パラフィン系，鉱物油系，動物油系，植物油系，合成樹脂系，界面活性剤系などに分類される．これらの剥離剤は，使用方法，塗布量や使用回数などに大き

表7.9 型枠と支保工の位置・形状寸法の検査[1]

項 目	検査方法	判定基準
平面位置	スケール,トランシットおよびレベルなどによる測定	許容誤差：±30 mm（標準）
計画高さ		許容誤差：±50 mm（標準）
部材長さ		許容誤差：設計寸法の±1% と±30 mm のうち小さい方の値（標準）
断面寸法		許容誤差：設計寸法の±2% と―10～＋20 mm のうち小さい方の値（標準）

な差異がある．型枠清掃時の水洗いや降雨などにより剥離剤が流出したり，打継部などが汚染されたり，剥離剤が打込み中のコンクリート内部に混入したりし，剥離効果が減少するおそれがある．木質せき板には防水性，鋼製せき板には防錆力を与えるものがよく，あらかじめ性質や使用方法を確かめたうえで，剥離剤を使用することが大切である．

3) **施工管理** コンクリートを打ち込む前および打込み中に，型枠と支保工の寸法や不具合の有無を管理しなければならない．型枠と支保工の位置や形状寸法の検査は，通常のコンクリート部材の位置や形状寸法の検査と同様であり，表7.9に示す許容誤差の範囲内に入るように施工管理しなければならない．型枠の不具合には，型枠のはらみ，モルタルの漏れ，移動，傾き，沈下，接続部のゆるみなどがある．支保工の不具合には，支保工の移動，傾き，沈下などがある．これらの異常が生じた場合には，必要に応じてただちに適当な措置を採り，危険を防止できるようにしておくことが大切である．打込み作業中に型枠や支保工が損傷したり倒壊する事故は少なくない．

e. 型枠と支保工の取り外し

型枠と支保工は，コンクリートの自重や施工中に加わる荷重を受けるのに必要な強度に達するまで，取り外してはならない．

取り外しの時期と順序は，セメントの種類，コンクリートの配合，構造物の種類，部材に作用する荷重，気象条件などを考慮して定める．一般に，鉄筋コンクリート構造物で，型枠と支保工の取り外しに必要なコンクリートの圧縮強度の参考値を表7.10に示す．

固定梁，ラーメン，アーチなどの不静定構造物では，コンクリートのクリープを利用すると，ひび割れの発生を少なくすることができる．そのため，コンクリートが所要の強度に達したら，なるべく早く型枠，支保工を取り外すのがよい．

表7.10 型枠と支保工の取り外しに必要なコンクリートの圧縮強度の参考値[1]

部材面の種類	例	コンクリートの圧縮強度(N/mm²)
厚い部材の鉛直に近い面，傾いた上面，小さいアーチの外面	フーチングの側面	3.5
薄い部材の鉛直に近い面，45°より急な傾きの下面，小さいアーチの内面	柱，壁，梁の側面	5.0
橋，建物などのスラブや梁，45°よりゆるい傾きの下面	スラブ，梁の底面，アーチの内面	14.0

取り外す順序は，まず自重の影響を受けにくい柱，壁などの鉛直部材の型枠を外し，次にスラブ，梁などの水平部材の支保工と型枠の取り外しを行う．

f．特殊型枠による施工法

1) スリップフォーム　コンクリートが自重に耐えられる程度に硬化した時期に型枠が外れるように，一定の速度で型枠を滑動させる工法で，一般にサイロ，水槽，タワー，橋脚などの鉛直構造物に用いられる．ときには水路などを対象として水平または斜め方向に滑動させたり，トンネルの覆工に使用するトンネル型枠に適用する場合もある．この工法では，コンクリートに打継目を設ける必要がないので，打継ぎによる温度ひび割れをなくすことができる．

型枠を滑動させる力としては，コンクリート自重や仮設部材の重量のほか，型枠とコンクリートの間の滑動抵抗力を考えなければならない．

滑動は所定の施工区分が終了するまで継続して行うことが必要であり，コンクリートの強度発現に見あった滑動強度を選定することが重要である．圧縮強度の目安として脱枠直後に作用する荷重の2倍に耐えられる強度を用いる．

2) 埋設型枠　ポリマーセメントモルタル，ポリマー含浸コンクリート，繊維補強コンクリートなどにより製作され，そのまま部材の一部として使用される型枠を埋設型枠という．一般に薄い部材であるため，運搬中や設置中に自重や衝撃などによりひび割れやかけを生じる

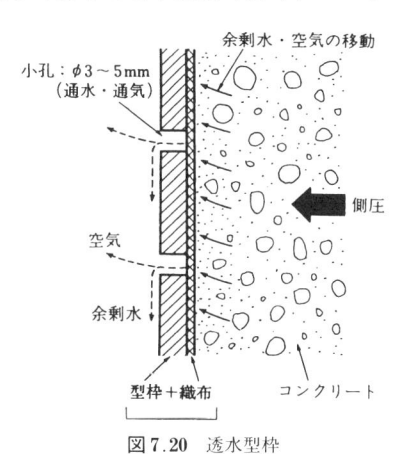

図7.20 透水型枠

7. コンクリートの施工

側面図／断面図／平面図　移動吊支保工例

可動支保工による架設要領図

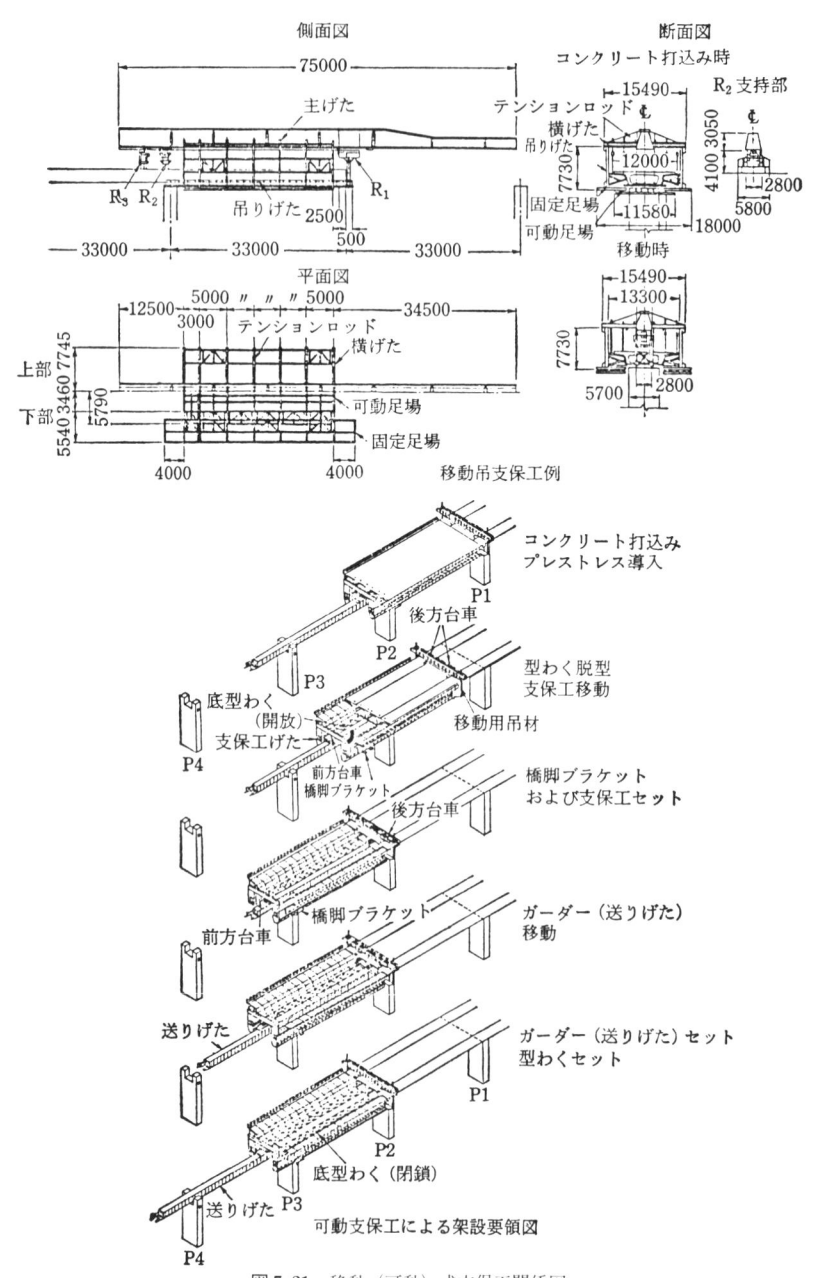

図7.21　移動（可動）式支保工関係図

可能性があり，運搬方法や吊上げ方法には注意が必要である．また，埋設型枠は一般に剛性が小さいので，打設したコンクリートの側圧により，ひび割れが生じないように事前に十分検討し，必要により補強するのがよい．

3) 透水（吸水）型枠　表層部コンクリートの水セメント比を低減させるとともに表面の気泡やあばたも減少させて，構造物の表面部の密実性を向上させる型枠を透水（吸水）型枠（p.169，図7.20）という．特に耐久性を要求する構造物に使用される．薄いコンクリート部材に使用する場合は，型枠の存置期間を長くし，十分な湿潤養生を行い初期乾燥を避けることが特に大切である．また，透水や吸水を目的として型枠内に貼り付ける繊維類は，たるみやしわが生じないように接着テープやホッチキスなどで型枠面に確実に固定するとともに，転用にあたっては，その機能が発揮できるように，目詰まりなどを除去してから使用しなければならない．

4) 移動支保工　移動支保工は，型枠，支保工桁，手延べ桁，それらの荷重を既設部分または地上に伝える荷重支持装置，支保工の移動や昇降のための装置などを必要に応じて組み合わせて構成されている．形式には，可動支保工，移動吊り支保工，張出し仮設の移動作業車，移動式架設桁など各種のものがある（図7.21）．支保工と同時に型枠も移動する形式のものが多い．

7.9　仕　上　げ

コンクリートの外観を一様に仕上げるためには，材料，配合，コンクリートの打込み方法，締固め方法などを変えないようにし，あらかじめ定めた区画のコンクリートを連続して打ち込むことが必要である．

a．仕上り面の表面仕上げ

締固めを終わり，ほぼ所定の高さ，形にならしたコンクリートの上面は，ブリーディング水がなくなる時期に仕上げるのがよい．上面に水が残る場合には，上面の水を取り除いた後に仕上げるものとする．仕上げには木ごて，金ごてまたは適当な仕上げ器具や機械を用いるものとする．仕上げ作業は，過度にならないように注意しなければならない．

仕上げ作業後，コンクリートが固まり始めるまでの間に発生した沈下ひび割れは，タンピングまたは再仕上げによって，これを取り除かなければならない．

滑らかで密実な表面を必要とする場合には，作業が可能な範囲で，できるだけ

遅い時期に，金ごてで強い力を加えてコンクリート上面を仕上げるものとする．

b．すりへりを受ける面の仕上げ

水路，排砂路などのすりへりを受ける面を仕上げる場合には，所要の強度を有するコンクリートを入念に締め固めて平らに仕上げた後に，一般の場合より長期間湿潤に保って，十分な養生を行わなければならない．

c．特殊な仕上げ

特殊な仕上げを行う場合には，断面欠損，組織のゆるみなど構造物全体に悪影響を及ぼさないようにしなければならない．特殊な仕上げには，単体仕上げ，みがき出し仕上げ，洗出し仕上げ，砂吹付け仕上げ，工具仕上げ，モルタル塗り仕上げ，テラゾー仕上げ，モルタル吹付け仕上げ，塗装仕上げなど，種々の方法がある．

d．仕上げ面の不具合の処置

せき板に接する面の表面状態が良好でない場合，また工事が終了するまでに発生したひび割れは，表7.11に示す表面状態の検査後に，必要に応じて適切な補修・補強を行わなければならない．

コンクリート表面にできた突起，すじなどは，これを除いて平らにし，豆板，欠けた箇所などは，その不完全な部分を取り除いて水で濡らした後，適切な配合のコンクリートまたはモルタルのパッチングを施して平らに仕上げるのがよい．

工事中に発生したひび割れには，構造上あるいは耐久性上重大な影響を与えるものもあるので，その原因を検討するとともに，必要に応じて適切な補修・補強を行う必要がある．

表7.11 表面状態の検査[1]

項　目	検査方法	判定基準
露出面の状態	目　視	平坦で豆板，すじ，気泡などによる欠陥，かぶり不足の徴候などが認められず，外観が正常であること
ひび割れ	スケールによる測定	構造物の要求性能を損なわない許容値の範囲内であること
打継目	目視とスケールによる測定	新旧コンクリートの一体性が保たれていると判断されること

7.10 寒中コンクリートの施工

　日平均気温が 4℃ 以下になる気象条件のもとで施工するコンクリートは，寒中コンクリートとしての考慮が必要である．

　寒中コンクリートの施工では，特に以下の 3 点を遵守しなければならない．
① 凝結硬化の初期に凍結させない．
② 養生終了後，暖かくなるまでに受ける凍結融解作用に対して十分な抵抗性を保持させる．
③ 工事中の各段階で予想される荷重に対して十分な強度を確保させる．

a．材料と配合

　セメントの種類は，初期強度に大きな影響を与える．気象作用が激しい場合には，早強ポルトランドセメントの使用が望ましいが，一般には普通ポルトランドセメントを用いるのを標準とする．

　配合設計では，所要のワーカビリティーが保てる範囲内で単位水量をできるだけ少なくするのが基本である．

　AE 剤や AE 減水剤によって適量の連行空気（エントレインドエア）を混入することは，凍結に対する抵抗性を高めるうえで効果的である．また，高性能減水剤や高性能 AE 減水剤を用いて水セメント比を小さくすることも有効である．

b．打込み温度の管理

　凍結を防止し強度発現に必要な温度条件を保つためには，打込み完了までの熱損失を考慮して，コンクリートの練上り温度を調節するとともに，必要に応じて保温養生あるいは給熱養生を行わなければならない．

　コンクリートの練上り温度 T_1 は，次の式 (7.1) でおおよそ推定できる．

$$T_1 = \frac{C_s(T_a W_a + T_c W_c) + T_w W_w}{C_s(W_a + W_c) + W_w} \tag{7.1}$$

ここに，W_a, T_a：骨材の質量 (kg)，温度 (℃)，W_c, T_c：セメントの質量 (kg)，温度 (℃)，W_w, T_w：練混ぜ水の質量 (kg)，温度 (℃)，C_s：セメントと骨材の比熱，0.2 と仮定してよい．

　打込み完了時の温度 T_2 は気温を T_0 として

$$T_2 = T_1 - 0.15(T_1 - T_2)t \tag{7.2}$$

ここに，t：練り混ぜてから打込み終了までに時間 (h)．

表7.12 厳しい気象条件を受けるコンクリートの養生終了時の所要圧縮強度の標準[1] (N/mm²)

構造物の露出状態 \ 断面	薄い場合	普通の場合	厚い場合
(1) 連続してあるいはしばしば水で飽和される部分	15	12	10
(2) 普通の露出状態にあり，(1) に属さない部分	5	5	5

表7.13 所要の圧縮強度を得る養生日数の目安[1]

構造物の露出状態	養生温度	普通ポルトランドセメント	混合セメントB種	早強ポルトランドセメント
(1) 連続してあるいはしばしば水で飽和される部分	5℃	9日	12日	5日
	10℃	7日	9日	4日
(2) 普通の露出状態にあり，(1) に属さない部分	5℃	4日	5日	3日
	10℃	3日	4日	2日

・$W/C=55\%$ の場合の標準を示した．W/C がこれと異なる場合は適宜増減する．
・表7.12の断面が普通の場合の標準を示す．

打込み時の温度は，構造物の断面最小寸法，気象条件などを考慮して，5〜20℃の範囲で定める．式 (7.2) からも明らかなように，運搬と打込みは熱量の損失が少なくなる方法で，できるだけ早く行わなければならない．

コンクリートは，打込み後の初期に凍結しないように十分に保護し，特に風を防がなければならない．厳しい気象条件を受けるコンクリートは，表7.12の圧縮強度が得られるまではコンクリートの温度を5℃以上に保ち，さらには2日間は0℃以上に保たなければならない．

また，表7.12の強度を得るために必要な養生日数は，セメントの種類，配合，養生温度などによって異なるので試験により定めるのが原則であるが，5℃および10℃で養生する場合の大体の目安を表7.13に示す．なお，湿潤状態に保つ養生日数は表7.4 (p.154) に示す期間も考慮する必要がある．

c．マチュリティーと養生

養生の打ち切り，型枠と支保工の取り外しの時期の適否を確認するためには，現場のコンクリートとできるだけ同じ状態で養生した供試体の強度試験によるか，あるいはコンクリート温度と各材齢での圧縮強度の関係をあらかじめ試験によって得ている場合には，コンクリート温度の記録から強度を推定することにより判断できる．現場養生供試体の養生条件は，構造物のコンクリートの養生条件

と同一であることが望ましいが，単に構造物と同じ場所におくだけでは同じ温度状態にはならない．このために現場養生供試体の温度も測定して，構造物との温度差を調べておくのがよい．

構造物のコンクリート温度を調べておくと，マチュリティー M (4.3.e 項参照) から強度を推定することができる．マチュリティー M とコンクリートの強度との関係は，使用する材料，配合，乾燥湿潤の程度などによって一様でないので，あらかじめ試験により確かめておくのがよい．

7.11 暑中コンクリートの施工

日平均気温が 25℃ を越える時期に施工するコンクリートは，暑中コンクリートの対策を講ずるのが望ましい．

セメントの水和反応が促進され，コンクリートの凝結が早まるので，スランプロスが大きくコールドジョイントができやすいこと，同一スランプを得るための単位水量が増し，長期強度の発現が悪いことなどが問題点である．表面の水分の急激な蒸発などによるひび割れや温度ひび割れも発生しやすい．

a．材料と配合

中庸熱ポルトランドセメント，低熱ポルトランドセメントや混合セメントは水和による発熱を小さくし，凝結時間も若干延びるため有利である．骨材，水などの材料はなるべく低い温度になるように管理して，コンクリートの打込み温度を下げる (p.173, 式 (7.1))．

混和剤は，遅延形の AE 減水剤または減水剤の使用が有効である．また，高性能 AE 減水剤を用いると，暑中コンクリートにおいても単位水量，単位セメント量を大幅に少なくすることができる．ただし，高性能 AE 減水剤の種類によっては，使用するセメントの種類の組み合わせによって経時に伴うスランプの低下が大きい場合があるので注意を要する．

配合の原則は，所定の強度およびワーカビリティーが得られる範囲で，単位水量と単位セメント量をできるだけ少なくすることである．所要のワーカビリティーを得るための単位水量と練上り温度には一定の関係があり，一般には 10℃ の上昇に対して単位水量が 2〜5% 増す．したがって，所要の強度を確保するためには単位水量に比例して単位セメント量を増加させることになり，先の配合の原則から反する．このため，単位水量をできるだけ少なくする適切な措置を講じな

ければならない．単位水量を減少させる具体的な方法としては，減水剤，AE減水剤，高性能 AE 減水剤，流動化剤などの使用が考えられる．

b． 施工上の留意点

施工上の乾燥を防止することが重要である．打込み前の乾燥はスランプロス，打込み後の表面の乾燥はひび割れの原因となる．

コンクリートが接したとき，吸水するおそれのある部分（地盤，基盤，せき板など）には，散水して十分に湿潤に保たなければならない．また，型枠，鉄筋などが直射日光を受けて高温になるおそれのある場合には，散水，覆いなどの適切な処置を施さなければならない．

打込み時のコンクリート温度は 35℃ 以下とし，練り混ぜてから打ち終わるまでの時間は，1.5 時間を越えてはならない．

コンクリートの打込みの完了後は，速やかに湿潤養生を開始するとともに直射日光，風などの悪影響を受けないように適切な処置を講じなければならない．

コンクリートの硬化が進んでいない時点での急激な乾燥によるひび割れの発生が認められた場合には，直ちに再振動締固めやタンピングを行い，これを除去する必要がある．なお，夜間の施工が可能であれば，施工条件はよくなる．

7.12 マスコンクリートの施工

マッシブなコンクリート構造物では，セメントの水和熱により内部の温度が上昇する．その後，コンクリート表面からの放熱や熱伝導によりこの上昇温度は降下する．この温度変化に伴う体積変化が内的あるいは外的に拘束され，ひび割れが発生する場合がある．このひび割れを考慮しなければならないコンクリートを**マスコンクリート**という．

マスコンクリートの施工にあたっては，事前にセメントの水和熱による温度ひび割れに対する十分な検討を行い，ひび割れ制御対策の効果が十分に得られるよう，コンクリートの運搬，打込み，養生などを適切に行わなければならない．

a． 対象とする構造物

マスコンクリートとして取り扱うべき構造物の部材寸法は，構造形式，使用材料，施工条件によりそれぞれ異なるため一概には決めにくいが，おおよその目安として，広がりのあるスラブについては厚さ 80〜100 cm 以上，下端が拘束された壁では厚さ 50 cm 以上と考えてよい．

b. 温度応力の発生メカニズム

上記の温度上昇と冷却に伴う熱変形が拘束された場合，温度応力が発生し，ひび割れが発生することがある．温度応力σは，一般に式 (7.3) で表すことができる．

$$\sigma = R \cdot \alpha \cdot E_e \cdot \Delta T \tag{7.3}$$

ここに，R：拘束度，α：コンクリートの熱膨張係数 (1/℃)，E_e：クリープを考慮した有効ヤング係数 (N/mm^2)．

拘束の原因は，大きく内部拘束と外部拘束とに分けられ，外部拘束はさらに軸ひずみの拘束とそりの拘束とに分けられる．

内部拘束作用は，部材の表面と中心部で生じる温度差 ΔT が，部材断面自体で拘束を受ける場合に生じる．ΔT を求める一便法として，コンペンセーションライン法が提案されている．図 7.22 に示すように，ある時刻における温度による弾性ひずみ分布がわかっている場合，断面内の力とモーメントとの和がそれぞれ 0 になる条件で引いた直線を**コンペンセーションライン**と呼ぶ．この直線を温度ひずみとの差が内部拘束を受けるひずみと考える．この方法は十分に硬化の進んだコンクリートが，断面内で温度差を受けたときの温度応力を推定する場合に適用できる．

一方，軸ひずみの拘束とそりの拘束とを同時に受ける外部拘束の状態は，図 7.23 に示すとおりになる．軸ひずみの拘束による応力成分を求めるときは，ΔT として応力が生じていない時点と任意時刻の温度差をとり，式 (7.3) を用いることができるが，そり拘束のときは式 (7.3) ではなく，そり量を計算し，その

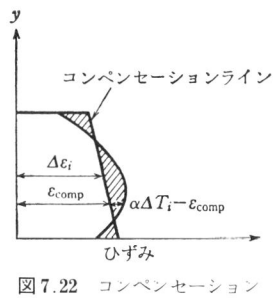

図 7.22 コンペンセーションライン

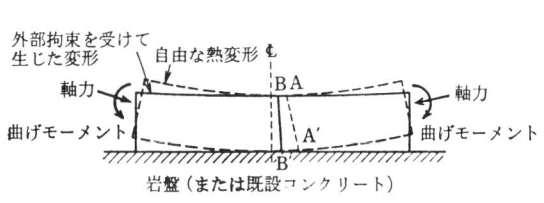

図 7.23 外部拘束状態

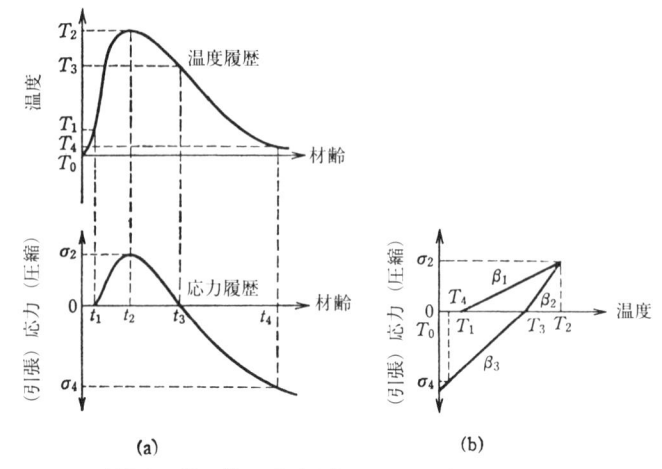

図7.24 軸ひずみの拘束状態における温度と応力の関係

そり量が下部の岩盤または既設のコンクリートにより拘束を受けると考えて，応力を求める．

外部拘束は，コンクリートの自重，打継面の接着力が直接的な原因であるが，打継面を貫通する鉄筋や鋼材の影響もありうる．

軸ひずみの拘束による温度応力の発生状況を模式的示すと図7.24のようになる．(a)は打込み時を原点として温度と応力を，(b)は温度上昇と応力の関係を示したものである．温度 T_0 で型枠に打ち込まれたコンクリートは，T_1 で凝結する．このとき以降は発熱による膨張ひずみが拘束され始めるので，圧縮応力が生じ始める．その後温度と応力が T_2 と σ_2 で示す最大値に達するまで単調に増加し，温度が低下し始めると，圧縮応力が0になる温度 T_3 に達し，以後引張力が増加していく．ひび割れは T_4 で発生するが，ときには，T_4 がコンクリートの打ち込み温度より高くなる場合もある[7]．

このような挙動は，主にコンクリートの自己収縮ひずみやクリープによって，外部の拘束体と施工する構造部材との間に相対的な長さの差が生ずるモデルで説明できる．この場合，収縮やクリープが大きいと拘束される温度ひずみ $\alpha \cdot \Delta T$ が大きくなるが，クリープはみかけの弾性係数を低下させ，応力を低減する効果もある．両者を考慮した E_e は有効ヤング係数と呼ばれ，式 (7.3) の E_e として用いられる．

$$E_e = \frac{E}{1+\phi} \qquad (7.4)$$

ここに，ϕ はクリープ係数で，温度応力の種類，大きさ，発生時期，継続時間，応力の変動方向などの影響を受ける．

c. 温度ひび割れ指数による評価

ひび割れ発生の評価方法としては，コンクリートの引張強度を発生する引張応力で除した温度ひび割れ指数が用いられている．

$$\text{温度ひび割れ指数}: I_{cr}(t) = f_t(t)/\sigma_t(t) \qquad (7.5)$$

ここに，$f_t(t)$：材齢 t 日におけるコンクリートの引張強度で，養生温度を考慮して決める．$\sigma_t(t)$：材齢 t 日における水和熱に起因して生じた部材内の温度応力の最大値．

温度ひび割れ指数は，材齢によって変化するので，材齢を変化させて最も小さくなる値を求めなければならない．

温度ひび割れ指数は，その値が大きいほどひび割れが発生しにくく，小さいほど発生しやすいことを意味する．また，一般に温度ひび割れ指数が小さいほど発生するひび割れの数が多く，その幅も大きくなる傾向にある．

一般的な配筋の構造物における標準的な温度ひび割れ指数の参考値は，以下のとおりである．

① ひび割れを防止したい場合：1.5 以上
② ひび割れの発生をできるだけ制限したい場合：1.2 以上
③ ひび割れの発生を許容するが，ひび割れ幅が過大とならないように制限したい場合：0.7 以上

なお，ひび割れ幅が大きくなる場合には，鉄筋によるひび割れ幅の制御を行う必要がある．

d. 温度ひび割れ制御技術

温度ひび割れ対策の基本的な考え方は，以下の三つに分類される．

① コンクリート温度上昇を小さくする．
② 発生する温度応力を小さくする．
③ 発生する温度応力に対して抵抗力をつける．

コンクリート温度上昇を小さくする技術としては，

① 単位セメント量を減らすために減水剤（特に遅延剤）や高炉スラグ微粉末，

フライアッシュや石灰石微粉末などの有効利用．
② 水和熱の少ないセメントを使用．
③ 粗骨材の最大寸法を大きく取れるような鋼材の最小あき，最小かぶりとする．
④ スランプを小さくできる施工法を採用する．
⑤ 材料を冷却してコンクリートの打込み温度を下げる（**プレクーリング**）．
⑥ 強度発現の遅いコンクリートの場合，設計基準強度の材齢を長く取り，1回の打込み高さを低くする．
⑦ 打込み後コンクリート内部に配置したパイプを用いて冷却する（**パイプクーリング**）．

発生する温度応力を小さくする技術としては，
① 拘束体を新コンクリート打込み前に加熱する．
② スリップフォームなどの連続施工で打継ぎを避ける．

また，発生する温度応力に対して抵抗力をつける技術としては，
① あらかじめ誘発目地を設ける．
② 鉄筋量を増してひび割れ幅を小さくする．
③ 膨張コンクリートのケミカルプレストレスを利用する．

演 習 問 題

1. コンクリートの施工計画で考慮すべき事項を記せ．
2. コンクリートの運搬方法をあげ，その得失について記せ．
3. コンクリートの打込み作業時の留意事項について述べよ．
4. コンクリートの締固め効果に影響を与える振動機の特性上の要因について記せ．
5. コンクリートの養生の目的を整理して述べよ．
6. 時効脆性が鉄筋の材質に影響を与える事例をあげて説明せよ．
7. 型枠や支保工を設計するときの荷重の種類と大きさについて記せ．
8. 鉄筋の継手の種類をあげ，それぞれについて施工上の注意事項を述べよ．
9. 型枠の上げ越しについて記せ．
10. スリップフォームの施工法を略述し，その利点を説明せよ．
11. 逆打ちコンクリートとはどのような施工方法か，またそのときの留意事項はなにか．
12. 水平打継目と鉛直打継目の施工方法について述べよ．
13. グリーンカットとは何か，またその施工方法について述べよ．
14. コンクリートの水密性を高める方法について記せ．

15. 寒中コンクリートの留意事項を説明せよ．
16. 暑中コンクリートにおいて，スランプロスの対策となる具体的な方策を列挙せよ．
17. 温度ひび割れ指数とは何か，またこの指数で評価できることについて記せ．
18. マスコンクリートの温度応力を制御する方法について記せ．

参 考 文 献

1) 土木学会編：コンクリート標準示方書・施工編（平成 11 年版，耐久性照査型），土木学会，2000．
2) 日本コンクリート工学協会編：コンクリート技術の要点 '98，日本コンクリート工学協会，1998．
3) 土木学会編：コンクリートのポンプ施工指針（平成 12 年版），コンクリートライブラリー第 100 号，土木学会，2000．
4) 土木学会編：コンクリート構造物のコールドジョイント問題と対策，コンクリートライブラリー第 103 号，土木学会，2000．
5) 土木学会編：コンクリート標準示方書・設計編（平成 8 年版），土木学会，1996．
6) 土木学会編：コンクリート標準示方書・施工編（平成 8 年版），土木学会，1996．
7) 田澤栄一・飯田一彦：硬化時温度応力の発生メカニズムについて，マスコンクリートの温度応力発生メカニズムに関するコロキウム論文集，日本コンクリート工学協会，1982．

8. 各種コンクリート

8.1 プレストレストコンクリート

a. プレストレストコンクリートとその特徴

コンクリートは,圧縮強度に比べて引張強度がきわめて小さく,ひび割れを発生しやすい.この弱点を補うために,荷重作用による引張応力を打ち消す目的で,あらかじめ計画的にコンクリートに与える応力度を**プレストレス**(示方書[1]ではプレストレス力として算出する)といい,PC 鋼線,PC 鋼より線,PC 鋼棒などの高強度の PC 鋼材を用いてプレストレスを与えたものが,プレストレストコンクリート (PC) であり,鉄筋コンクリート (RC) の一種である.プレストレストコンクリートは,その構造体の種類として,ひび割れの発生を許さないことを前提とする **PC 構造**と,ひび割れが発生することを前提とする **PRC 構造**に大別される[1].

PC は RC と共通の長所に加えて,① ひび割れが発生しにくい,② 高強度コンクリートと高張力鋼とを有効に利用できる,③ RC 部材より断面寸法を小さくでき,長スパンや大規模の構造物をつくることができる,④ プレハブ化が容易である,などの長所がある.用途は,橋梁を主にスラブ,タンク,サイロ,軌道桁,特殊容器,ポール,杭,まくら木,管,プレキャスト部材などの各種工場製品(p. 219,表 10.1 参照)など多岐にわたる.

b. プレストレスを導入する方法

コンクリートにプレストレスを導入する方法には,内ケーブル方式,外ケーブル方式,両者の併用の 3 種類がある.

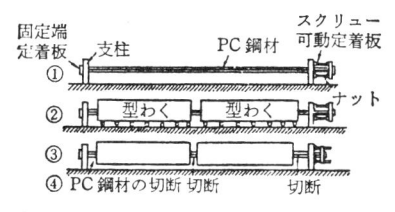

8.1 プレストレストコンクリート

① 引張台にPC鋼材を緊張定着する.
② 引張力の与えられたPC鋼材をかこんで型わくを並べ，コンクリートを打つ.
③ コンクリートが所要の圧縮強度に達したら，PC鋼材端の引張台との定着をゆるめる.
④ 各部材間のPC鋼材を切断して，部材を引張り台から取り出す.
　（a）プレテンション方式の場合

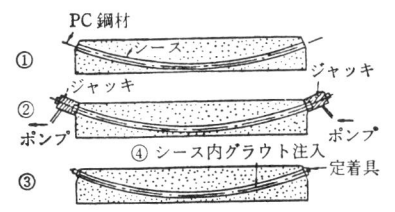

① PC鋼材をシースに入れ型わく内に配置しコンクリートを打つ.
② PC鋼材端にジャッキを取り付け，コンクリート部材を支承材としてPC鋼材を引張る.
③ 所定の引張力に達したら，PC鋼材をコンクリート部材に定着具によって定着し，ジャッキを取り去る.
④ シース内にグラウトを注入し，シースと鋼材間を満たし，さび発生を防止するとともに付着を起こさせる.
　（b）ポストテンション方式の場合

図8.1　プレテンション方式とポストテンション方式によるPC部材の製作[2]

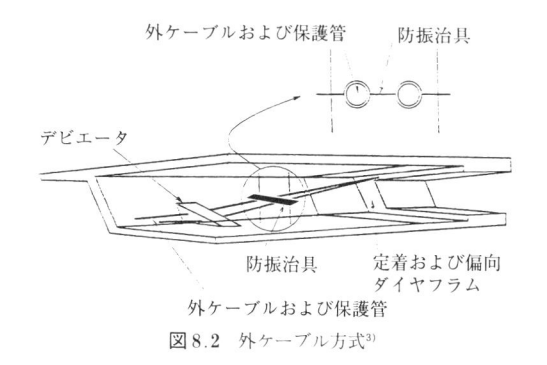

図8.2　外ケーブル方式[3]

内ケーブル方式は，緊張材をコンクリート内に配置したもので図8.1のように**プレテンション方式**と**ポストテンション方式**とがある．前者は主として工場製品に用いられ，後者は主として現場で施工されるPC工事に用いられるほか，大型の工場製品にも使用される．なお，ポストテンション方式には，PCグラウトを施し緊張材を部材と一体化する工法と，付着を持たせない**アンボンド工法**とがあり，後者の場合，PC鋼材のまわりに防錆材を塗布するか，グリーシングによる保護を行う必要がある．

外ケーブル方式は，緊張材をコンクリート断面の外に配置する（図8.2）．内

表 8.1 プレストレストコンクリートの配合例

構造部材	粗骨材最大寸法 (mm)	スランプ (cm)	水セメント比 W/C (%)	細骨材率 s/a (%)	単位量 (kg/m³)				減水剤 (cc)	使用セメント
					W	C	S	G		
道路橋	25	4～8	31	30	140	450	536	1250	2250	早強セメント
鉄道橋	25	4～8	37.5	35	154	410	655	1210	2100	早強セメント
工場製品橋桁	25	3～5	35	35	157	450	650	1205	—	早強セメント

ケーブル方式に比較して，① 部材の断面外に PC 鋼材を配置するため部材厚を減少させることができ，軽量化が可能となる，② コンクリート内にシースを配置する必要がないため，施工の合理化が図れる，③ PC 鋼材の点検が容易で，再緊張や交換も可能である，などをあげることができる．

c．PC 用コンクリートと配合

プレストレス導入時の初期材齢において，所要の強度が必要となるので，PC 用コンクリートでは，高強度であること，特に早期強度の高いこと，温度上昇の小さいこと，クリープ・収縮の小さいこと，ワーカビリティーのよいことなどが要求される．したがって，一般に早強ポルトランドセメントと良品質の AE 減水剤，減水剤，高性能減水剤などを用いたスランプ数 cm の富配合コンクリートが使用される（表 8.1）．

d．PC 施工上の留意点

PC は，施工精度が構造物の安全度に影響を及ぼすので，PC 鋼材，コンクリートなどの使用材料の選定と管理，型枠と支保工，シース，緊張材の配置，プレストレッシング，PC グラウト，注入，定着，材端の保護，部材の接合など，入念な施工が大切であり，施工管理を十分に行わなければならない．

8.2 軽量骨材コンクリート

軽量骨材コンクリートは，骨材の全部または一部に軽量骨材を用いてつくったコンクリートである．

a．軽量骨材コンクリートの特性

単位容積質量は，骨材の組み合わせ，単位セメント量などによって異なるが，全部軽量骨材を用いた場合おおよそ 1700 kg/m³，一部に軽量骨材を用いた場合（細骨材に川砂など）は 1900 kg/m³ 程度である．

圧縮強度は，富配合にすると材齢28日で50 N/mm²程度の値も得られるが，40 N/mm²を越えると$f'_{c \cdot 28} - C/W$線の勾配がゆるやかになる（p.75, 図4.2参照）．引張強度あるいは曲げ強度と圧縮強度の比（f_t/f'_c, f_b/f'_c）は，普通コンクリートの場合よりやや小さくなり，供試体が乾燥すると引張強度と曲げ強度とはかなり低下する．

普通コンクリートに比べると，応力-ひずみ曲線は図4.19（p.87）のように勾配がゆるやかであり，ヤング係数は，骨材の組み合わせによっても異なるが，55～70%の値となる．

クリープは，図8.3のように普通コンクリートに比べて大きいが，弾性ひずみが2倍程度あるのでクリープ係数は1.5程度であり，普通コンクリートより小となる．

乾燥収縮は，骨材の吸水率が大きいので初期材齢では小さいが，終局値は普通コンクリートと大差がない．

耐凍害性は多少劣るので，これを改善するためには，AE剤，AE減水剤，高性能AE減水剤などの使用量を増し，空気量を多くするのが有利であり，軽量骨材の代わりに川砂を用いるのがよい．熱伝導率や熱拡散率が普通コンクリートより小さく比熱は大となり，耐熱性が優れている．

b．軽量骨材コンクリート使用上の注意

軽量骨材の受け入れに十分注意し，骨材の吸水による品質変化を避けるため一般にプレウェッチングしたものを用い，含水率がなるべく一定となるよう管理する．

コンクリート	クリープひずみ最終値	弾性ひずみ	クリープ係数
普通	76×10^{-5} (1.00)	33×10^{-5}	2.3
軽量	104×10^{-5} (1.37)	64×10^{-5}	1.6

軽量骨材コンクリート $f = \dfrac{t}{0.040 + 0.0096\,t}$

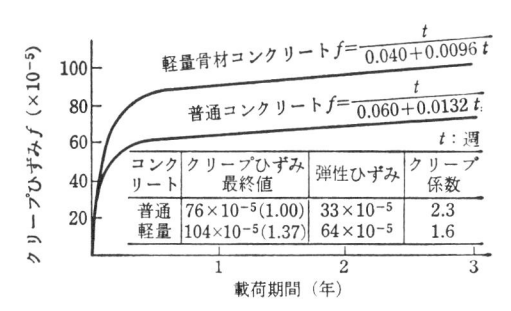

普通コンクリート $f = \dfrac{t}{0.060 + 0.0132\,t}$

t：週

図8.3 軽量骨材コンクリートと普通コンクリートのクリープの比較[4]（PC用コンクリート：$\sigma_{28} = 57 \sim 63$ (N/mm²)）

配合設計において耐凍害性をもとにして水セメント比を定める場合には，普通骨材コンクリートより5%少ない値とする．耐凍害性を考慮して，軽量骨材を用いたAEコンクリートの空気量は，普通骨材コンクリートより1%大きくするのを原則とし，その試験は「容積方法」（JIS A 1118）によるのがよい．

練混ぜには強制練りミキサーが適しており，可傾式ミキサを用いる場合は練混ぜ時間を少し長くする．軽量骨材コンクリートのスランプは，小さく出る傾向があるが，作業に適する範囲内でできるだけ小さな値とする．一般の場合5～12cmを標準としている．

軽量骨材コンクリートは，普通コンクリートと同様に流動化剤を添加して流動化コンクリートとして用いることができ，特にポンプ圧送する場合は，加圧吸水で管内抵抗が増大するので，流動化コンクリートとしなければならない．

軽量骨材コンクリートは振動締固め効果が小さくなる傾向があるので内部振動機を用いる必要があり，振動機の挿入間隔を小さくしたり振動時間をいくぶん長くしたりなどして，十分に締め固めなければならない．

軽量骨材コンクリートは，乾燥ひび割れを生じやすく，このひび割れが有害な影響を及ぼすおそれがあるので，十分な湿潤養生を行うのが望ましい．

8.3 海洋コンクリート

感潮部あるいは海面下にあって直接海水の作用を受けるコンクリートと，陸上あるいは海面上に建設し，波浪や潮風の作用を受けるコンクリート，すなわち海洋環境で供用するコンクリートを海洋コンクリートと総称する．

海洋コンクリートでは，①コンクリート自体の海水による劣化，②海水凍結による凍害，③塩害，④乾湿の繰返し作用，⑤波浪や漂砂の作用などに対処しなければならない．

コンクリートの海水による劣化は，海水中のSO_4^{2-}イオンの浸透によって生成するエトリンガイトと，Cl^-イオンにより生成するフリーデル氏塩の作用に関係する．前者は膨張によりセメント内部組織を破壊し，後者は水酸化カルシウムを溶出させることによりセメント組織をポーラスにするため，いずれも長期的にはコンクリートの強度低下や表面劣化の原因となる．

これらの化合物は，いずれもセメントのC_3Aとの複塩であるため，耐海水性は一般にC_3Aの少ないセメントが良好で，耐硫酸塩ポルトランドセメントがこ

表 8.2 コンクリートの空気量の標準値（%）

環境条件	粗骨材の最大寸法 (mm)	
	25	40
凍結融解作用を受ける　(a) 飛沫帯	6	5.5
おそれのある場合　　　(b) 海上大気中	5	4.5
凍結融解作用を受けるおそれのない場合	4	4

れにあたる．また高炉セメント，フライアッシュセメント，中庸熱ポルトランドセメントも使われるが，混合セメントは混入率の高い B 種が多く用いられる．

海洋環境による凍結融解作用は，上記化学作用との複合により，淡水中より大きな凍害をもたらす．凍結時に水の中に溶解できない塩類により，局部的に塩類濃度の高い部分が生ずることなどが原因であり，またこの事実は次の塩害とも関係しているようで，表面部分に浸透した塩分が，凍結により内部に移動を強制されることが起こる．対策としては良質の AE 剤を用いて，普通環境より大きな空気量とすることが推奨されている（表 8.2）．

塩害はコンクリート中の Cl^- イオン（塩化物イオン）の影響により，鋼材の腐食速度が著しく加速されることが直接の原因である．Cl^- イオンは海砂や混和剤などに起因するものと，外部から浸入するものとがある．後者が前者の 10 倍以上になる場合もある．海岸から 200～300 m の範囲内にある構造物は，外部からの Cl^- イオンの影響を考慮すべきであると考えられている．

Cl^- イオンが一定量以上存在すると，酸素濃度や中性化の有無に関係なく，鋼

表 8.3 耐久性から定まるコンクリートの最小の単位セメント量 (kg/m³)[5]

環境区分	粗骨材の最大寸法	
	25 (mm)	40 (mm)
飛沫帯および海上大気中	330	300
海　中	300	280

表 8.4 耐久性から定まる AE コンクリートの最大の水セメント比 (%)[5]

環境区分＼施工条件	一般の現場施工の場合	工場製品または材料の選定，施工において，工場製品と同等以上の品質が保証される場合
(a) 海上大気中	45	50
(b) 飛沫帯	45	45
(c) 海　中	50	50

・実績，研究成果などにより確かめられたものについて，耐久性から定まる最大の水セメント比を，表 8.4 の値に 5～10% 程度を加えた値としてよい．

材の腐食が促進される．腐食生成物は体積が約3倍に膨張するために，膨張圧によりかぶりコンクリートに鉄筋の軸方向のひび割れが生ずる．このことにより，さらに腐食が促進され鋼材とコンクリートの付着の劣化，かぶりの剥離，ひいては耐力の低下などを招くことになる．

表8.5 防食方法一覧[6]

No.	分類	1種と2種の区別	項目	内容	備考
1	腐食性物質の環境からの除去	2	—	温・湿度制御 脱塩・脱水	海洋環境や融氷剤使用に対しては困難
2	かぶりコンクリート中への侵入，浸透の抑制	1	密実性の増加	水セメント比の制限 単位セメント量の確保	防食上の大原則
			かぶりの増厚	最小かぶりの確保	
			ひび割れ幅の抑制	許容ひび割れ幅	
		2	コンクリート表面ライニング	合成樹脂材料によるライニング，塗装，撥水剤の塗布や含浸	補修用としても用いられる．性能はまちまちで要注意．
			樹脂含浸コンクリート	MMA，浸透性エポキシ，シランなどによる含浸	MMA含浸コンクリートの型枠は唯一日本で使用されている．
			レジンコンクリート（REC） ポリマーセメントコンクリート（PCC）	不飽和ポリエステル，エポキシなどのREC SBRなどのPCC	実績は意外に少ない
3	鋼材表面への到達の抑制	2	樹脂塗装鋼材	エポキシ樹脂塗装鉄筋	静電粉体塗装 $200\pm50\mu m$
			めっき鋼材	亜鉛めっき鉄筋 その他	亜鉛の犠牲陽極効果も期待できる
4	防食性鋼材	2	耐塩性鉄筋	成分調整鋼材	海洋環境や融氷剤使用に対しては厳しい
5	電位制御	2	電気防食	外部電源方式 流電陽極方式	一般に陰極防食が用いられる．補修用としても用いられる
6	化学混和剤	1	防錆剤	現在は亜硝酸塩系	海洋環境や融氷剤使用に対しては困難

この対策として，コンクリート中の Cl^- イオンの総量が規制され，打込み前に測定が義務づけられている．この規制ではすべてのコンクリート構造物について $0.30\ kg/m^3$ 以下にすることとしている．ただしこの規定の適用は用心鉄筋も配置されていない，無筋コンクリートについては除外されている．

海洋コンクリートでは上記のほか，腐食に関連した腐食疲労現象，PC鋼材の応力腐食割れ，あるいは海中の鉄筋コンクリート部材では水中疲労強度の低下などが問題である．

以上の各劣化原因に共通した対策としては，コンクリートを緻密にして，できるだけ欠陥を少なくするように施工し，Cl^- イオンなどの有害な化学成分が，コンクリート中に拡散または浸透を起こさないようにすることが重要である．

耐久性から定まるAEコンクリートの水セメント比や最小単位セメント量を考慮して，配合設計を行うのはこのためである（表8.3，8.4）．またプレキャストコンクリートの採用が推奨されるのも同様の理由による．

施工上は打継目をできるだけ少なくすること，材齢5日までは海水に洗われないように養生すること（混合セメントの場合はさらに延長が必要），プレキャスト部材の接合部では十分な耐海水性を与える施工法とすることなどが重要である．

設計上は，鉄筋のかぶりの選定に注意することが必要であり，特に重要な構造物を飛沫帯，海上大気中などの厳しい環境条件の下で施工する場合には，表8.5に示す防食方法の中から適当なものを選定し併用することが望ましい．

8.4 水中コンクリート

淡水中あるいは海水中で施工するコンクリートを，水中コンクリートという．

a. 一般の水中コンクリート

本項では，水面下の比較的広い面積にコンクリートを打ち込んでつくる構造物を施工する場合について述べる．

1) 配合 品質の確認が困難であるので，配合強度を高めにするのがよい．配合は表8.6による．

2) 打込みの原則

① 打込みは，静水中で行う．それが困難な場合でも，流速は $3\ m/min$ 以下とする．

表 8.6 水中コンクリートの配合の標準

施工方法	一般		場所打杭 地下連続壁
	トレミー,コン クリートポンプ	底開き箱 底開き袋	
スランプ (cm)	13〜18	10〜15	15〜21
細骨材率 (％)	40〜45[†1]		—
水セメント比 (％)	50 以下		55％ 以下
単位セメント量 (kg/m³)	370 以上		350 以上[†2]

[†1]：砕石,高炉スラグ細骨材を用いるときは,さらに 3〜5％ 増加させる.

[†2]：仮設の地下連続壁の場合,300 kg/m³ 以上としてよい.

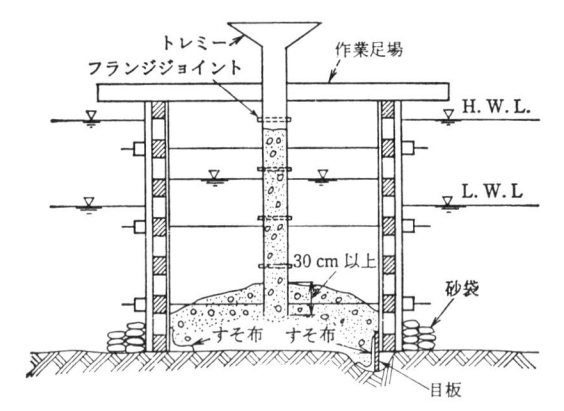

図 8.4 トレミーによる水中コンクリートの打込み

② セメントの流失を防ぐため,水中を落下させない.

③ 打込みには,トレミーまたはコンクリートポンプを用いる.ただし,小工事であまり重要でない構造物の場合は,底開き箱または底開き袋を用いてよい.

3) コンクリートの打込み

① トレミーによる打込み：**トレミー**は,図 8.4 のような装置で,先端をコンクリート面から 30〜40 cm 挿入して打込みを行う.一般に,30 m² 程度の面積の打込みを限界とする.

② コンクリートポンプによる打込み：5 m² 以下の面積に打ち込む場合が多い.

③ 底開き箱または底開き袋による打込み：打ち込まれたコンクリートは,小山状になるので,次のコンクリートは,上面の低い部分に打ち込む.打継面の一

体性がよくない．

b．水中不分離性コンクリート

水中不分離性混和剤を混和したコンクリートを**水中不分離性コンクリート**という．このコンクリートは，粘着性が高いので，水中落下させてもセメントの流失がほとんどなく，材料分離を防止する効果が高い．しかし，併用する混和剤との相互作用で，コンクリートの特性に悪影響を及ぼすこともあり，事前の検討が必要である．

このコンクリートは，粗骨材の最大寸法を40 mm以下とし，空気量を4％以下とするのが標準である．また，コンクリートの打込みは，静水中で，水中落下高さは，50 cm以下として行い，水中流動距離は，5 m以下とすることが原則である．打込み後，表面洗掘のおそれがある場合は，適切な保護対策を講じる．

c．場所打杭と地下連続壁に使用する水中コンクリート

本項では，限定された場所に，鉄筋または鉄骨鉄筋コンクリートとして施工する場合について述べる．

1) 配　合　　粗骨材の最大寸法は，鉄筋のあきの1/2以下かつ25 mm以下とする．配合は，表8.6による．

2) 鉄筋のかぶり　　鉄筋のかぶりは，原則として10 cm以上とする．

3) コンクリートの打込み

① トレミーの先端は，コンクリート表面から30～40 cm挿入する．

② コンクリートの上端は，設計面より50 cm以上高く打ち込み，硬化後，これを除去する．

8.5　プレパックドコンクリート

プレパックドコンクリートとは，あらかじめ特定の粒度を持つ粗骨材を型枠に詰め，その空隙に特殊なモルタルを注入して得られるコンクリートをいう（図8.5）．注入に用いるモルタルを**注入モルタル**という．

a．プレパックドコンクリートの品質

① 粗骨材は，最小寸法を15 mm以上，最大寸法を最小寸法の2～4倍程度とする．

② 注入モルタルは，結合材（セメント＋フライアッシュ），細骨材，プレパックドコンクリート用混和剤，水を練り混ぜてつくるのが一般的である．なお，結

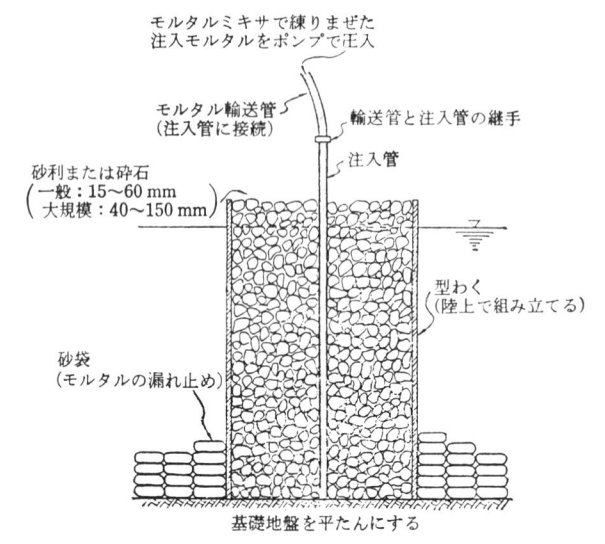

図8.5 プレパックドコンクリートの施工法

合材としてフライアッシュセメントあるいは高炉セメントを用いることもあり，プレパックドコンクリート用混和剤の代わりに，アルミニウム粉末，減水剤，遅延剤あるいは保水剤を混合して用いることもある．注入モルタルに用いる細骨材は，粒径 2.5 mm 以下，粗粒率 1.4～2.2 の範囲にあるものが適当である．

③ 注入モルタルは，適当な流動性（P 漏斗流下時間 16～20 秒），ブリーディング率（3% 以下），膨張率（5～10%）を有するものとする．

b. 施工上の注意事項

① 注入モルタルは，最下部から上方へ向かって，連続的に，空気が混入しないように充てんする．

② 注入管の先端は一般にモルタル上面から 0.5～2.0 m 挿入した状態を保つ．

c. 大規模プレパックドコンクリート

大規模プレパックドコンクリートとは，施工速度が 40～80 m³/h 以上，または 1 区画の施工面積が 50～250 m² 以上の場合をいう．一般のプレパックドコンクリートとは次の点が相違する．

① 粗骨材の最小寸法は，40 mm 以上とする．

② 注入モルタルが，適当な時間流動性を保持するように，凝結の始発時間を 8 時間以上，16 時間以内とする．

③ 注入モルタルの分離を少なくするため，富配合にする．

d．高強度プレパックドコンクリート

　高強度プレパックドコンクリートとは，高強度用減水剤を混和することにより，注入モルタルの水結合材比（$W/(C+F)$）を40％以下とし，材齢91日において，40〜60 N/mm² の圧縮強度が得られるプレパックドコンクリートのことをいう．一般のプレパックドコンクリートとは次の点が相違する．

① 高強度プレパックドコンクリート用混和剤を用いる．
② 注入モルタルは，適切な流動性（流下時間25〜50秒），膨張率（2〜5％）およびブリーディング率（1％以下）を有するものとする．
③ 注入モルタルの粘性が高いので，練混ぜには高性能のモルタルミキサ，圧送にはスクイズ式ポンプを用いる．

プレパックドコンクリートの品質管理試験は次の方法による．

① 流動性：土木学会規準「プレパックドコンクリートの注入モルタルの流動性試験方法（P漏斗による方法）」
② ブリーディング率および膨張率：土木学会規準「プレパックドコンクリートの注入モルタルのブリーディング率および膨張率試験方法（ポリエチレン袋方法）」
③ 圧縮強度：土木学会規準「プレパックドコンクリートの注入モルタルの圧縮強度試験方法」または土木学会規準「プレパックドコンクリートの圧縮強度試験方法」

8.6　吹付けコンクリート

　吹付けコンクリートは，圧縮空気を用いてコンクリートを施工面に吹付け，セメントペーストの粘着力によって型枠を用いずにコンクリートを施工する工法である．**ショットクリート**と呼ばれることもある．

　この工法は，トンネル（斜坑，堅坑を含む），大空洞地下構造物用掘削面などの覆工，のり面，斜面，あるいは壁面の風化や剥離・剥落の防止，ダムや橋梁の補修・補強工事などに適用されている．

　施工法は乾式工法と湿式工法に大別される．乾式工法はドライミックスした材料と水をノズル部で合流・混合して吹き付ける方式，湿式工法は急結剤以外の材料をあらかじめ混合してノズルに供給する方式である．前者はリバウンド（はね

返り損失)が大きく,粉じんの発生が多く,配合の変動が大きいのが欠点で,後者は材料の供給距離を 100 m 以上大きくとれないのが問題点である.なお,乾式と湿式の中間的な工法も開発され実用に供されている.この方法はモルタルと粗骨材・砂の一部を 2 系統で送りノズルで合流させて吹き付ける.

吹付けコンクリートは比較的小規模な機械設備を用いて,上方・側方を含む任意の方向に型枠なしで急速施工ができるのが特徴であるが,リバウンドや粉じんのほかに,平滑な仕上げ面が得にくく,作業が危険を伴いノズルマンの技術により品質の変動が大きくなる.水密性・気密性にやや欠けるなどの欠点がある.

吹付けコンクリートには混和剤として急結剤を用いる.コンクリートのだれによる変形を防ぎ,自重ではげ落ちるのを少なくするために,凝結を促進するのが目的である.急結剤の品質には土木学会規準が設けられている.

吹付けコンクリートには,補強用に鋼繊維が用いられることが多い.トンネルの覆工,地下空洞掘削面などで広く使用されている.この場合の施工方法は,「鋼繊維補強コンクリート設計施工指針(案)」(土木学会)に詳しく示されている.

吹付けコンクリートの強度試験用供試体のつくり方については,土木学会規準が提案されている.

8.7 膨張コンクリート

膨張材を混和したコンクリートを膨張コンクリートという.

a. 基本事項

膨張コンクリートのフレッシュコンクリートとしての性質は,一般には,普通コンクリートと同じと考えてよい.

硬化コンクリートの特性として重要なものは,膨張率と強度であるが,これらは,単位膨張材量によって変化する[6].これらの関係を図 8.6 に示す.

このほか,膨張率に影響を及ぼす要因は,セメントや混和材料の種類,養生条件のうち,セメントの水和反応速度を変化させるものである.水結合材比($W/(C+E)$)が膨張率に及ぼす影響は少ない.膨張率は一般に材齢 7 日における試験値を規準とする.

b. 無収縮コンクリート

無収縮コンクリートとは,わずかに膨張性を有するコンクリートの膨張を鉄筋

で拘束し，その反力によって小さな圧縮応力を生じさせ，収縮によって生じる引張応力を相殺あるいは低減させるコンクリートである．すなわち，このコンクリートは，収縮によるひび割れの低減を主目的としている．

無収縮コンクリートの膨張率は，$150 \sim 250 \times 10^{-6}$ の範囲が標準である．所要の膨張率が得られる単位膨張材量は，通常 $30 \, \text{kg/m}^3$ 程度である．

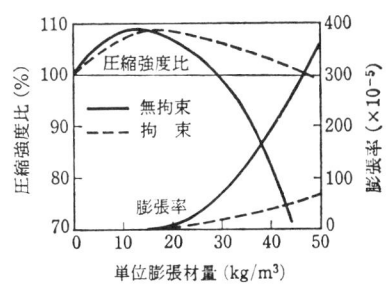

図 8.6 膨張コンクリートの圧縮強度比と膨張率

c．ケミカルプレストレストコンクリート

ケミカルプレストレストコンクリートは，収縮が生じた後も鉄筋による膨張拘束応力が残留し，プレストレスとして，荷重による引張応力の一部を低減できる膨張性を付与したコンクリートである．

ケミカルプレストレストコンクリートの鉄筋拘束状態下の膨張率は，$200 \sim 700 \times 10^{-6}$ の範囲にあることを標準とする．図 8.7 に示すように，ひび割れ発生荷重の増大と同一荷重におけるひび割れ幅の減少に効果がある．ひずみ分布を生ずる場合でも断面内の最大膨張率は 1000×10^{-6} 以下にするよう鉄筋を配置する．

d．工 場 製 品

工場製品として用いられる膨張コンクリートは，ほとんど，ケミカルプレスト

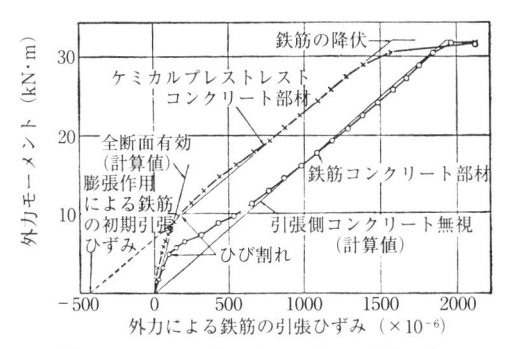

図 8.7 ケミカルプレストレストコンクリートのひび割れ発生状況[7,8]

レストコンクリートである．工場製品は，通常，蒸気養生などの促進養生を行うので，強度発現や膨張反応の大部分は初期に起こる．しかしその後も，残りの水和反応を進めるため，散水養生などを行う．工場製品には，遠心力鉄筋コンクリート管，ボックスカルバート，矢板などがある．この際オートクレーブ養生の代わりに高温高圧水中養生を行うと，特に良好な結果が得られる（4章の文献5）参照）．

e. 充 て ん

膨張コンクリートは，その特性を利用して，各種の空隙を充てんする充てんモルタルや充てんコンクリートとしての使用方法もある．

充てんモルタルは，その使用目的から，ブリーディング率を0.5%以下に抑えている．このため，単位水量を低減させる目的で細骨材をやや細めにし，良質の減水剤と少量のアルミニウム粉末を用いる．逆打ち工法の充てんモルタルや橋梁の支承部などに用いられる．

充てんコンクリートには，水力発電用の水圧鉄管の裏込めコンクリートとして用い，各種グラウトを省略した例[9,10]，原子力発電所の原子炉格納容器の取り付けに用いた例[11]，ダムの仮余水吐きの閉そくに用いた例[12]などがある．

8.8 繊維補強コンクリート

コンクリートの引張強度，曲げ強度，ひび割れ強度，靱性または耐衝撃性などの改善を目的として，不連続の短い繊維を一様に分散させたコンクリートを**繊維補強コンクリート**という．繊維としては鋼繊維が一般に用いられるが，このほかにガラス繊維，プラスティック繊維，カーボン繊維などが用いられることがある．

鋼繊維は一般に長さが25～40 mm，直径が0.3～0.6 mmで直径dに対する長さlの比l/d（**アスペクト比**という）が50～80程度のものが用いられる．繊維は薄板せん断法，厚板切削法，伸線切断法，溶鋼抽出法の4種類の製法があるが，前2者の製法による繊維が多く用いられている．また最近ではきわめて細いステンレスファイバーを用いる技術も開発されている．これはreactive powder concreteと呼ばれる高靱性・高引張強度の新材料で，微粉を主体とし，注入で施工する．ガラス繊維は溶融状態のガラスを引き抜いて製造した10～20μmの素線を100～300本束ねてある（**ロービング**という）．耐アルカリ性を向上させる

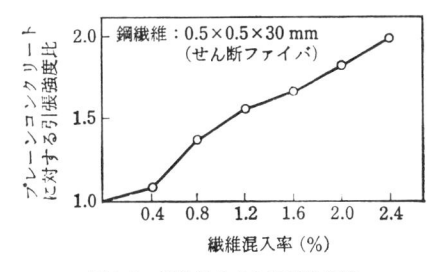

図 8.8　繊維混入率と引張強度[13]

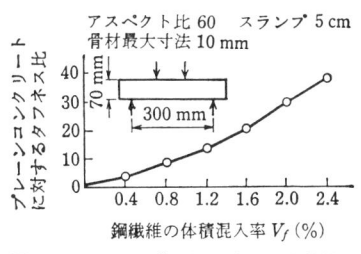

図 8.9　SFRC の曲げタフネスと繊維混入率 V_f との関係[13]

ため ZrO_2（ジルコニア）を混入したガラス繊維が用いられる．プラスチック繊維としては，ナイロン，ポリプロピレン，ポリエチレンなどが用いられている．

繊維補強コンクリートの諸性質に影響を及ぼす主な要因には，① 繊維の混入率，② 繊維の分散と配向，③ 繊維の種類（形状・寸法，弾性係数，引張強度），④ 繊維とマトリックスの付着強度，⑤ マトリックスの種類と組成，などがある．

繊維の混入率 V_f は，一般に容積比で示される．繊維混入率を大きくすると，引張強度（図 8.8）ばかりでなく，タフネス（図 8.9）を大幅に増加させることになる．タフネスは応力-ひずみ曲線とひずみ軸座標で囲まれる面積で示され，破壊に必要なエネルギーを示し，靱性の指標として用いられる．

繊維補強コンクリートの引張強度 σ_{ft} を示す実験式として

$$\sigma_{ft} = A\sigma_{mt}(1-V_f) + B \cdot V_f \cdot (l/d)$$

がある．ここに，σ_{mt}：マトリックスの引張強度，A：理論的には最大値1となる定数，B：繊維とコンクリートの付着強度と繊維の配向によって定まる定数．補強の機構はひび割れ面にまたがって分散した繊維の抵抗によって説明できる．

通常の練混ぜ方法によって，混入できる繊維の量には限度があり，鋼繊維では2%，ガラス繊維では3%程度までである．それ以上混入するとファイバーボールなどができ，分散が悪くなる．

鋼繊維補強コンクリートは，一般にワーカビリティーが悪くなるので，繊維混入率や繊維のアスペクト比の増加とともに細骨材率を大きくすることが必要である．通常用いられる s/a は 60～70% 程度である．また同様の理由により「鋼繊維補強コンクリート設計施工指針（案）」では，粗骨材の最大寸法を繊維長さの 2/3 以下にすることが推奨されている．

繊維補強コンクリートの用途は，曲げ強度，耐衝撃性，耐摩耗性などの増加を

利用した，舗装版，空港滑走路，工場床などである．また，使用例の最も多いトンネル覆工や地下空洞のライニングでは，タフネスを主に期待している．この他にカーテンウォール，パイプなどのプレキャストコンクリートや，炉材（耐熱性の向上を利用する）などへの応用も進められている．

8.9 耐熱コンクリート

耐熱性を要求されるコンクリートとして，不確定な高温に短時間さらされる場合にジェット機の滑走路，ロケットの発射台床などがある．一方，比較的温度範囲の定まった場合に，煙突，原子炉関連施設，海水淡水化装置缶体，鋼板圧延工場床，各種工業炉などがある．これらの構造物の温度は通常50〜300℃である．

飽和水蒸気による加熱を受ける場合として，温泉地帯を貫通する高熱トンネル

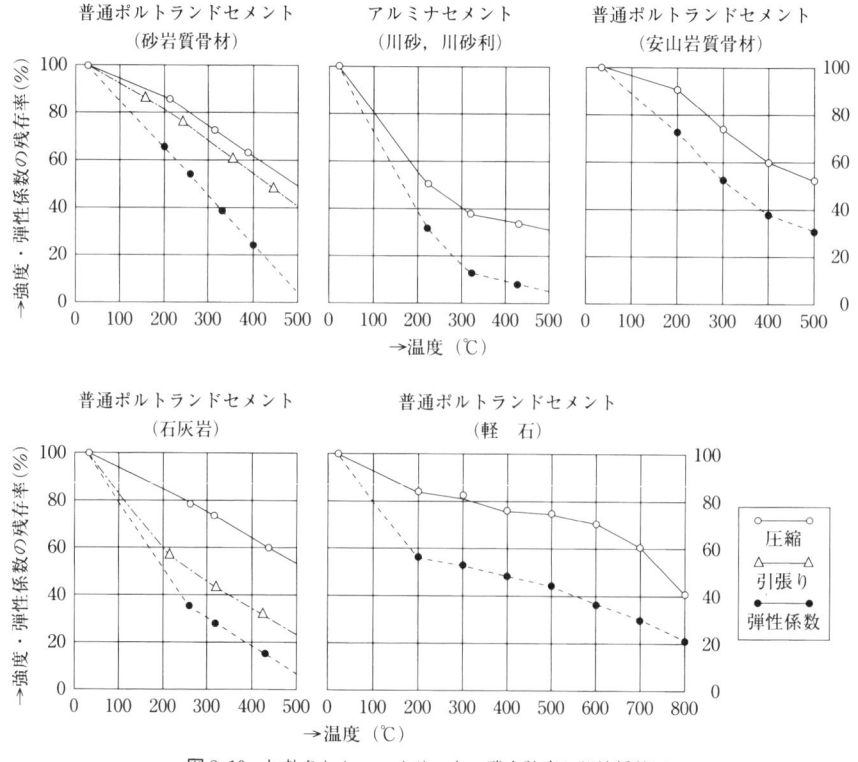

図8.10 加熱されたコンクリートの残存強度と弾性係数[14]

の覆工，石油井，地熱井の導管固定用グラウトがあり，グラウトの場合には蒸気圧は数百気圧，温度は350℃に達する．

「耐熱性と耐火性」（4.11.b項）で述べたように，コンクリートが加熱されると，脱水や相変化によって材料本来の強度特性が変化するとともに，内部で起こる不均一な体積変化のためコンクリートは組織が劣化し強度や弾性係数が低下する．低下の程度は，使用した骨材の種類によって異なるが（図8.10），一般に爆裂を起こさない軽量骨材を用いたコンクリートは耐熱性にすぐれている．

コンクリートの耐熱性を向上させるためには，使用材料の選定が重要である．セメントとしては高炉セメントやアルミナセメントが耐熱性に富むといわれている．水和生成物中の$Ca(OH)_2$の量が前者は少なく，後者はほとんどないためで，特に後者は炉材用として広く用いられている．

骨材の岩種では前記した軽量骨材のほか，火山岩質骨材，高炉スラグ骨材などを使用すると耐熱性がよいといわれており，花こう岩などのように石英を多く含み，結晶粒の大きい深成岩類は使用しない方がよい．

鉄筋コンクリート構造物では，鉄筋に対する考慮も必要であり，① かぶりを厚くする（示方書では通常のかぶりを 2 cm 増やすことを推奨），② 断熱性のある仕上げ層を塗る，などの対策が有効である．

8.10 高強度コンクリート

高強度コンクリートは設計基準強度 $60 N/mm^2$ 以上のコンクリートと定義されている（「高強度コンクリート設計施工指針（案）」（土木学会））．単位水量の少ないコンクリートに強力な振動締固めを行い，特殊な養生を行うと $100 N/mm^2$ 程度の圧縮強度が得られることは，古くは吉田徳次郎博士の研究で示されていた．しかし，現場打ちで容易に高強度コンクリートが得られるようになったのは，高性能減水剤が開発されてからのことで，現在高強度コンクリートといえば，通常この種の混和剤を用いたコンクリートを指すと考えてよい．もちろん上記以外の製法もあり，オートクレーブ養生による方法，ポリマーを用いる方法，特殊混和剤を用いる方法，シリカフュームを用いる方法などが知られている．

高性能減水剤としては，ナフタレンスルホン酸塩系のものと，ポリカルボン酸塩系のものが多く用いられている．

高性能減水剤の特徴は，一般の減水剤と異なり，多量添加してもセメントの凝

結を遅延することがなく，使用量に比例して30%程度までの減水率を期待できることである．このため，きわめて小さい水セメント比でコンクリートのワーカビリティーを確保することができ，セメントペーストの強度を高めると同時に，ブリーディングによる骨材とペースト界面の欠陥を減少させ接着性を高めることができる．

高性能減水剤を用いたコンクリートは粘性が高く，同一スランプの通常のコンクリートより変形抵抗が大きいが，振動下では流動性がよくなり，締固めは容易である．水セメント比が小さいのでブリーディングはきわめて小さく，クリープ係数は通常のコンクリートの1/2～1/3である．

留意事項として，スランプロスが大きいこと，強度に比べて弾性係数が増加しないこと（図8.11），自己収縮を考慮する必要があること，耐凍害性を要する場合は空気連行のため別途AE剤を用いる必要があることなどがあげられる．

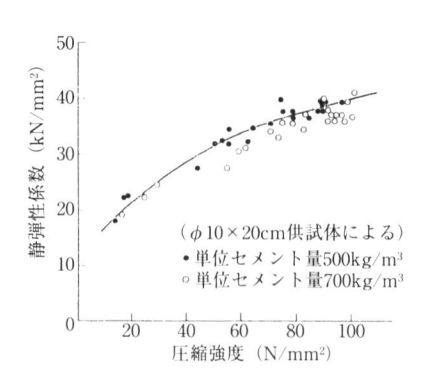

図8.11 高強度コンクリート（普通養生）の弾性係数[15]

8.11 高流動コンクリート

フレッシュ時の材料分離抵抗性を損なうことなく流動性を高めたコンクリートを高流動コンクリートという．高流動コンクリートは，振動締固め作業を行うことなく，型枠などのすみずみまで材料分離を生じることなく充てんできるコンクリート（自己充てん性を有する高流動コンクリート）である．

高流動コンクリートは，使用材料によって粉体系，増粘剤系，併用系の3種類に分類される[16]．粉体系では粉体量の増加，増粘剤系では増粘剤の使用によって材料分離抵抗性を高めており，粉体としては普通ポルトランドセメントや高炉スラグ微粉末，フライアッシュ，シリカフューム以外に高ビーライト系ポルトランドセメント，低熱ポルトランドセメント，中庸熱ポルトランドセメント，石灰石微粉末などが用いられている．また，高流動コンクリートの場合，流動性を高めるために高性能AE減水剤または高性能減水剤の使用が不可欠である．このように従来のコンクリートと比べ使用材料の種類が多くなり，同一の性能を満足する

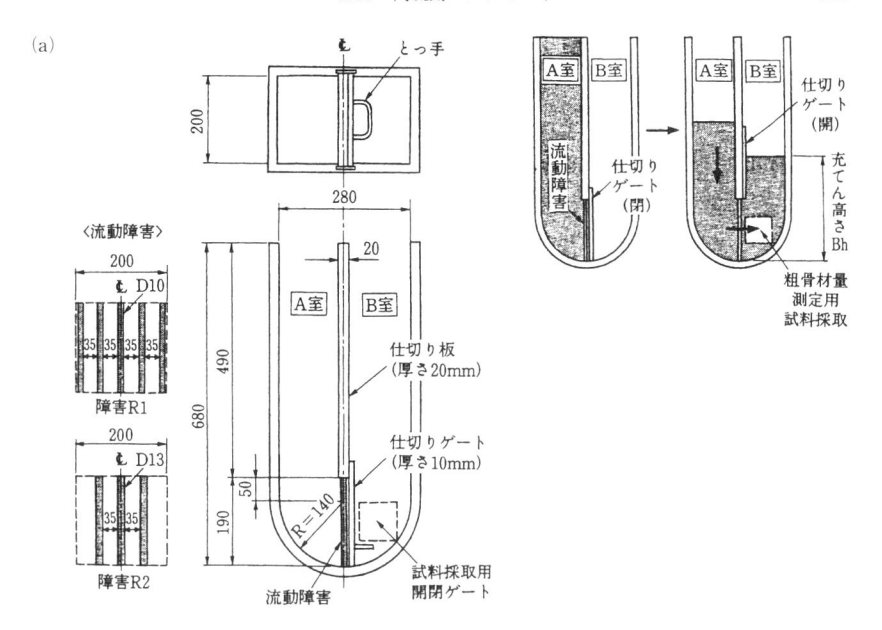

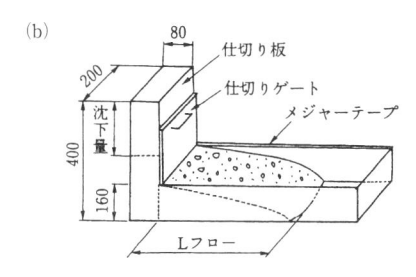

図 8.12 自己充てん性の評価に用いられる代表的な試験
(a) U形充てん装置：あらかじめA室にコンクリートを充てんし，仕切りゲートを開けた後にコンクリートがB室に流動し停止したときの充てん高さを測定する．
(b) L形フロー試験器：左側の部分にコンクリートを充てんし，仕切りゲートを開けた後にコンクリートが流動し停止したときの，仕切りゲートの内面からコンクリート先端までの距離（Lフロー）を測定する．

コンクリートの配合が多数存在する．この点が従来のコンクリートにおける配合設計の概念と大きく異なる点である．

フレッシュ時の高流動コンクリートの品質は，流動性，材料分離抵抗性，自己充てん性などによって評価される場合が多い．流動性の評価にはスランプフロー試験が行われることが多いが，材料分離抵抗性や自己充てん性の評価では定まった方法がなく，いくつかの試験方法が提案されている（図8.12）．

従来のコンクリートと比較して，高流動コンクリートでは概してブリーディングやレイタンスが少なく，凝結硬化は遅延する傾向がある．また配合的には粉体

量が多く単位粗骨材量が少なくなりやすいため,同一強度となる従来のコンクリートと比較すると,ヤング係数がやや小さくなり,高流動コンクリートを用いた部材の変形量は多少大きくなる傾向がある.

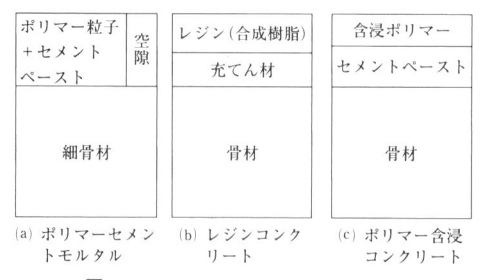

8.12 ポリマーコンクリート

ポリマーコンクリートは,結合材(バインダーともいう)の一部または全部にポリマーを用いたコンクリートの総称である.ポリマーコンクリートには図8.13のように,① ポリマーセメントモルタル,② レジンコンクリート,③ ポリマー含浸コンクリートの3種類がある.

ポリマーセメントモルタルでは,セメントとともにポリマーの水性ディスパージョン,ゴムのラテックスなどを用いる.ポリマー系ではアクリル酸エステル,ゴム系ではSBR系のものなどが用いられているが,通常の固形分は30~50%である.セメントの質量の10~20%程度のポリマーが混入するよう練混ぜ時に水と同時に加える.ポリマーセメントモルタルは,通常のモルタルより,接着性がよく,変形能が大きい.また耐久性もよい.用途としては,床舗装材,防水ライニング,補修用のパッチングモルタル,船舶や橋梁のデッキカバーリング材,防食被覆材などである.

レジンコンクリートは,結合材としてポリマーのみを用いたコンクリートである.硬化剤を加えた液状レジンを骨材と混合して製造する.レジンには不飽和ポリエステルが使用されることが多いが,エポキシ,フラン,ウレタンなどの使用例もある.レジンコンクリートの特徴は,高強度で特に曲げ強度,引張強度が大きく,水密性,化学薬品抵抗性,耐摩耗性などに優れ,質量が軽いことである.欠点は可燃性であること,製造時の体積変化が大きいこと,樹脂がセメント製品

ポリマー粒子+セメントペースト	空隙	レジン(合成樹脂)	含浸ポリマー
		充てん材	セメントペースト
細骨材		骨材	骨材
(a) ポリマーセメントモルタル		(b) レジンコンクリート	(c) ポリマー含浸コンクリート

図8.13 ポリマーコンクリートの種類

に比べ高価であることなどである．

主な用途は，ブロックマンホール，パイプU字溝，サンドイッチパネル，カルバートなどの工場製品である．また現場施工の例として，ダムの排水路，温泉地の建築基礎などが報告されている．

ポリマー含浸コンクリートは図8.14の工程で製造される．すなわち，あらかじめ成形したコンクリートに液状のモノマー（ポリマーの原料）をしみ込ませ，その状態で固結して基材コンクリートとポリマーとを一体化して製造する．ポリマー含浸コンクリートの特徴には，高強度で完全な水密性を有し，耐久性がよく，化学薬品に浸食されにくいことなどがある．海洋コンクリート構造物の表面

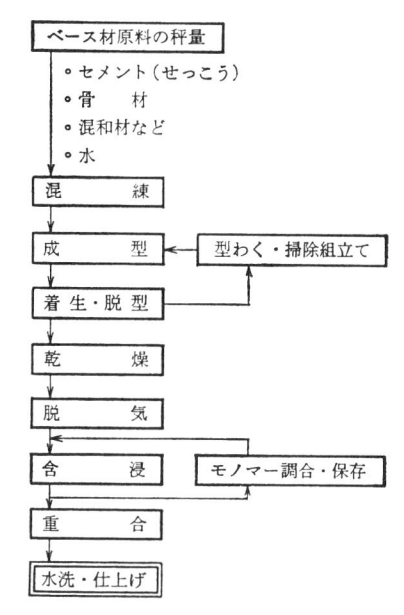

```
┌─────────────────┐
│ ベース材原料の秤量 │
│ ○セメント（せっこう）│
│ ○骨　材         │
│ ○混和材など     │
│ ○水            │
└────────┬────────┘
         ↓
      混　練
         ↓
      成　型  ←── 型わく・掃除組立て
         ↓
     着生・脱型
         ↓
      乾　燥
         ↓
      脱　気
         ↓
      含　浸  ←── モノマー調合・保存
         ↓
      重　合
         ↓
     水洗・仕上げ
```

図8.14 ポリマー含浸コンクリートの製造工程

に永久型枠として使用されているほか，補修用材料としても注目されている．パイプや地中構造物，人造石などの使用例もある．

8.13 ポーラスコンクリート

粗骨材にセメントペーストまたはモルタルをまぶして付着させ，連続もしくは独立した空隙を多く含むコンクリートを一般にポーラスコンクリートと呼んでいる．ポーラスコンクリートの空隙率はおおむね5～35%であり，空隙径は使用する粗骨材の種類により0.7mm程度から3.5mm程度まで変化する．配合の一例

表8.7 ポーラスコンクリートの配合[17]

水結合材比	粗骨材の最大寸法	単位量 (kg/m³)				目標強度
(%)	(mm)	セメント	水	粗骨材	混和剤	(N/mm²)
25	20	306	76	1564	2.14	10
25	20	408	102	1564	2.85	20
25	13	500	125	1537	3.50	30

・セメントには高炉セメントB種，混和剤にはポリカルボン酸系を使用．

を表8.7に示す．ポーラスコンクリートのかさ密度は，砕石を使用した場合で1.6〜2.0 t/m³，軽量骨材を使用した場合はこれよりやや小さい．

ポーラスコンクリートは，植栽用コンクリートとして利用されているほか，透水性，透気性が大きいことを利用して透水性・排水性舗装コンクリートとして応用されており，さらにポーラスコンクリートの空隙が生物生息の場を提供しうることから海性生物の付着を期待でき，水質浄化を目的としたコンクリートとしても利用されている．

演 習 問 題

1. プレストレストコンクリートの特徴とコンクリートに要求される性質について説明せよ．
2. 軽量骨材コンクリートの特性を普通コンクリートと比較して述べよ．
3. 海水によるコンクリートの劣化機構を説明せよ．
4. コンクリート中に Cl^- イオンが浸入する原因について説明し，鉄筋コンクリートに対する影響を説明せよ．
5. 水中コンクリートのトレミーによる打込み工法について述べよ．
6. プレパックドコンクリートとはどのようなコンクリートか説明せよ．
7. 吹付けコンクリートの施工方法の種類を述べ，優劣を比較せよ．
8. 膨張コンクリートの単位膨張量が，コンクリートの膨張率と強度に及ぼす影響について述べよ．
9. 繊維補強コンクリートの力学的性質の特徴を述べよ．
10. タフネスとは何か，またタフネスの大きいコンクリートはどのような利用法があるか．
11. コンクリートの耐熱性を決定する重要な要因は何か．
12. 高強度コンクリートに用いられる混和材料について説明し，その特徴を述べよ．
13. 高流動コンクリートについて定義し，その特徴を述べよ．
14. ポリマーコンクリートの種類を三つあげ，それぞれについて簡単に説明せよ．

参 考 文 献

1) 土木学会編：コンクリート標準示方書・設計編（平成8年版），土木学会，1996．
2) 河野 清・小池欣司：コンクリート工場製品・プレキャストコンクリートの設計と施工，山海堂，1980．
3) 睦好宏史：外ケーブルPC構造物の現状と問題点，コンクリート工学，**31**, 8, 1993．
4) 村田二郎：人工軽量骨材コンクリート，コンクリートパンフレット，**79**, セメント協会，1974．
5) 土木学会編：コンクリート標準示方書・施工編（平成8年版），土木学会，1996．

6) 門司　唱・井上一郎・吉川　功：膨張材を使用するコンクリートの配合設計に関する研究, セメント技術年報, **25**, 1971.
7) 岡村　甫・辻　幸和：ケミカルプレストレスを導入したコンクリート部材の力学的特性, 土木学会論文報告集, **225**, 1974.
8) 辻　幸和：コンクリートにおけるケミカルプレストレスの利用に関する基礎研究, 土木学会論文報告集, **235**, 1975.
9) 錦織達郎：水圧鉄管路における膨張コンクリートの施工, コンクリートジャーナル, **12**, 7, 1974.
10) 門司　唱：水圧鉄管のノングラウト工法における膨張量管理の問題点, セメントコンクリート, **334**, 1974.
11) 千田　実：建築マスコンクリートの施工について, コンクリート工学, **13**, 11, 1975.
12) 竹内貞一：黒部ダム仮余水吐き閉そく工事と膨張性混和材を用いた充填コンクリートの成果, 土木施工, **5**, 1, 1974.
13) 小林一輔・田澤栄一：繊維補強コンクリート/ポリマーコンクリート, 最新コンクリート技術選書9, 山海堂, 1980.
14) 原田　有：コンクリートおよび部材の火災特性について, コンクリートジャーナル, **11**, 8, 1973.
15) プレストレストコンクリート技術協会：コンクリート橋の長大化に関する調査研究報告書, 1971.
16) 土木学会編：高流動コンクリート施工指針, コンクリートライブラリー第93号, 土木学会, 1998.
17) 日本コンクリート工学協会：エココンクリート研究委員会報告書, 1995.

9. ダムと舗装

9.1 舗装コンクリート

a. 概　説

舗装コンクリートとは，道路，空港，港湾のエプロンやコンテナヤード，鉄道の貨物設備などにおいて，路盤の上に舗装される無筋コンクリート，連続鉄筋コンクリート，プレストレストコンクリート，転圧コンクリートをいう．従来，コンクリート舗装には無筋コンクリート（コンクリート版 $1\,\mathrm{m}^2$ 当り $3\,\mathrm{kg}$ 程度の鉄網を使用するものを含む）が使用されてきたが，走行荷重の大型化や施工の合理化などから，連続鉄筋コンクリート舗装やプレストレストコンクリート舗装，転圧コンクリート舗装などが増加しつつある．

コンクリート舗装の一般的な断面構成を図9.1に示す．コンクリート版の厚さは，表9.1に示す値を標準としている．コンクリート版には，温度変化による伸縮を許容し，ひび割れの発生を防止するため，各種の目地が設けられる．道路の目地の例を図9.2に示す．また，表9.2に各種目地間隔の標準を示す．

b. 配　合

1) 品　質　舗装コンクリートは，所要の曲げ強度を有すること，気象条件に対する耐久性が大

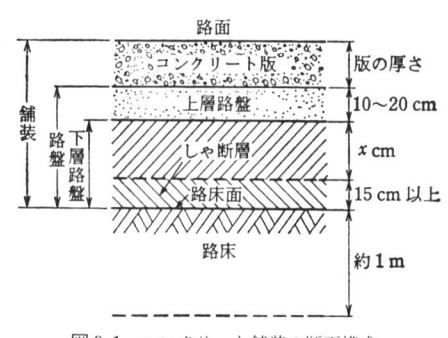

図9.1 コンクリート舗装の断面構成

9.1 舗装コンクリート

表 9.1 舗装コンクリート版の厚さ

舗装の対象	版の厚さ		
	厚さの範囲 (cm)	標準	
		大型車交通量 (台/日・1方向)	厚さ (cm)
道 路	15〜30	3000 未満 3000 以上	25[+] 30[+]
空 港	20〜38	設計荷重,設計反復作用回数に応じて定める.	

[+]:路盤支持力係数 K_{30}:20 kg/cm³,コンクリートの曲げ強度:4.5 N/mm²,版の耐用年数:20 年の場合.

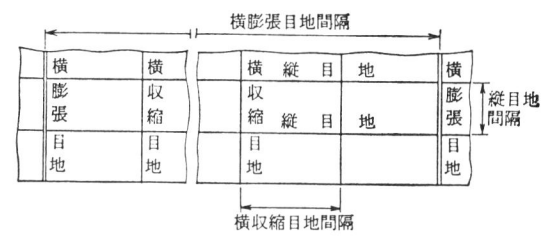

図 9.2 道路舗装版の目地

表 9.2 各種目地間隔の標準[1]

舗装の対象	目地の種類		目地間隔
道 路	膨張目地	4〜11月 施工の場合	版厚 150, 200 mm 120〜240 m 版厚 250 mm 以上 240〜480 m
		12〜3月 施工の場合	版厚 150, 200 mm 60〜120 m 版厚 250 mm 以上 120〜240 m
	収縮目地		版厚 250 mm 未満 4.0〜8.0 m 版厚 250 mm 以上 5.0〜10.0 m
	縦目地		3.25〜4.5 m
空 港	膨張目地		100〜200 m
	収縮目地		版厚 300 mm 未満 5.0 m 以下 版厚 300 mm 以上 7.5 m 以下
	縦目地		版厚 300 mm 未満 4.5〜6.0 m 版厚 300 mm 以上 5.0〜7.5 m

きいこと,交通荷重に対するすりへり抵抗が大きいこと,品質のばらつきの少ないものであることが必要である.

強度は,一般に材齢 28 日における曲げ強度を基準とする.設計基準曲げ強度

f_{bk} の標準は，道路舗装の場合 4.5 N/mm², 空港舗装の場合 5.0 N/mm² である．舗装版には，AE コンクリートを用いる．

2) 材 料 舗装版中の鋼材の腐食を防ぐため，練混ぜ水に海水を用いてはならない．また，海砂の塩化物含有量は，鉄筋コンクリート用材料と同様に規制される．

粗骨材は，目視検査により軟らかい石片の存在が認められたら，JIS A 1126 によって試験する．その含有量は，5.0% を限度とする．また，「ロサンゼルス試験」（JIS A 1121）によるすりへり減量の限度は，一般に 35%，積雪寒冷地では 25% とする．

3) 配合設計

① 粗骨材の最大寸法は，一般に 40 mm 以下とする．

② コンクリートのスランプは 2.5 cm，沈下度は 30 秒を標準とする．ただし，版厚の小さいプレストレストコンクリートで断面内にシースが多く配置される場合には，スランプの標準を 8 cm とする．

③ 単位粗骨材容積は，通常，表 5.11（p.119）から求める．

④ コンクリートの空気量は，粗骨材の最大寸法などに応じて 4～7% を標準とする．

⑤ 単位水量は作業ができる範囲で，できるだけ少なくなるよう定め，通常の場合，表 5.11 から求める．

⑥ 配合曲げ強度は，一般の場合，現場で採取した供試体の曲げ強度の試験値が，設計基準曲げ強度を下回る確率が 5% 以下となるように定める．

⑦ 耐久性から定められる水セメント比は，特に厳しい気候で凍結融解がしばしば繰り返される場合 45% 以下，凍結融解がときどき起こる場合 50% 以下とする．

⑧ 単位セメント量の大体の標準は，280～350 kg/m³ である．

⑨ 配合設計の方法については，5 章を参照のこと．

c. 施 工

コンクリートの運搬時間は，ダンプトラックを用いる場合約 1 時間，アジテータトラックによる場合約 1.5 時間を限度の目標とする．

舗装コンクリートは，曲げ強度が配合強度の 7 割に達する時期まで，日光や風の悪影響を受けないよう表面を保護し，十分な水分を与えるなどの養生を行う．

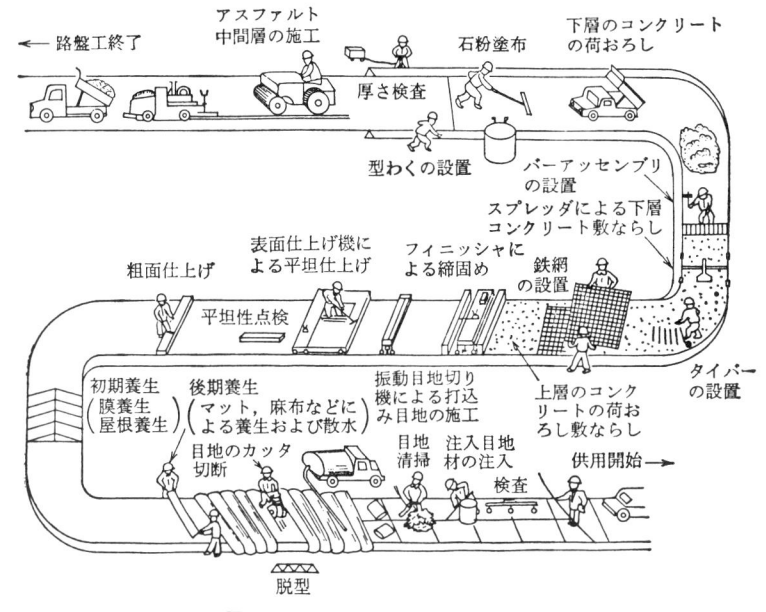

図 9.3 舗装コンクリートの施工手順[2)]

路盤工が終了してから，供用開始までの舗装コンクリートの代表的な施工手順を図 9.3 に示す．

9.2 ダムコンクリート

a. 概　　説

ダム本体のコンクリートは，通常無筋コンクリートとして設計される．もちろん付属設備や監視廊の周囲などでは鉄筋が配置されることもある．

ダムコンクリートの特徴は，大量のコンクリートをマッシブな形状に施工することにある．このため，セメントの水和熱による内部の温度上昇が大きくなり，打継面の拘束や表面部の冷却によりひび割れを生じやすくなる．

一般に，ダムコンクリートでは粗骨材最大寸法を大きくとり，80 mm 以上が用いられ 150 mm を用いることも多い．このような大粒径骨材の使用はダムがマッシブな無筋コンクリートであるために可能になるが，セメントの使用量を減少させるのに，きわめて有効であり，コンクリート単価の引き下げと同時に温度ひび割れの防止にも役立っている．

ダムの施工場所は交通不便な山里が多く,レディーミクストコンクリートを用いることはまれである.通常は現場近辺にコンクリートプラントや骨材製造プラントを建設して,現場内の専用プラントでコンクリートを製造する.同一配合のコンクリートを計画的に大量に製造することになるので,品質管理は行いやすく,品質の変動を少なくすることで得られるメリットも大きくなる.

ダムコンクリートは,耐久性と水密性がすぐれ,発熱や体積変化が少なく,所定の単位容積質量と強度を有するものでなければならない.

ダムコンクリートの設計,施工は示方書[3]によらなければならない.

b. 配　合

ダムコンクリートは,堤体断面内の位置により,異なった配合が用いられる.図9.4に重力式ダムの一例を示すが,図中のⒶは外部コンクリート,Ⓑは内部コンクリート,Ⓒは構造用コンクリート,Ⓓは着岩コンクリートと呼ばれ,機能や目的を考慮して配合を選定する.

外部コンクリートは,外部の環境変化に直接さらされる部分(表層3m程度を考えることが多い)であり,特に耐久性と水密性が要求され,ダムの美観を損なわないものでなければならない.越流タイプのダムでは水流の洗掘作用に対し耐摩耗性を要求される部位も生ずる.

内部コンクリートは,堤体体積の大部分を占め,荷重を支え岩盤に応力を伝達する機能を持つ.必要な性質としては,大量施工に対する打ち込みやすさを持ち,所定の強度と耐久性を有し,低発熱で温度応力の発生が少なく,かつ均質であることなどである.また経済的な配合であることも要求される.

Ⓐ 外部コンクリート
Ⓑ 内部コンクリート
Ⓒ 構造用コンクリート
Ⓓ 着岩コンクリート

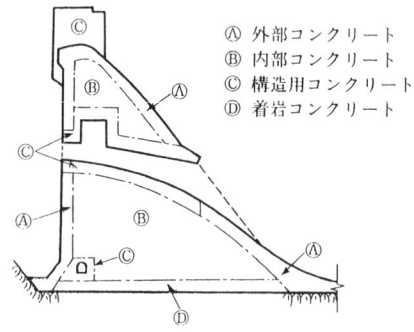

図9.4　重力式コンクリートダムの堤体コンクリートの配合区分[3]

構造用コンクリートは,通廊や放流管などの堤体内で応力集中の生ずる部分に鉄筋コンクリートとして使用されるコンクリートである.配置された鉄筋の間に打ち込むことが容易で,鉄筋との付着性能,強度など必要な性質を備えていなければならない.

岩着コンクリートは,基本的には内部コンクリートと同じ機能や性状

を必要とするが，基礎岩盤との接着部分であるので，岩盤との一体性を十分確保できるものでなければならない．

ダムコンクリートの配合設計は，設計基準強度f'_{ck}として材齢91日の圧縮強度を用いる．この理由は一般に初期の水和熱の小さいセメントを用いることが多く，長期の強度増進が大きいので，早期の強度で判定することが実用上適当でないためである．

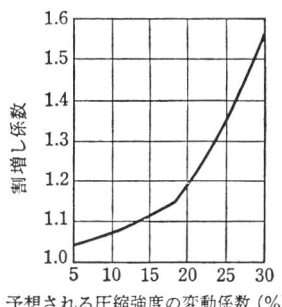

図9.5 一般の場合の割増し係数[1]

配合強度は，圧縮強度の試験値が，① f'_{ck}の80%を1/20以上の確率で下回らないこと，② f'_{ck}を1/4以上の確率で下回らないこと，の2条件から定める．この場合の強度の割増し係数と，予想される変動係数との関係を図9.5に示す．

ダムコンクリートの配合は，所定の強度，単位容積質量，耐久性などを持ち，硬化時の温度上昇が小さく，作業に適するワーカビリティーを持つ範囲内で，単位セメント量が少なくなるように定める．

外部コンクリートの配合を，耐久性をもとにして決める場合の水セメント比は，凍結融解がしばしば繰り返される場合60%，氷点下の気温になるのがまれな場合65%以下とし，単位セメント量は210〜220 kg/m³程度とする．

内部コンクリートについては，単位セメント量は，140〜160 kg/m³程度である．空気量は粗骨材最大寸法150 mmのとき，3.0±1%，80 mmのとき3.5±1%，40 mmのとき4.0±1%をそれぞれ標準とする．

セメントとしては，低発熱性の中庸熱ポルトランドセメント，高炉セメント，フライアッシュセメントなどが用いられるが，高炉スラグ微粉末の置換率は60%以下，フライアッシュの置換率は30%以下をそれぞれ標準とする．

c. 施　　工

ダムコンクリートの運搬には，一般にケーブルクレーンとバケットが用いられる．1区画でコンクリートを打ち上げる高さ（リフトと呼ぶ）は，1.5 m以上2.0 m以下を標準とする．1リフトは通常，数層に分けて締め固められる．

水平打継目は，旧コンクリートの上部のレイタンス処理を行い，コンクリート中のモルタルと同配合のモルタルを1.5 cm程度均等に塗り込んだ後，新コンクリートを打ち継ぐ．

岩盤上または長時間打ち止めておいたコンクリートに打ち継ぐときは，0.75〜1.0 m のリフトを数リフトで施工するのがよい．また打継ぎの間隔は中4日程度とする．隣り合ったブロックの打上りの高さの差は上下流方向で6 m，ダム軸方向で12 m以内を標準とする．これらの考慮は発生する温度応力を過大にしないことが主な目的である．

ダムコンクリートは温度応力を低減するため，コンクリートを冷却する．設計上の温度制御計画のもとで行われるが，プレクーリングとパイプクーリングがある．

プレクーリングは練混ぜに用いる骨材，水などを冷却する方法である．練混ぜ水の一部に氷を用いる方法などもあり，外気温度より10〜15℃低い温度のコンクリートとすることが多い．

パイプクーリングは新コンクリートの打込み前に，クーリング用のパイプを水平に配置しておき，コンクリート打込み後温度の低い水を通して，内部からコンクリートを冷却する方法である．管路の1系統は200〜300 mにするのが普通で，1.5 m間隔程度のパイプに毎分13〜16lの通水を行うのが普通である．

d．合理化施工

1) RCDコンクリート工法　RCDコンクリートの呼び名はroller compacted dam concreteに由来し，その頭文字をとっている．RCDコンクリートは，ダンプトラック，ブルトーザー，振動ローラーなどの重機械を使用し，大容量のコンクリートダムを急速かつ合理的に施工する方法である（図9.6）．

ダンプトラックを用いて粗骨材最大寸法80 mm程度以下の超硬練りコンクリートを現場に搬入し，1リフトが70 cm程度以下になるよう，振動ローラーで転圧と締固めを行う．従来のように内部振動機を用いないので打込み現場における人力作業は極端に少なくなる．超硬練りコンクリートはきわめて貧配合で，置き換えたフライアッシュを含めた単位セメント量は120〜130 kg/m^{3}程度である．このことと1リフト高が小さいことにより，パイプクーリングを行わずに施工ができ，最低24時間後には真上のリフトのコンクリートを打ち継ぐことができる．このため，きわめて急速な施工が可能なのがこの工法の特徴で，パキスタンのTarbalaダムでは日平均打設量7600 m^3，日最大打設量19000 m^{3}という記録がある．なお従来用いられている分割ブロック工法とRCD工法とを比較すると表9.3のようになる．

9.2 ダムコンクリート

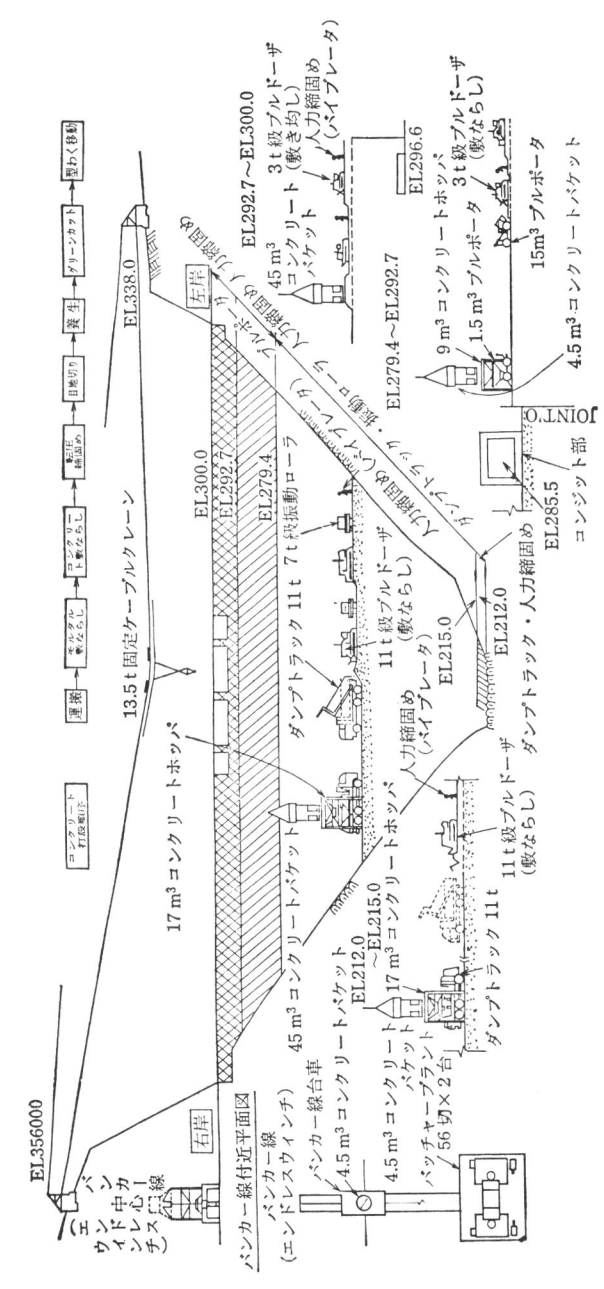

図 9.6 RCD コンクリート工法の施工要領図

表9.3 ダムコンクリートの施工方法の比較[4]

比較事項	従来の分割ブロック工法	RCD工法
コンクリート	C+F=140(kg/m³) 以上, スランプ2〜5cm	C+F=120(kg/m³) 以上, ゼロスランプの超硬練り
使用ミキサー	可傾式 (重力式)	二軸強制練り (パグミル型)
打設方法	ブロックシステム	全面レヤーシステム
堤体への運搬	ケーブルクレーン, ジブクレーンとバケット	ケーブルクレーンとバケット, ダンプトラック
堤体内の小運搬	同上	ダンプトラックまたはベルトコンベヤー
敷きならし	バケットにより直接排出	ブルドーザー
レイタンス除去	ジェット水	モータースイーパーまたはポリッシャー
締固め	棒形振動機, バイブロドーザー	振動ローラー
横目地	型枠で形成	振動圧入目地切り機械で造成
発熱対策	パイプクーリングで堤体コンクリートを冷却	高熱とならないよう貧配合とする
打継ぎ時間	最短で7〜10日程度	1〜2日

　RCD用コンクリートのコンシステンシーは，スランプでは測定できないので，3.2節で述べたVC試験による．試験の容器には，小型（内径24 cm）と大型（内径40 cm）の2種類があるが，小型を用いた場合VC値が20±10秒程度で良好な締固めができるといわれており，配合設計や品質管理はこの値を目標に行われる．

2) その他の合理化施工法　　コンクリートダムの堤体施工にコンクリートポンプが最初に用いられたのは，1983年に長崎県で竣工した長与ダムである．中小規模のダムを合理的に施工する方法としてコンクリートポンプは有効である．ポンプの機種をダムの規模に合わせて設定でき，仮設備の簡便化や省力化が可能となるため，立地条件などによっては経済的な施工法となる場合がある．

　また，ベルトコンベヤーを利用する方法なども検討されている．

演習問題

1. 舗装コンクリート版に設けられる目地の種類とその効果について述べよ．
2. 舗装コンクリートとして必要な品質について述べよ．
3. ダムコンクリートで留意すべき事項を述べよ．
4. プレクーリングとパイプクーリングについて述べよ．

5. RCD コンクリートの施工方法を説明せよ．
6. RCD コンクリートのワーカビリティー判定方法について記せ．

参 考 文 献

1) 土木学会：コンクリート標準示方書・舗装編（2002 年制定），土木学会，2002．
2) 日本コンクリート工学協会：コンクリート技術の要点 '86, 1986．
3) 土木学会：コンクリート標準示方書・ダムコンクリート編（2002 年制定），土木学会，2002．
4) 鈴木徳行・坂田俊五：RCD コンクリートの諸問題，セメントコンクリート，**399**，1980．

10. コンクリート製品

10.1 概　　説

　整備された工場で製造されたコンクリート部材，RC 部材および PC 部材を，一般に**コンクリート製品**（以下製品と略記）という．示方書では工場製品と称しており，このほかセメント製品，セメント二次製品，プレキャスト製品などと呼ぶことがある．近年，工期の短縮，施工の合理化，省力化，耐久性の増大の要求から，建設工事の際に製品がかなり使用され，広く用いられている製品は JIS 規格がある．なお，プレキャスト製品に関しては，性能照査規定型の設計が導入され，「プレキャストコンクリート製品—要求性能とその照査方法」（JIS A 5362）においては，製品およびそれを用いた構造物に要求される性能の項目と，その内容が示され，さらに主な性能照査方法が示されている．1997 年度の統計では，全生産量の約 15% 程度であり，この割合は欧米諸国が 20% 前後であることを考えると，まだまだ伸びる可能性がある．

　製品は，一般の構造物と比べて次のような特徴を持つ．
① 大型部材も製造されているが，小型のものが多くて取り扱いやすい．
② 粗骨材最大寸法を一般に 25 mm 以下とし，硬練りで水セメント比の小さい高品質のコンクリートを用いる．
③ 振動台による締固め成形のほか，遠心締固め，加圧振動締固め，即時脱型など特殊な成形方法を用いる．
④ 早期に脱型し，型枠の回転率を高めるため，一般に蒸気養生が採用され，高強度製品ではオートクレーブ養生，加圧養生なども用いる．

⑤ 使用材料，配合，品質，工程などの管理を十分に行って製造しており，実物試験の可能なものが多い．

特に，現場で製品を使用する場合，次のような利点がある．
① 建設現場で型枠や支保工の準備がいらない．
② 天候に左右されることが少ない．
③ 作業を機械化でき，省力化が可能になる．
④ 標準化されている JIS 製品を入手しやすい．
⑤ 養生期間が不要で工期が短縮される．
⑥ 使用前の抜き取り検査で品質も確認できる．
⑦ 地中に埋設する製品では掘削量が少なくてすむ．

10.2 コンクリート製品の製造

a．製造に用いられる混和材料

セメントは，一般に普通ポルトランドセメントが用いられ，早期に高強度を必要とする PC 製品，脱型を急ぐ製品などには早強ポルトランドセメントが用いられる．

使用される混和剤には，AE 剤，減水剤，AE 減水剤，高性能減水剤，高性能 AE 減水剤，流動化剤などがある．特に高強度を必要とする工場製品の場合には，高性能減水剤を使用することが多い．混和材は，膨張材，無水石こうなどを主成分とする高強度用混和材，高炉スラグ微粉末，フライアッシュ，けい酸質微粉末などがある．

最近では，シリカフュームを混和材として高性能減水剤や高性能 AE 減水剤と併用することによって，きわめて高い圧縮強度のコンクリートとした製品や，高耐久性を有する製品を製造することができる．また，工場製品の生産効率を向上させるために，脱型をより早期に行うことを目的とする混和材も開発され，寒冷期における養生時間の短縮や型枠利用の効率化などに活用されている．近年，周囲の景観との調和などの環境への配慮のため，工場製品の表面に模様を施し，さらに着色した工場製品が多い．着色材料には，種々のものがあるが，製品の品質に有害な影響を及ぼさないものでなければならない．

b．練混ぜと成形

製品には水セメント比の小さい硬練りのコンクリートが使用され，このような

コンクリートの練混ぜには強制練りミキサーが適している．重力式ミキサーによって練り混ぜると，ミキサーの内壁やブレードの根元にモルタルが付着して，練り混ぜたコンクリートが所定の配合にならない場合がある．

製品の代表的な締固め成形方法としては，振動締固め，遠心力締固め，加圧締固めがある．

1) **振動締固め**　大型製品は棒形振動機または型枠振動機で，小型製品は低振動数で高振幅の振動台を用いて振動締固め成形を行う場合が多い．棒状振動機は，振動数 8000～12000 vpm，振幅 1.0～2.5 mm 程度のものが多く使用されている．型枠振動機は，3000～9000 vpm，出力 0.5～1.2 kW 程度のものが用いられている．

2) **遠心力締固め**　管類，ポール，杭などの中空円筒形製品では，遠心力成形機を用いて遠心力締固めを行うが，図 10.1 のように型枠を車輪の上に乗せて回転する**車輪式**と，こまを回すように中心軸で型枠を吊って回転する**ジャイロ式**がある．前者は回転時の微振動による締固め効果と遠心力によって効果的である．余剰水の絞り出しによって水セメント比が 5～10% 低減でき，高強度かつ高密度の製品ができる．

3) **加圧締固め**　型枠に振動締固めしたコンクリートに機械的な圧力を加えるが，振動を与えながら同時に加圧も併用する加圧締固めは，矢板，スラブなどの板状製品に用いられる．通常 0.7～1.0 N/mm² の加圧力が採用される．加圧工法の一種に真空マットを利用した加圧真空工法がある．加圧工法ごとのコンクリートの圧縮強度の違いを表 10.1 に示す．

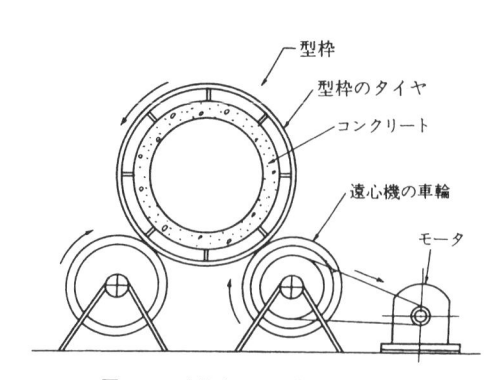

図 10.1　車輪式による遠心力成形機[1]

表10.1 加圧工法ごとのコンクリートの圧縮強度の違い[2]

工　法	加圧真空	圧力養生	真空処理
材齢28日圧縮強度（N/mm²）	60〜80	67〜80	51〜70

4) その他の締固め　最近では，工場周辺にも多くの住宅が建てられており，工場製品の製造にかかわる騒音や振動が問題になる場合があるほか，作業環境としても大きな問題になっている．この問題を解決する方法の一つとして，高流動コンクリートを用いる無振動の充てんによって，あるいは低振動の締固めによって，工場製品を成形する方法も採用されている．

c．表面仕上げ

製品の表面仕上げは，一般にコンクリートの締固めが終わった後，定規，こて，あるいは，底板付き振動機などを用いて行う．加圧締固め工法では，型枠の上面に取り付けた加圧板を用いて機械的に仕上げを行う．寸法の許容差が示されている工場製品では，これを考慮して表面を仕上げなければならない．コンクリート表面に特別な仕上げを行わない場合は，露出面となるコンクリートは一般に平滑で密実な組織を有する面である必要がある．コンクリートの特殊な表面仕上げには，洗出し，ショットブラスト，研出しなどの方法がある．

d．養　　生

製品は，成型後ごく早期に脱型し，型枠の回転率を高め，また早く出荷して使用するため次のような促進養生を用いる．

1) 常圧蒸気養生　常圧蒸気養生は製品工場で広く用いられている．一般の常圧蒸気養生方法を次のように定めている例が多い（図10.2）．

① 型枠のまま蒸気養生室に入れ，養生室の温度を均等に上げる．
② 練り混ぜた後，2〜3時間以上経ってから蒸気養生を行う．
③ 温度の上昇速度は1時間につき20℃以下とし，最高温度は65℃とする．
④ 養生室の温度は徐々に下げ，外気の温度と大差がないようになってから製品を取り出す．

通常1日1サイクルの工程で行われるが，加圧成形やコンクリート温度を40℃以上としたホットコンクリートを用いると養生期間が短縮できる．養生温度と養生時間との積をマチュリティー（7.10.c項参照）といい，製品工場では0℃を基準としている．普通ポルトランドセメントのコンクリートでは，

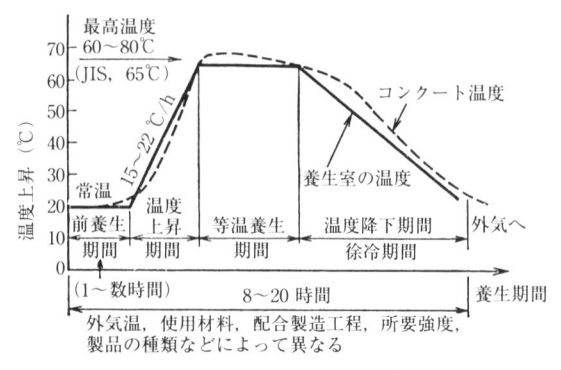

図10.2 蒸気養生の際の養生条件

1000℃·h の常圧蒸気養生を行うと，脱型時に28日強度の50%程度の値が得られる．

2) オートクレーブ養生 10気圧180℃の高圧の蒸気釜の中で製品を養生し，シリカ質の骨材を用いると，高強度のトベルモライトが生成することにより，養生後に高強度コンクリートが得られる．高強度杭，気泡コンクリート（ALC）製品に用いられる．このため良質のけい砂粉末，シリカフューム，高性能減水剤などを用いるが，密実なコンクリートでは $70 \sim 100 \, \text{N/mm}^2$ の高強度が得られる．

e．脱型・取り扱い・運搬・貯蔵・接合

コンクリートの硬化が進み，製品の取り扱いに支障のない強度になると脱型し，製品置き場に運搬して貯蔵する．超硬練りコンクリートを締固め成形後，直ちに型枠の一部または全部を取り外す工法を即時脱型と呼んでいる．製品は，取り扱いや運搬の途中で，ひび割れ，欠けなどの損傷を受けやすいので，作業中は十分に注意しなければならない．

製品は，現場で組み立て，接合して使用される場合が多いが，接合部は一般に弱点になりやすいので，その性能が十分に発揮できるように接合する．接合にはエポキシ樹脂接着剤が用いられる場合が多い．

10.3 ポーラスコンクリートを用いた製品

近年，ポーラスコンクリートを用いたコンクリート製品が種々開発され，生産量が年々増加している．従来のコンクリート製品と比較してJISなどの規格は整備されていない．したがって，ポーラスコンクリートを用いた製品を取り扱う場合は，インターロッキングブロック協会「インターロッキング舗装設計施工要領」(1987年)，「インターロッキングブロック舗装設計施工要領　車道編」(1990年)，日本コンクリート工学協会「エココンクリート研究委員会報告」(1995年)，先端建設技術センター「ポーラスコンクリート河川護岸工法の手引き」(2001年) などの各指針や報告書を参考にするのがよい．

a. ポーラスコンクリートの配合

ポーラスコンクリートは，粗骨材と通常のコンクリートに比べて少量のペーストもしくはモルタルによって構成され，5～40％程度の空隙率，10^{-2}～10^0 cm/sの透水係数を有するコンクリートである．通常のコンクリート製品と比較して，表10.2に示すように配合が大きく異なっている．

b. 用途例

ポーラスコンクリートを用いた製品の用途例としては，①透水性舗装，②空隙に土壌などを充てんさせることによる緑化，③多孔性への微生物の付着による河川や海水の水質浄化，④高速道路などの防音壁の吸音材，⑤雨水の地下浸透設備，などがある（12.5節参照）．

表10.2　ポーラスコンクリートの配合[3]

粗骨材の最大寸法 (mm)	セメント骨材比 C/G	水セメント比 W/C (%)	単位量 (kg/m³)		
			W	C	G
5	1/5	30	100	330	1680
10	1/5.5	30	93	310	1713
13	1/6	30	87	290	1745

演 習 問 題

1. コンクリート製品を現場で使用した場合の利点について述べよ．
2. 遠心力締固めについて説明せよ．
3. 常圧蒸気養生の目的とその方法について述べよ．
4. ポーラスコンクリートを用いた製品と従来のコンクリート製品の相違点について

述べよ．

参 考 文 献

1) 日本コンクリート工学協会編：コンクリート技術の要点'98，日本コンクリート工学協会，1998．
2) 岡田　清・六車　熙編：改訂新版コンクリート工学ハンドブック，朝倉書店，1981．
3) 長瀧重義編：最新コンクリート工事ハンドブック，建設産業調査会，1996．

11. コンクリート構造物の維持管理と補修

11.1 概　　説

　コンクリート構造物の要求性能を保持するために構造物の**維持管理**が必要となる．維持管理は補修や補強が必要か否かを監視し，必要な場合には機能を復元する作業である．その判断のため通常使用状態の構造物を非破壊で検査するが，構造物の使用条件を設計時の仮定と照合して検討することも重要である．

　一般の構造物で維持管理の対象となる**要求性能**は，**安全性能，使用性能，第三者影響度，美観・景観，耐久性能**である．このうち，第三者影響度は構造物の損壊が人やものに危害を加える危険性を指す．

　構造物の性能が低下する原因は種々の要因による劣化である．劣化外力には，乾燥収縮，温度変化，凍結，乾湿繰り返し，鋼材の腐食，化学的侵食，アルカリ骨材反応，摩耗，キャビテーション，中性化，電流，振動，火災などがあり，力学的外力の作用をも含め，複数の要因が複合して損傷が起こるのが普通である．

　劣化は，初期段階では外観に現れないこともあるが，ある程度以上進行すると，構造物の変状として直接観測できるのが普通である．変状には，ジャンカ（豆板），コールドジョイント，砂すじ，表面気泡（あばた），ひび割れ，浮き，剥落，永久変形，移動，沈下，異常振動，鉄筋腐食，表面汚染，漏水，過大たわみ，摩耗による損傷などがある．

　構造物の維持管理は，点検，評価・判定，対策の立案・実施という一連の流れで行う（図 11.1）．変状として劣化現象が認められた場合には，劣化の程度とその原因とを調査し，要求性能を考慮して補修または補強の要否を判定し，必要に

11. コンクリート構造物の維持管理と補修

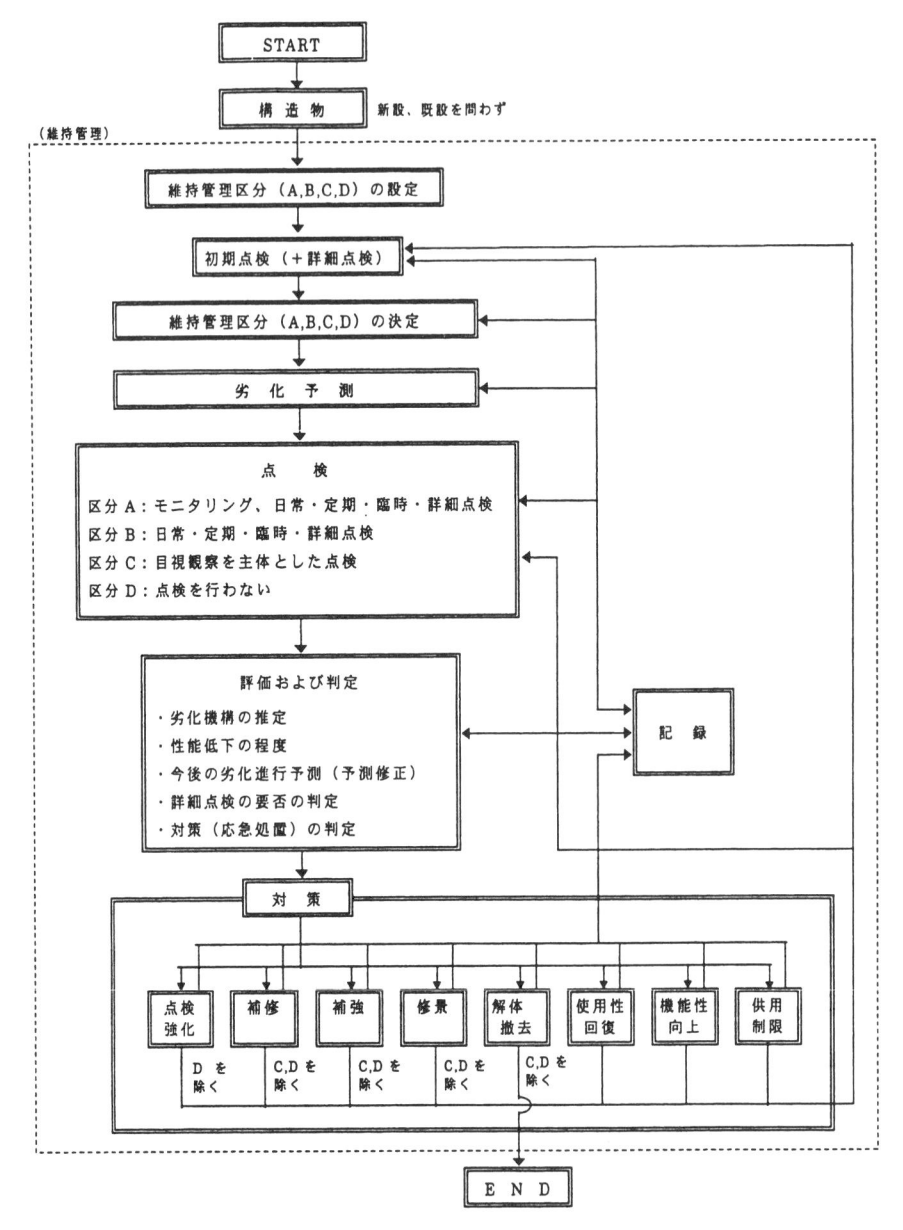

```
                    START
                      │
                   構 造 物    新設、既設を問わず
(維持管理)            │
  ┌─────────────────┼──────────────────────────┐
  │         維持管理区分（A,B,C,D）の設定          │
  │                  │                          │
  │         初期点検（＋詳細点検）←──────┐        │
  │                  │                  │        │
  │         維持管理区分（A,B,C,D）の決定 ←┤        │
  │                  │                  │        │
  │            劣 化 予 測 ←─────────────┤        │
  │                  │                  │        │
  │            点　　検                  │        │
  │  区分A：モニタリング、日常・定期・臨時・詳細点検 │
  │  区分B：日常・定期・臨時・詳細点検      │        │
  │  区分C：目視観察を主体とした点検        │        │
  │  区分D：点検を行わない                │        │
  │                  │                  │        │
  │          評価および判定               │   記 録 │
  │  ・劣化機構の推定                    │←──────→│
  │  ・性能低下の程度                    │        │
  │  ・今後の劣化進行予測（予測修正）      │        │
  │  ・詳細点検の要否の判定              │        │
  │  ・対策（応急処置）の判定            │        │
  │                  │                            │
  │               対　策                          │
  │  ┌──┬──┬──┬──┬──┬──┬──┬──┐              │
  │ 点検 補修 補強 修景 解体 使用性 機能性 供用   │
  │ 強化              撤去 回復  向上  制限   │
  │  Dを C,Dを C,Dを C,Dを C,Dを                │
  │  除く 除く 除く 除く 除く                    │
  └──────────────────┼────────────────────────┘
                    E N D
```

図11.1　維持管理のフロー図[1]

区分A：予防維持管理，区分B：事後維持管理，区分C：観察維持管理，区分D：無点検維持管理．

応じて補修設計または補強設計を行ったうえで，補修・補強を実施しなければならない．

変状は突発的に生ずる場合もあるが，設計時に予測できる事項も少なくない．そこで構造物に要求される耐用年数と与えられた条件を考慮して，設計上の耐用年数を照査する手法を**性能照査設計**と呼ぶ．理想的な設計は，劣化が進行し構造物を廃棄する年限が設計時に仮定した耐用年数と過不足なく一致し，補修・補強を含めた全使用期間のコストが最小になる設計である．

11.2 コンクリート構造物の維持管理と点検

使用中の構造物は点検組織を定めて，定常的に点検を実施し，変状の発見につとめなければならない．そのため，構造物の設計図書，施工記録を保管し，点検の記録・構造物の使用に関する経歴を残す必要がある．

点検方法と原理・試験項目，劣化原因の対応は表11.1のようになる．点検方法は，構造物の現況，要求性能，設計・施工条件，環境・使用条件，耐用年数などを考慮し，調査機器の測定原理を踏まえて選定する必要がある．

標準的な調査として，変状の現状，変状の経緯，変状による障害の有無，障害の経緯，設計図書，施設記録などの調査で，構造物の使用状態と環境条件をあわせて検討する．

試験・検査を伴う詳細な調査としては，コンクリートや鉄筋の劣化度の調査，断面寸法の設計図との照合，荷重条件の実態調査，地盤関連の調査，漏水経路の調査，構造物の載荷試験，振動試験などが行われる．このうちのコンクリートの劣化度の試験には，中性化試験，配合分析，塩分分析，骨材の反応性試験，顕微鏡観察などがある．

このような調査を行っても原因が明確にならないこともあり，技術者の高度な判断で補修・補強の要否が決定されることも少なくない．

11.3 コンクリート構造物の補修と補強

構造物の劣化状況に応じ，その要求性能をある水準以上に保持するための技術的行為をすべて対象としている．具体的な方策には，点検強化，供用制限，補修・補強，修景，使用性回復，機能性向上，解体・撤去などがある．

構造物の性能判定と選択可能な対策との関係は表11.2のようになる．耐久性

表11.1 劣化原因と点検方法の対応[1]

点検方法	原理・試験項目など	中性化[*2]	塩害	凍害	化学的侵食	アルカリ骨材反応	疲労
電気化学的方法	自然電位法	◎	◎	○	○	○	
	分極抵抗法	◎	◎	○	○	○	
応力測定法	載荷時のひずみ測定	○	○	○	○	○	◎
変形測定法	載荷時の変形測定	○	○	○	○	○	◎
目視・写真撮影	双眼鏡・カメラ・変形[*1]	○	○	○	○	○	◎
打音法	打撃音・波形解析	○	○	○	○	○	
反発硬度法	テストハンマー強度	○	○	○	○	○	
赤外線法	表面の赤外線映像	○	○				
はつり試験	中性化深さ	◎			○		
	鋼材腐食状況	◎	◎	○	○		
	鋼材引張強度	○	○		○		○
採取したコアによる試験	中性化深さ	◎			○		
	外観検査　ひび割れ深さ・錆などの目視	◎	◎	◎	◎	◎	◎
	圧縮強度・引張強度・弾性係数			○		○	
	配合分析				○		
	塩化物イオン含有量	○	◎				
	アルカリ量分析					◎	
	骨材の反応性					◎	
	膨張量測定					◎	
	細孔径分布	○	○	○	○		
	気泡分布			○			
	透気(水)性試験	○	○	○	○		
コンクリートの化学組成	熱分析 (TG・DTA)[*3]	◎			◎		
	X線回折	○			◎	○	
	EPMA[*4]				◎	○	
	走査型電子顕微鏡観察				◎	○	
弾性波を利用する方法	超音波法、衝撃弾性波法	○					○
	AE法						○
電磁波を利用する方法（レーダー法）	鋼材配置	◎	◎				○
	空隙				○		○
	部材厚				○		○
電磁波を利用する方法（赤外線法）	表面剥離	○	○	○	○	○	○
電磁波を利用する方法（X線法）	鋼材位置・径、空隙、ひび割れ	◎	◎	○	○	○	○
磁気を利用する方法	鋼材位置・径	◎	◎				
電気を利用する方法	誘電率・含水率	○	○				
載荷試験（静的）	ひび割れ発生・剛性	○				○	○
載荷試験（振動）	固有振動数、振動モード	○				○	○

◎：結果の程度にかかわらず重要なデータが得られる，○：劣化の程度によっては重要なデータが得られる，無印：参考になることもある．

[*1]：変形，変色，スケーリング，ひび割れの点検を含む．
[*2]：コンクリートの中性化による鋼材腐食をさす．
[*3]：TG（熱重量分析），DTA（示差熱分析）とも，水和生成物や炭酸化物などを定性・定量する分析法．
[*4]：電子線マイクロアナライザーの略称．コンクリート中の元素の定性・定量分析を行う．

11.3 コンクリート構造物の補修と補強

表 11.2 構造物の性能判定と選択可能な維持管理対策[1]

構造物の性能	評価および判定	点検強化 維持管理区分 A B C D	補修 維持管理区分 A B C D	補強 維持管理区分 A B C D	修景 維持管理区分 A B C D	使用性回復 維持管理区分 A B C D	機能性向上 維持管理区分 A B C D	供用制限 維持管理区分 A B C D	解体・撤去 維持管理区分 A B C D
耐久性能	I	○○○	○(○)	○					
	II		○○	○○				○○○○	
安全性能	I	○○		○				○	
	II	○		○○ ○				○○○○	○○○○
使用性能	I	○○							
	II	○				○○	○○		○
第三者影響度に関する性能	I		○(○)				○		
	II		○○○				○○○○		
美観・景観	I				○				
	II				○○				

○：選択可能な対策．
評価および判定　I：問題となる可能性あり，II：問題あり．

能に対しては，補強，補修，点検強化，供用制限のいずれか，安全性能に対しては，補強，点検強化，供用制限，解体・撤去のいずれかが選択肢となる．使用性能に対しては，補強，使用性回復，機能性向上，供用制限，点検強化，解体・撤去がそれぞれ選択可能である．表の記号は，構造物の性能低下をひき起こさせないことを目的とする予防維持管理（区分 A），構造物の性能低下の程度に対応して実施する事後維持管理（区分 B），目視観察による点検を主体とし構造物に対して補修・補強といった直接的な対策を実施しない観察維持管理（区分 C），構造物に対して直接的な点検を行わないもので地盤や周辺の構造物の変状など間接的な点検による無点検維持管理（区分 D）を示している．

　補修と補強では，劣化の進行状況に応じ材料や工法を選択する必要があり，劣化機構にも合理的に対応していなければならない．補修とは，耐久性の回復もしくは向上を目的とするか第三者影響度を改善することを目的とする対策で，補強とは，耐荷性や剛性などの力学的性能の回復または向上を目的とする対策である．

　補修または補強が必要になった場合には，それぞれについて設計を行わなければならない．補修設計の内容は，補修用材料，補修工法，補修時期，前段処理方法，補修範囲などである．変状の原因，環境条件の影響，工期，経済性などを考

表11.3 劣化原因と補修計画[1]

劣化原因	補修方針	補修工法	補修水準を満たすために考慮すべき要因
中性化	中性化したコンクリートの除去 補修後のCO_2,水分の浸入抑制	断面修復工 表面処理 再アルカリ化	中性化部除去の程度 鉄筋の防錆処理 断面修復材の材質 表面処理の材質と厚さ コンクリートのアルカリ性のレベル
塩害	浸入したCl^-の除去 補修後のCl^-,水分,酸素の浸入抑制	断面修復工† 表面処理 脱塩	浸入部除去の程度 鉄筋の防錆処理 断面修復材の材質 表面処理の材質と厚さ Cl^-量の除去程度
	鉄筋の電位抑制	陽極材料 電源装置	陽極材の品質 分極量
凍害	劣化したコンクリートの除去 補修後の水分の浸入抑制 コンクリートの凍結融解抵抗性の向上	断面修復工 ひび割れ注入工 表面処理	断面修復材の凍結融解抵抗性 ひび割れ注入材の材質と施工法 表面処理の材質と厚さ
化学的侵食	劣化したコンクリートの除去 有害化学物質の浸入抑制	断面修復工 表面処理	断面修復工の材質 表面処理の材質と厚さ 劣化コンクリートの除去程度
アルカリ骨材反応	水分の供給抑制 内部水分の散逸促進 アルカリ供給抑制	ひび割れ注入工 表面処理	ひび割れ注入材の材質と施工法 表面処理の材質と厚さ
疲労(道路橋鉄筋コンクリート床板の場合)	軽微な場合にはひび割れ進展の抑制 (大半は補強に該当する)		

†:劣化したコンクリート部分を取り去り,断面を修復することを示す.

慮して設計する.補強設計に当っては,補強工法と補強材料を選定し,補強前の部材の実断面と物性値を用いて,補強した部材の耐力が要求性能を満たすように,補強断面と補強方法を設計する.このときに考慮すべき要因は,補修の場合と同様であるが,今後の耐用年数を考慮して,作用荷重と安全度を適切に定めなければならない.

補修は,補修計画,補修作業,施工管理・検査によって施工する.補修計画とは,劣化原因や劣化の程度,施工条件などに適合した補修工法を選定するとともに,所要の補修水準を定め,補修の方針,補修材料の仕様,補修後の断面寸法,施工方法などを決定することである.劣化原因,補修方針,補修工法,補修水準を満たすために考慮すべき要因の対応は表11.3のようになる.

補強は,補強計画の立案とこれに基づいた施工を行い,補強後に構造物が所要

11.3 コンクリート構造物の補修と補強

```
                ┌─ コンクリート部材の交換 ──── 打換え工法
                │
                ├─ コンクリート断面の増加 ─┬─ 増厚工法
                │                          └─ コンクリート巻立て工法
                │
                ├─ 部材の追加 ──────────── 縦桁増設工法
  補強工法 ──┤
                ├─ 支持点の追加 ────────── 支持工法
                │
                ├─ 補強材の追加 ─┬─ 鋼板接着工法
                │                  ├─ FRP工法
                │                  ├─ 鋼板巻立て工法
                │                  └─ FRP巻立て工法
                │
                └─ プレストレスの導入 ──── プレストレス導入工法
```

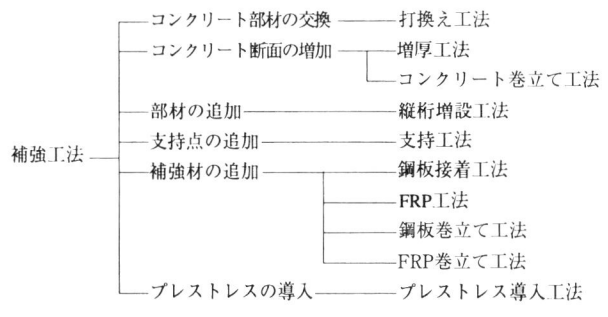

図 11.2 補強工法の分類[1]

の補強水準を満足することを照査しなければならない．補強工法は，構造条件，耐久性能および補強後の維持管理の難易度を考慮して選定するが，図 11.2 に示す工法が一般的に行われている．なお，補強に関連した主な工法と適用部材をそれぞれの目的ごとに示すと表 11.4 のようになる．

表 11.4 補強工法と適用部材[1]

補強・使用性回復の目的	対策の概要	主な工法の例[†1]	適用部材					
			全般	梁	柱	スラブ	壁[†2]	支承
コンクリート部材	接着	接着工法		◎	○	◎	○	
	巻立て	巻立て工法			◎		○	
	プレストレスの導入	外ケーブル工法		◎	○	○		
	断面の増厚	増厚工法		○		◎		
	部材の交換	打換え工法		○	○	◎	◎	
構造体	梁（桁）の増設	増設工法		◎		◎		
	壁の増設	増設工法					◎	
	支持点の増設	増設工法		◎		◎		
	免震化	免震工法	◎					◎

◎：実績が比較的多いもの，○：適用が可能と考えられるもの．

[†1]：接着工法：鋼板接着工法，FRP 接着工法：(連続繊維シート接着工法，連続繊維板接着工法)．
　　巻立て工法：鋼板巻立て工法，FRP 巻立て工法（連続繊維シート巻立て工法，連続繊維板巻立て工法），RC 巻立て工法，モルタル吹き付け工法，プレキャストパネル巻立て工法．
　　プレストレス導入：外ケーブル工法，内ケーブル工法．
　　増厚工法：上面増厚工法，下面増厚工法，下面吹付け工法．
　　増設工法：梁（桁）増設工法，耐震壁増設工法，支持点増設工法．

[†2]：壁式橋脚を含む．

11.4 コンクリート構造物の解体

コンクリート構造物を取りこわし，廃材を撤去・処分して，土地の再利用が可能な状態にもどすことを，コンクリート構造物の**解体**という．

解体が必要となる理由は，次のとおりである．
① 構造物の劣化により耐力が低下し，維持・補修費用が増大すること
② 要求性能の変遷や新しい要求性能の付加により構造物が不適当になること
③ 構造基本計画の再編成

②や③は社会的な条件とも密接な関係があり，構造物が必ずしもその寿命に達していなくとも，取りこわしが必要になることがある．

原子力発電所では，所定の使用期間後に運転を中止する．このことを特に**デコミッション**と呼ぶが，土地の再利用を図る必要のある日本では，デコミッションは解体を意味する．原子力施設のような構造物では解体の費用が大きくなるのであらかじめ発電コストに加えられる．そこで，構造物の設計時に解体が容易になるよう検討することも必要になってくる．

解体にあたって考慮すべき事項は，次のとおりである．
① 騒音，振動，ほこりなど公害による近隣とのトラブルを起こさず，工事が円滑に進められること
② 工事作業員はもちろんのこと，第三者（工事に直接関係しない人）への影響が少なく，工事の安全を確保できること
③ 解体廃棄物の拠出撤去または再利用が①，②の条件の下で能率的に行えること

解体工事の計画にあたっては上記の条件に留意し，工期，施工時期，環境条件，経済性などを考慮して，適切な工法を選定しなければならない．

解体工法にはコンクリートを破壊する原理や方法の異なる各種のものがあり，破壊の規模や発生する廃材の形態が異なってくる．そのため解体する構造物の特徴や解体時に要求される条件によって，これらの方法を使い分ける．通常は機械的衝撃による工法が広く用いられ，補助的に静的破砕剤の利用など他の工法が組み合わされることが多い．

解体工法の分類とその特徴を表 11.5 に示す．解体方法によって廃材の形態は変化するが，廃材の形態は廃棄物処理や再資源化の方法に影響を与える．

表11.5 各種解体工法の比較

破壊の原理	具体例	騒音	振動	飛散物	コスト	適用箇所
機械的衝撃による工法	手動工具，ブレーカー，スチールボール，削孔機	大	大～中	大～中	中～安	広く一般に使われる
油圧による工法	圧砕工法，ジャッキ工法，パイル破砕機，膨張円筒	小	小	中～小	高～中	部材の局部破壊
機械的切断による工法	各種カッター	中	小	大	高	部材解体
火薬による工法	ダイナマイト，制御発破（ANFO）など	大	大	大	中～安	地下構造物
膨張圧による工法	ボンベのガス圧を利用する方法，静的破砕剤	中	なし	小	高	無筋コンクリートの解体
火炎による工法	テルミット工法，火炎ジェット，鋼材のガス切断	小	なし	中～小	高	部分的切断に使用
電気による工法	直接通電加熱，誘導加熱法，マイクロ波加熱法など	小	なし	なし	高	ほとんど使われていない
噴射・洗掘による工法	ウォータージェット	大	中	大	不明	切断工法として実用化

演 習 問 題

1. 構造物の維持管理の対象となる要求性能を列挙せよ．
2. 構造物に作用する劣化外力を列挙せよ．
3. コンクリート表面の変状を列挙せよ．
4. 性能照査設計について述べよ．
5. 変状を生じた構造物に対する調査項目をあげよ．
6. 補修と補強の相違点を明確に説明せよ．
7. 補修工法について述べよ．
8. 補強工法について述べよ．
9. コンクリート構造物の解体にどのような方法があるか．

参 考 文 献

1) 土木学会：コンクリート標準示方書・維持管理編（2001年制定），土木学会，2001．
2) 土木学会：コンクリート標準示方書・施工編（平成11年制定），土木学会，2000．

12. コンクリートと環境

12.1 概　　説

　環境を考えるうえでは，地球的規模と地域的規模の二つの視点がある．どちらも切実な問題で，ないがしろにできない．地球環境では炭酸ガスの地球規模での蓄積やオゾンホールが問題であり，地域環境では廃棄物の処分空間，不法投棄や有害物の流出，拡散などによる環境汚染が問題となるが，これらは状況や対策が地域ごとに異なってくる．

　地球環境の受け取り方は人によってさまざまであろう．比較的ゆっくりと進んでいるようにみえるからである．炭酸ガス濃度の推移は極地の氷に閉じ込められたガスの分析によって産業革命時代からデータがわかっている．緩慢であるが確実に炭酸ガスは増加している．

　地球環境は，①人類全体にかかわり，②短期的な対策や地域的な対策では効果がなく，③長期間にわたって子孫の代にまでなお一層深刻化していく問題である．したがって，その重要度を正しく認識しておく必要がある．

　省エネルギー，省資源，廃棄物や未利用資源の有効活用が叫ばれる背景は，地球環境としての炭酸ガス問題があるからである．

　リサイクルや未利用資源の活用を考えることは，本来地球環境にも地域環境にも役立つはずである．しかしリサイクルの場合には，その両方に役立てようとすればリサイクルの方法やリサイクル資源の使い方，用途などに工夫をこらす必要が出てくる．なぜならエネルギーと炭酸ガスが現時点では同じ意味を持つからである．つまり，現在は世界的にみると一次エネルギーの90%を化石燃料によっ

ているためで，リサイクルのためにエネルギーを使えば，炭酸ガスの発生量は減少しない関係にある．したがって処分空間問題を地域的に解決するだけでなく，地球環境にも同時に役立つためには省エネルギーの可能なリサイクルが必要になる．

地域環境には緑化の効果は絶大である．しかし地球環境に対しては，ほとんど定量的な意味を持たない．植物による炭素同化によって炭酸ガスの増加を食い止めようとすると，毎年日本の国土面積の約15倍の面積を緑化し続けなくてはならない．この一例が示すように，環境問題はあくまで定量的に扱わなくてはならない．特に地球規模であれば，大量優先，大量重視の原則を採らざるをえないであろう．したがって建設材料はまず最初に，環境という新しい視点から，評価の対象にさらされることになる．

廃棄物を出さずに，人間の生活によって生じた物質をすべて使いこなしてしまおうという考えが**ゼロエミッション**である．**完全リサイクル**という言葉も同義語であろう．これが可能なら，地域環境にとっての意義は大きい．廃棄物処理の必要がなくなるからである．

未利用資源の有効利用にはやっかいな問題がある．現在一般に使われていない資源は，製品の性能低下やコストアップにつながり，コスト的なメリットが出ないことが多い．性能とコストを基準にした現在の市場原理では，たとえその利用が環境面からきわめて有効と考えられたとしても，このような資源の有効利用は進まない．

そこでコストや性能とは異なる新しい価値基準を導入する必要がある．資源を利用する過程での炭酸ガス発生量を定量化する意義がここにある．環境負荷の低減を直接行うにもコストがかかるのだから，コストを共通因子にして，従来の価値基準に新しい価値基準を導入することが可能と思われる．

12.2 コンクリートと廃棄物処理

2000年に制定された資源有効利用促進法では，**廃棄物発生の抑制**（reduce），部品などの**再利用**（reuse），**リサイクル**（recycle）といった総合的な資源有効利用対策を定めている．廃棄物処理法も同時に改正され廃棄物排出事業者が最終処分まで責任を持つことが明記され，建設リサイクル法によって分別解体・再資源化を義務づけ，発注者責任や処理コストを明確化した（図12.1）．

```
              ┌─────────────── 建設副産物 ───────────────┐
              │                                          │
              │ ┌── 廃棄物 ──┐┌── 再生資源 ──┐         │
              │ │(廃棄物処理法)││ (建設リサイクル法) │   │
              │ │           ┌─原材料として─┐           │
              │ │ ┌原材料と┐│ 利用の可能性 │┌そのまま┐│
              │ │ │して利用││ があるもの   ││原材料と││
              │ │ │が不可能││              ││なるもの││
              │ │ │なもの  ││・コンクリート塊││        ││
              │ │ └────────┘│・アスファルト・コンクリート塊│        ││
              │ │           │・建設発生木材 ││・建設発生土││
              │ │・有害・危  │・建設汚泥    │└────────┘│
              │ │  険なもの  └──────────────┘           │
              │ └────────────┘                          │
              └──────────────────────────────────────────┘
```

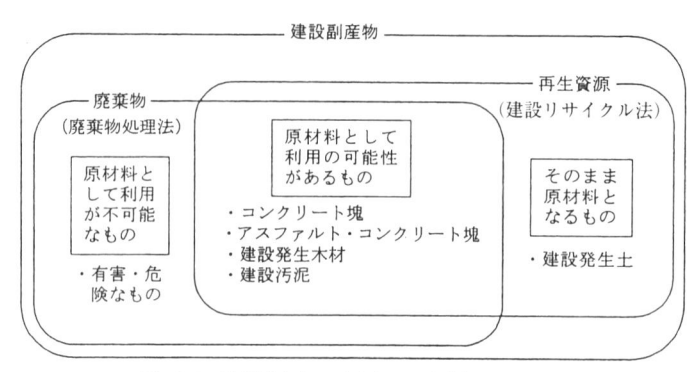

図 12.1　建設副産物と再生資源，廃棄物との関係[3]

　建設分野でも廃棄物を資源として再生する循環システムの構築が必要となる．また，資源の有効利用には，最低の総コストで必要な機能を確実に達成することも重要である．そのため VE（value engineering）では，製品またはサービスの機能を論理的に研究する分野であるが，無駄を少なく最良の方法を追求している．この考え方は設計，入札，契約などにも採用されている．また，これを環境評価に活用することも検討されている．

12.3　コンクリートの再利用

　構造物の解体によって発生したコンクリート廃材の再利用は，廃棄物処理の一方法という意味ばかりでなく，省資源・省エネルギーの立場からも重要なことである．

　コンクリート解体物から鉄筋，仕上材などの異物を取り除きこれを適当な粒度になるように破砕し，必要に応じて整粒したものを**再生骨材**と呼ぶ．再生骨材は図 12.2 に示すように原コンクリートの骨材のまわりにモルタルや硬化したセメントが付着している．このため比重が普通骨材に比べ粗骨材で約 10%，細骨材で約 25% 小さくなり，吸水率は粗骨材で約 6%，細骨材で約 10% 以上となる．再生骨材の品質はモルタル付着量の大小によって変動し付着量が多いものほど，普通骨材との品質の差が大きくなる．

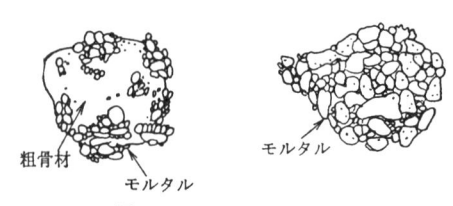

図 12.2　再生骨材のモデル

2000年に制定された標準情報（TR）には、**再生コンクリート**の基本的な考え方として以下の記述がある．

『再生骨材はコンクリート解体材を砕いて製造されるが，高品質の再生骨材を造ろうとすると多くのエネルギーを要し，多くの副副産物を生じる．コストを抑え，再生骨材の歩留まりを高くすると，コンクリート用骨材としての品質は低下する．再生骨材を，現在のJIS A 5308「レディーミクストコンクリート」と同じような使い方をすると，骨材そのものの品質のばらつきが大きく，品質管理に多大な手間が必要となり，コスト的に成り立たなくなると考えられる．

一方，JIS A 5308「レディーミクストコンクリート」では，1999年10月に呼び強度16のコンクリートが廃止された．この目的は，水セメント比の大きな耐久性の低いコンクリートを極力無くそうというものである．しかし，この廃止を議論している際に，捨てコンクリートや均しコンクリート，基礎コンクリートなど，本来JIS A 5308「レディーミクストコンクリート」ほどの品質管理の要らないコンクリートも需要があるとの意見も出た．このため，例えば呼び強度12程度の捨てコンクリート用の規格をJIS A 5308に盛り込むことも検討されたが，同一規格で，異なる品質管理・検査のものが並ぶのは混乱のもとである等の意見から，採用されなかった経緯がある．

こうした背景から，次のような考え方で再生コンクリートの規格を検討した．
・コンクリートに高い品質を要求されない構造物あるいは部位に用途を限定する
・再生骨材の品質の変動も見込んで，簡易な手法で品質が確保できる範囲を考慮し，標準品の呼び強度は1種類のみとする
・品質管理・検査を極力簡素化する
・ただし，再生骨材・再生コンクリートを良く理解した技術者が用いる場合には，特注品の活用による用途や品質の拡大を妨げない

現在，なるべくエネルギーやコストをかけずに高品質の再生骨材を製造するための技術開発も進められている．こうした高品質再生骨材については，日本建築センターで，建築物の構造躯体コンクリートに用いるための再生骨材を対象とした「建築構造用再生骨材認定基準（案）」が作成されている．この基準は，基本的にはJIS A 5308附属書1の一般の骨材の品質を満足するよう，高度処理した再生骨材を対象にしている．このため，TRの再生骨材の注記では，このような骨材はJIS A 5308「レディーミクストコンクリート」で使えるような記述をし

た．ただし，このためには JIS A 5308 の見直しが必要であるのは言うまでもない．』

12.4 コンクリート工学としての対処

普通ポルトランドセメントで計算すると，生産量1t当り0.87tの炭酸ガスを排出するという試算がある．その70%は $CaCO_3$ を CaO にするために生じている．高炉スラグ，フライアッシュなどの産業副産物を有効利用して混合セメントとすることは，環境面からも高く評価できる．

各自治体のゴミ処理問題は，その最終処分場の確保の観点から大きな環境問題であるが，セメントの原料とすることにより**廃棄物減容**と有効活用を同時に行っている．セメントの焼成温度でダイオキシンを分解し，都市ゴミの焼却灰や下水汚泥を原料に重金属を回収するシステムが開発されている（図12.3）．

資源を有効に利用するために，コンクリート材料の選定や施工法の選択の際に性能照査のコンセプトを取り入れた材料評価フローを図12.4に示す．この方法によると，廃棄物などの資源を利用する際，材料レベルで新たな利用基準を作成するのではなく，廃棄物を利用したコンクリートの品質を直接評価し，廃棄物利用の可能性が生ずる．現段階で利用できない廃棄物は，利用可能となる改良点を明らかにし，今後の技術開発の目標が明確になる．

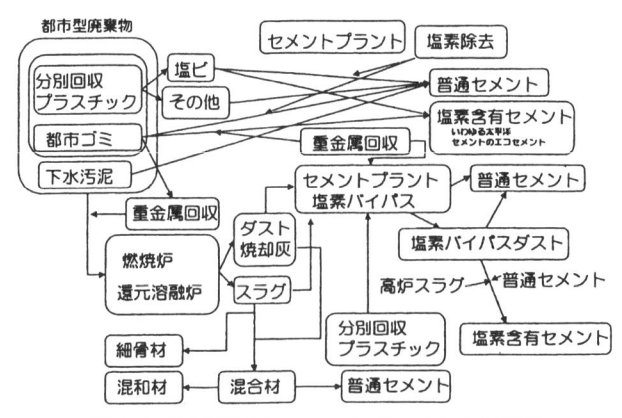

図12.3 都市型廃棄物のセメントプラントによる処理[5]

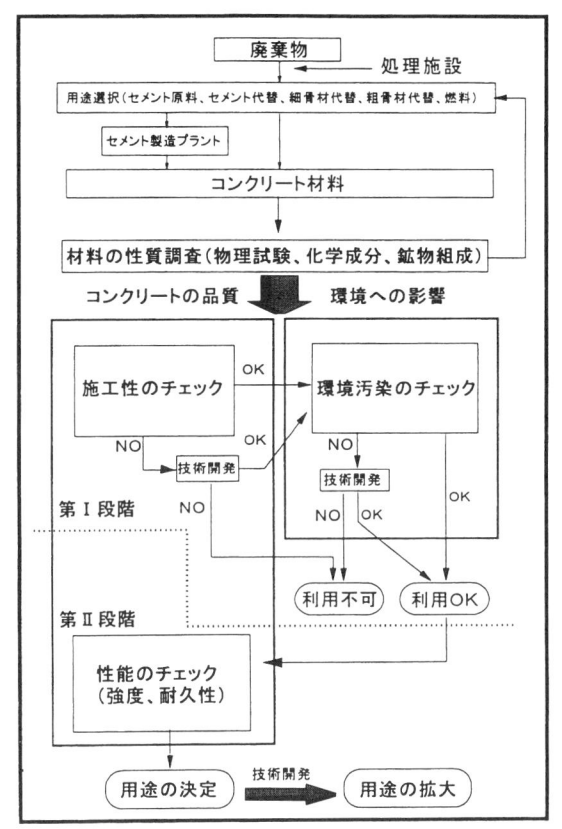

図12.4 資源を有効に利用したコンクリートにおける材料評価システムの全体像[3]

12.5 環境を考慮した特殊コンクリート

　空隙率が25％以上のポーラスコンクリートでは緑化が可能となる．内部空隙には植物種子，土壌，肥料などの緑化基材を充てんさせ，**緑化コンクリート**として利用している（図12.5）．都市内のビルの屋上や壁面の緑化によりヒートアイランド効果の解消，炭酸ガスの吸収が期待される．高速道路の遮音壁表面では吸音効果が期待でき騒音防止にもつながる．ポーラスコンクリートの河川護岸への適用は耐力が求められ，圧縮強度 $10\,\text{N/mm}^2$ 以上の確保で利用されている．透水性舗装は，雨水を舗装全面で一時貯留させた後，路床から地中に浸透させるも

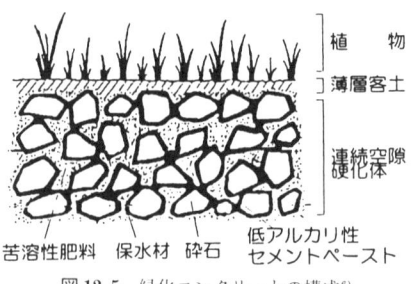

図12.5 緑化コンクリートの構成[6]

ので，路面から雨水を除去して走行性，視認性を改善するだけでなく，騒音防止や熱収支の改善，土壌の環境保全に寄与する．

12.6 コンクリートの表面汚染

コンクリートを構造物の表面素材と考える場合，コンクリートの美観・景観に対しては長期にわたるエージングの影響を考慮する必要がある．

コンクリートの表面は**汚染**（汚れ）の影響も受ける．主に付着物によるが，無機質のものばかりでなく，カビや藻類といった生態系汚染も多くみられる．コンクリート構造物表面の汚染は降雨水の影響が大きく，天端勾配や水切りの工夫（形態，形状）で汚染防止が可能となる．また塗装や撥水剤で汚染を防いだり，テクスチュア自体を工夫して汚れを目立たなくする手法もある．

表面汚染は人間の心理と深くかかわっているので，汚染物質の着色範囲やその形態，色調，周囲の景観などが重要になる．視覚に直接影響を及ぼす物理的な要因のほかにも考慮すべきことは多い．

演 習 問 題

1. コンクリート工学と環境問題の関連性について述べよ．
2. 再生骨材と再生コンクリートの特徴について述べよ．
3. セメント製造時の廃棄物減容システムとは何か．
4. 環境を考慮した特殊コンクリートについて述べよ．
5. コンクリートのエージングについて述べよ．

参 考 文 献

1) 建築業協会：再生骨材および再生コンクリートの使用基準(案)・同解説，1977.
2) 藤松　進他：建設事業への廃棄物利用技術の開発，建設省総合技術開発プロジェ

クト, 1981.
3) 土木学会：環境負荷低減型土木技術とその応用のためのガイドライン素案, 2000.
4) 日本規格協会：再生骨材を用いたコンクリート (TR A 0006), 2000.
5) 土木学会編：コンクリート構造物のデザイン, コンクリート技術シリーズNo. 35, 土木学会, 2000.
6) 日本コンクリート工学協会：自然環境との調和を考慮したエココンクリートの現状と将来展望に関するシンポジウム論文報告集, 1995.

付録 『コンクリート標準示方書・施工編』による用語の定義

コンクリート——セメント，水，細骨材，粗骨材および必要に応じて加える混和材料を構成材料とし，これらを練混ぜその他の方法によって混合したもの，または硬化させたもの．

モルタル——セメント，水，細骨材，および必要に応じて加える混和材料を構成材料とし，これらを練混ぜその他の方法により混合したもの，または硬化させたもの．

セメントペースト——セメント，水，および必要に応じて加える混和材料を構成材料とし，これらを練混ぜその他の方法により混合したもの，または硬化させたもの．

無筋コンクリート——鋼材で補強しないコンクリート．ただし，コンクリートの収縮ひび割れその他に対する用心のためだけに鋼材を用いたものは無筋コンクリートとする．

鉄筋コンクリート——鉄筋で補強されたコンクリートで，外力に対して両者が一体となって働くもの．

プレストレストコンクリート——PC鋼材によってプレストレスが与えられている（一種の鉄筋）コンクリート．

責任技術者——工事に責任をもつ技術者．

骨　　材——モルタルまたはコンクリートを造るために，セメントおよび水と練り混ぜる砂，砂利，砕砂，砕石，スラグ骨材，その他これらに類似の材料．

ふ る い——JSCE-C 501「コンクリート用ふるい規格」に規定する網ふるい．

細 骨 材——10 mmふるいを全部通り，5 mmふるいを質量で85%以上通る骨材．

粗 骨 材——5 mmふるいに質量で85%以上留まる骨材．

砂　　　——川砂，陸砂，海砂利等の天然の細骨材の総称．

砂　　利——川砂利，陸砂利，海砂利等の天然の粗骨材の総称．

再 生 骨 材——主としてコンクリート構造物を解体したコンクリート塊をクラッシャーなどで破砕して製造したコンクリート用の骨材．

粒度（骨材の）——骨材の大小の粒の分布状態．

粗粒率（骨材の）——80, 40, 20, 10, 5, 2.5, 1.2, 0.6, 0.3, 0.15 mmふるいの1組を用いて，ふるい分け試験を行った場合，各ふるいを通らない全部の量の全試料にの百分率の和を100で除した値．

実積率（骨材の）——容器に満たした骨材の絶対容積のその容器の容積に対する百分率．

最大寸法（粗骨材の）——質量で骨材の90%以上が通るふるいのうち，最小寸法のふるいの呼び寸法で示される粗骨材の寸法．

骨材の表面水——骨材粒の表面に付着して存在し，コンクリートの練混ぜ水の一部となり得る水．その量は，骨材に含まれる水量から骨材粒の内部に吸収されている水量を差し引いた値で示される．

表面乾燥飽水状態（骨材の）——骨材の表面水がなく，骨材粒の内部の空げきが水で満たされている状態．

絶対乾燥状態（骨材の）——骨材を100~100℃の温度で定質量となるまで乾燥し，骨材粒の内部に含まれている自由水がすべて取り去られた状態．

表乾密度（骨材の）——表面乾燥飽水状態の骨材の質量を，骨材の絶対容積で除した値．

絶乾密度（骨材の）——絶対乾燥状態の骨材の質量を，骨材の絶対容積で除した値．

含水率（骨材の）——骨材の内部の空げきに含まれている水と表面水の全水量の，絶対乾燥状態の骨材質量に対する百分率．

吸水率（骨材の）——表面乾燥飽水状態の骨材に含まれている全水量の，絶対乾燥状態の骨材質量に対する百分率．

有効吸水率（骨材の）——骨材が表面乾燥飽水状態になるまでに吸水する水量の，絶対乾燥状態の骨材質量に対する百分率．

表面水率（骨材の）——骨材の表面に付着している水の割合であって，骨材に含まれるすべての水から骨材粒の内部の水を差し引いたものの表面乾燥飽水状態の骨材質量に対する百分率．

混 和 材 料——セメント，水，骨材以外の材料で，コンクリートなどに特別の性質を与えるために，打込みを行う前までに必要に応じて加える材料．

付　　録

混　和　材——混和材料のうち，使用量が比較的多くて，それ自体の容積がコンクリート等の練上り容積に算入されるもの．

混　和　剤——混和材料のうち，使用量が少なく，それ自体の容積がコンクリート等の練上り容積に算入されないもの．

結　合　材——水と反応し，コンクリートの強度発現に寄与する物質を生成する材料の総称．セメント，高炉スラグ微粉末，フライアッシュ等を含めたもの．

エントレインドエア——AE剤または空気連行作用のある混和剤を用いてコンクリート中に連行させた独立した微細な空気泡．

エントラップトエア——混和剤を用いなくても，コンクリート中に自然に含まれる空気泡．

AEコンクリート——AE剤等を用いて微細な空気泡を含ませたコンクリート．

鋼　　　材——鉄を主成分とする構造用炭素鋼の総称．鉄筋コンクリート用棒鋼，PC鋼材，形鋼，鋼板等が含まれる．

鉄　　　筋——コンクリートに埋め込んでコンクリートを補強するために用いる棒状の鋼材．

普通丸鋼——断面が一様な円形の鉄筋．

異形棒鋼・異形鉄筋——コンクリートとの付着をよくするために，表面に突起をもつ棒状の鋼材．

プレストレス——荷重作用によって断面に生じる応力を打ち消すように，あらかじめ計画的にコンクリートに与える応力．

PC鋼材——プレストレストコンクリートに用いる緊張用の鋼材．

スペーサ——鉄筋あるいはPC鋼材，シース等に所定のかぶりを与えたり，その間隔を正しく保持したりするために用いる部品．

クリープ——応力を作用させた状態において，弾性ひずみおよび乾燥収縮ひずみを除いたひずみが時間とともに増大していく現象．

あ　　　き——互いに隣合って配置された鋼材の純間隔．

か　ぶ　り——鋼材あるいはシースの表面からコンクリート表面までの最短距離ではかったコンクリートの厚さ．

配　　　合——コンクリートまたはモルタルを造るときの各材料の割合または使用量．

示　方　配　合——所定の品質のコンクリートが得られるような配合で，仕様書または責任技術者によって指示されたもの．コンクリート練上り1m³の材料使用量で表す．

現場配合——示方配合のコンクリートが得られるように，現場における材料の状態および計量方法に応じて定めた配合．

設計基準強度——設計において基準とする強度．一般に材齢28日における圧縮強度（記号：f'_{ck}）を基準とする．

配合強度——コンクリートの配合を定める場合に目標とする強度．一般に材齢28日における圧縮強度（記号：f'_{cr}）を基準とする．

割増し係数——配合強度を定める際に，品質のばらつきを考慮し，設計基準強度の乗じる係数．

水セメント比——フレッシュコンクリートまたはフレッシュモルタルに含まれるセメントペースト中の水とセメントの質量比．質量百分率で表されることが多い．

単　位　量——コンクリートまたはモルタル1m³を造るときに用いる各材料の使用量．単位セメント量，単位水量，単位粗骨材量，単位細骨材量，単位混和材量，および単位混和剤量がある．

細骨材率——コンクリート中の全骨材量に対する細骨材量の絶対容積比を百分率で表した値（記号：s/a）．

単位粗骨材容積——コンクリート1m³を造るときに用いる粗骨材のかさの容積で，単位粗骨材量をその粗骨材の単位容積質量で除した値．

フレッシュコンクリート，フレッシュモルタル，フレッシュペースト——まだ固まらないコンクリート，モルタルおよびセメントペースト．

ブリーディング——フレッシュコンクリート，フレッシュモルタルまたはフレッシュペーストにおいて，固体材料の沈降または分離によって，練混ぜ水の一部が遊離して上昇する現象．

レイタンス——コンクリートの打ち込み後，ブリーディングに伴い，内部の微細な粒子が浮上し，コンクリート，モルタルまたはペーストの表面に形成するぜい弱な層．

コンシステンシー——主として水量の多少によって左右されるフレッシュコンクリート，フレッシュモルタルおよびフレッシュペーストの変形または流動に対する抵抗性．

ワーカビリティー——材料分離を生じることなく，運搬，打込み，締固め，仕上げ等の作業が容易にできる程度を表すフレッシュコンクリートの性質．

耐　久　性——時間の経過に伴う構造物の性能低下に対する抵抗性．

耐 久 性 能——構造物の要求性能を，供用期間内維持する性能．

アルカリ骨材反応——アルカリとの反応性をもつ骨材が，セメント，その他のアルカリ分と長期にわたって反応し，コンクリートに膨張ひび割れ，ポップアウトを生じさせる現象．

耐 凍 害 性——凍結融解の繰返し作用に対する抵抗性．

初 期 凍 害——凝結硬化の初期に受けるコンクリートの凍害．

化 学 的 侵 食——酸や硫酸塩などの侵食物質によりコンクリートの溶解・劣化や，侵食した侵食物質がセメント組成物質や鋼材と反応し体積膨張によるひび割れやかぶりのはく離，さらには鋼材腐食を引き起こす劣化現象．

水　密　性——透水性や透湿性の小さいこと．

自 己 収 縮——セメントの水和反応の進行により，コンクリート，モルタル，およびペーストの体積が減少し，収縮する現象．

ひび割れ抵抗性——コンクリートに要求されるひび割れの発生に対する抵抗性．

コールドジョイント——先に打ち込んだコンクリートと後から打ち込んだコンクリートとの間の完全に一体化してない継目．

バ ッ チ——1回に練り混ぜるコンクリート，モルタルあるいはセメントペーストの量．

バッチミキサ——1練り分ずつのコンクリート材料を練り混ぜるミキサ．

連 続 ミ キ サ——コンクリート用材料の計量，供給および練混ぜを行う各機械を一体化して，フレッシュコンクリートを連続して製造し，排出する装置．

練 直 し——練混ぜ後にコンクリートまたはモルタルが固まり始めない段階において，材料が分離した場合等に再び練り混ぜること．

レディーミクストコンクリート——整備されたコンクリート製造設備をもつ工場から，荷卸し地点における品質を指示して購入することができるフレッシュコンクリート．

せ　き　板——型枠の一部でコンクリートに直接接する木，金属，プラスチック等の板類．

水 平 換 算 距 離——コンクリートポンプの配管が垂直管，ベント管，テーパ管，フレキシブルホース等を含む場合に，これらをすべて水平換算長さによって水平管に換算し，配管中の水平管部分と合計した全体の距離．

品 質 管 理——使用の目的に合致したコンクリート構造物を経済的に造るために，工事のあらゆる段階で行う，コンクリートの品質保持のための効果的で組織的な技術活動．

検　　査——品質が判定基準に適合しているか否かを判定する行為．

管　理　図——工程が安定な状態にあるかどうかを調べるため，または工程を安定な状態に保持するために用いる図．

生産者危険率——合格とすべき良い品質のロットが不合格と判定される確率．

マスコンクリート——部材あるいは構造物の寸法が大きく，セメントの水和熱による温度の上昇を考慮して設計・施工しなければならないコンクリート．

プレクーリング——コンクリートの打込み温度を低くする目的で事前にコンクリート用材料を冷却すること，または打込み前にコンクリートの冷却を行うこと．

パイプクーニング——マスコンクリートの施工において，打ち込んだ後のコンクリートの温度を制御するため，あらかじめコンクリート中に埋め込んだパイプの中に冷水または空気を流してコンクリートを冷却する方法．

温度ひび割れ指数——マスコンクリートのひび割れ発生の検討において用いるもので，コンクリートの引

張強度を温度応力で除した値.
内部拘束応力——コンクリート断面内の温度の差から発生する内部拘束作用による応力.
外部拘束応力——新しく打ち込まれたコンクリートブロックの自由な熱変形が外部から拘束された場合に生じる応力.
流動化コンクリート——あらかじめ練り混ぜられたコンクリートに流動化剤を添加し，これをかくはんして流動性を増大させたコンクリート.
膨張コンクリート——混和材として膨張材を加えて造ったコンクリート.
軽 量 骨 材——コンクリートの質量の軽減または断熱等の目的で用いる，普通の岩石よりも密度の小さい骨材.
軽量骨材コンクリート——軽量骨材を用いて，単位容積質量を普通コンクリートよりも小さくしたコンクリート.
軽量骨材の表面乾燥状態——湿潤状態の軽量骨材から，その表面水を取り除いた状態.
軽量骨材の表乾密度——表面乾燥状態の軽量骨材粒の密度.
プレウェッティング——骨材を用いる前にあらかじめ吸水させる操作.
浮 粒 率——軽量骨材のうち，水に浮く粒子の質量百分率.
高流動コンクリート——フレッシュ時の材料分離抵抗性を損なうことなく，流動性を著しく高めたコンクリート.
自己充てん性——コンクリートの施工性に関する性能であり，打込み時に振動締固め作業を行わなくとも，自重のみで型枠等の隅々まで均質に充てんする性能.
材料分離抵抗性——重力や外力等による材料分離作用に対して，コンクリート構成材料の分布の均一性を保持しようとするフレッシュコンクリートの性質.
流 動 性——重力や外力による流動のしやすさを表すフレッシュコンクリートの性質.
間げき通過性——フレッシュコンクリートが振動締固め作業を行わなくとも，自重のみで鉄筋間などの狭窄部を材料分離を伴わず通過する性能.
増 粘 剤——フレッシュコンクリートの粘性を高め，材料分離抵抗性を増す作用を有する混和剤．フレッシュコンクリートの品質変動を小さくする効果が期待できるものもある.
単位粗骨材絶対容積——コンクリート1m^3を造るときに用いる単位粗骨材量を，その粗骨材の表乾密度で除し，m^3/m^3で表した値.
単位粗骨材かさ容積——コンクリート1m^3を造るときに用いる粗骨材のかさの容積で，単位粗骨材量をその粗骨材の単位容積質量で除した値.
水中コンクリート——淡水中，安定液中あるいは海水中に打ち込むコンクリート.
水中不分離性コンクリート——水中不分離性混和剤を混和することにより，材料分離抵抗性を高めた水中コンクリート.
水中分離抵抗性——コンクリートが水の洗い作用を受けても材料分離しにくい性質.
水中落下高さ——コンクリートを打込む際，打込み用具の下端から打込み場所までコンクリートが水中を落下する距離.
水中流動距離——コンクリートを打ち込む際，打込み位置から周囲へ向かってコンクリートが流動する距離.
水中作製供試体——JIS A 1132 に規定する型枠に，水中で水中不分離性コンクリートを落下させて作製した供試体.
気中作製供試体——JIS A 1132 に規定する型枠に，気中で水中不分離性コンクリートを充てんして作製した供試体.
水中気中強度比——同一材齢での気中作製供試体の圧縮強度に対する水中作製供試体の圧縮強度の比.
プレパックドコンクリート——あらかじめ型枠内に特定の粒度をもつ粗骨材を詰め，その間げきにモルタルを注入して造るコンクリート.
注入モルタル——プレパックドコンクリート等の注入に用いるモルタル．セメント，フライアッシュあるいはその他の混和材，砂，プレパックドコンクリート用混和剤あるいはその他の混和剤，水等を練り混

水結合材比──モルタルまたはコンクリートにおいて，骨材が表面乾燥飽水状態であると考えて算出されるペースト中の水量を結合材の質量の和で除した値．

最小寸法（粗骨材の）──質量で少なくとも 95％ が留まるふるいのうち，最大寸法のふるい呼び寸法で示される粗骨材の寸法．

鋼繊維補強コンクリート──鋼繊維を混入して，主としてじん性や耐摩耗性等を高めたコンクリート．

鋼繊維混入率──鋼繊維補強コンクリート $1m^3$ 中に占める鋼繊維の容積百分率（％）．

引張軟化曲線──引張応力とひび割れ幅の関係を表した曲線．

連続繊維補強材──連続繊維に繊維結合材を含浸させ，硬化させて成形し，コンクリートを補強する目的で使用する一方向強化材や連続繊維のみを束ねたもの，または織ったものの総称．

連続繊維緊張材──連続繊維補強材のうち，コンクリートにプレストレスを与える緊張材として使用するもの．

連続繊維補強筋──連続繊維補強材のうち，連続繊維緊張材以外のもの．

連続繊維棒材──連続繊維補強材のうち，鉄筋や PC 鋼材のような棒状のもの．

連続繊維補強コンクリート──連続繊維補強材により補強されたコンクリート．

連続繊維補強プレストレストコンクリート──連続繊維緊張材によりプレストレスが導入されて補強されたコンクリート．

吹付けコンクリート──コンプレッサあるいはポンプを利用して，ノズル位置までホース中を運搬したコンクリートを圧縮空気により施工面に吹き付けて形成させたコンクリート．

吹付け性能──吹付けコンクリートの施工性に関する性能であり，吹付け作業時におけるはね返りと粉じんが少なくかつ吹き付けられた材料が地山と良好に付着する性能．

支 保 工──トンネル周辺地山の安定を確保し，変形を抑制するために用いる部材をいう．標準的な山岳工法では，吹付けコンクリート，ロックボルト，鋼製支保工等を支保部材として用いている．

急 結 剤──トンネル等の吹付けコンクリートに添加し，吹き付けられたコンクリートの凝結および早期の強度を増進させるために用いられる混和剤．

切　　羽──トンネルの掘削作業を行っている最前線近傍をいう．通常は切羽面（鏡）とその後方約 20m 程度の区域を指す．

グランドアーチ──トンネル掘削時のゆるんだ地山に対して，系統的なロックボルトの打設を行うことにより地山内部に形成される一種のアーチ状の補強ゾーン．

吐 出 配 合──吹付けコンクリートにおいて，実際にノズルから吹き付けられるコンクリートの配合．乾式方式では，ノズルで加えられる水量および表面水を考慮して算出される吹付けコンクリートの配合．

付 着 配 合──吹付けコンクリートにおいて，実際に吹付け面に付着したコンクリートの配合．

ベースコンクリート──湿式方式に用いる急結剤を添加する前のコンクリート．

ノ ズ ル──一定の方向性を有してコンクリートを圧縮空気と一緒に吹付け面に吐出させるための搬送ホース先端の筒．

ノズルマン──トンネル等の吹付けコンクリートにおいて，コンクリートを吹付け面に吹き付ける作業を行う人．

吹付けコンクリートの初期強度──トンネル等の吹付けコンクリートにおいて，吹付け直後の自重や切羽進行に伴う荷重を支持するために施工上必要な強度で，一般に 24 時間までの圧縮強度を意味する．

吹付けコンクリートの長期強度──設計基準強度を示すもので，トンネル等の吹付けコンクリートにおいては材齢 28 日の圧縮強度を意味する．

工 場 製 品──管理された工場で継続的に製造されるプレキャストコンクリート製品．

標 準 養 生──20±3℃ に保ちながら，水中または湿度 100％ に近い湿潤状態で行う養生．

湿 潤 養 生──打込み後一定期間コンクリートを湿潤状態に保つ養生．

温度制御養生──打込み後一定期間コンクリートの温度を制御する養生．

保 温 養 生──断熱性の高い材料等でコンクリート表面を覆って熱の放出を極力抑え，セメントの水和熱を利用して必要な温度を保つ養生．

給熱養生──養生期間中なんらかの熱源を用いてコンクリートを加熱する養生.
促進養生──コンクリートの硬化を促進するために行う養生.
蒸気養生──高温度の水蒸気の中で行う促進養生.
オートクレーブ養生──高温・高圧の蒸気がま（オートクレーブ）の中で，常圧より高い圧力下で高温の水蒸気を用いて行う養生.
遠心力締固め──型枠に高速回転を与え，遠心力を利用してコンクリートを締め固めること.
成　　形──コンクリートを型枠に詰め，締め固めて工場製品の形を造ること.
即時脱型──超硬練りコンクリートに強力な振動締固めあるいは圧力等を加えて成形した後ただちに型枠の一部または全部を取りはずすこと.

索　引

ア　行

亜鉛めっき鉄筋　zinc galvanized reinforcing bar　162
上げ越し　adjustment of formwork　167
アスペクト比　aspect ratio　196
圧縮強度　compressive strength　72, 137
　　──の標準試験　standard method of test for──　79
圧送　pumping　143
圧着継手　pressing splice　162
圧裂試験　splitting (tension) test　80
アノード（陰極）　anode　96
洗い分析試験　washing analysis　66
アルカリ　alkali　7
アルカリ骨材反応　alkali-aggregate reaction　17, 31
　　──に対する耐久性　resistance to──　101
アルカリシリカゲル　alkali-silica gel　101
アルカリシリカ反応　alkali-silica reaction　31
RCDコンクリート　roller compacted dam concrete　213
アルミニウム粉末　aluminum powder　68
アルミネート相　aluminate phase　13
安定性　soundness　20

維持管理　maintenance and control　223
一次水　primary water　127
一定単位水量の法則　constant water content law　74
移動支保工　movable support　171
インターロッキングブロック　interlocking block　221

打込み　placing　148
　　──の順序　sequence of placing　149
打込み温度　temperature of concrete as placed　173
打継目　joint　148
海砂　sea sand　35
運搬　delivery, transporting　131, 143
運搬時間　delivery time　208

永久ひずみ　permanent strain, permanent set　88
AE減水剤　AE water reducing agent　46
AE剤　air entraining agent　45
液状化作用　liquefaction　152
SEC　127
エトリンガイト　ettringite　13, 100, 104, 186

エポキシ樹脂　epoxy resin　158
エポキシ樹脂塗装鉄筋　epoxy resin coated bar　162
エーライト　alite　13
塩害　chloride damage　187
塩化物　chloride　32, 99
塩化物イオン　chloride ion　32, 187
塩化物含有量　chloride content　131
遠心力締固め　centrifugal compaction　218
円柱供試体　cylinder specimen, cylindrical specimen　78
鉛直打継目　vertical joint　157
エントラップトエア　entrapped air　45, 66
エントレインドエア　entrained air　45, 66

応力-ひずみ曲線　strees-strain curve, stress-strain diagram　87
応力腐食割れ　stress corrosion cracking　189
オートクレーブ養生　autoclave curing　77, 220
汚染　pollution　238
音響に対する性質　properties to sound　106
温度応力　thermal stress　177
温度上昇　temperature rise　177
温度制御養生　temperature control curing　155
温度による膨張・収縮　thermal expansion and shrinkage　92
温度ひび割れ　thermal cracking　92
温度ひび割れ制御　control of thermal cracking　179

カ　行

加圧締固め　pressing compaction　218
加圧真空工法　pressing vacuum process　219
加圧ブリーディング試験　pressurized bleeding　61
回収水　recovered water　49
海上大気中　sea atmosphere　189
解体　dismantlement　230
回転粘度計　rotation viscometer　63
回復クリープ　creep recovery　88
外部拘束　external restraint　177
外部コンクリート　external concrete　210
外部振動機　external vibrator　151
海洋コンクリート　off-shore concrete　186
化学的侵食　chemical corrosion　99
可傾式ミキサ　tilting type mixer　126
重ね継手　lap splice　162

索　引

ガス圧接継手　gas pressing splice　162
カソード（陽極）　cathode　96
硬練りコンクリート　stiff consistency concrete　218
型枠　form　162
　――にかかる荷重　loads for――　164
　――の構造　structure of――　163
　――の設計　design of――　166
　――の取り外し　removal of――　168
型枠振動機　shutter vibrator　152
割線弾性係数　secant modulus　87
カットゲート　cut gate　128
割裂試験　cleave test, splitting test　80
かぶり　cover　161
カーボン繊維　carbon fiber　197
可溶性カルシウム化合物　soluble calcium compound　99
ガラス繊維　glass fiber　196
川砂利　river gravel　34
川砂　river sand　34
乾式工法　dry mix process　193
乾燥クリープ　drying creep　89
乾燥収縮　drying shrinkage　90
岩着コンクリート　rock contact concrete　210
寒中コンクリート　cold weather concreting　173
管内圧力損失　pressure drop　146
管理限界線　control limit line　135
管理図　control chart　135

規格　standard　7
規格品　standard article　129
基材コンクリート　base concrete　177
気泡間隔　void spacing　97
基本クリープ　basic creep　89
気密性　air tightness　103
逆打ちコンクリート　reversed casting of concrete　157
キャッピング　capping　79
キャビテーション　cavitation　101
吸音率　sound absorbing coefficient　106
吸水型枠　water absorbing form　171
吸水率　absorption　26
供給　supplying　143
凝結　setting　20
供試体　specimen, test piece　72
　――の形状・寸法　shape and size of――　78
強制練りミキサー　forced action type mixer　126
強度　strength　72, 84, 131
強熱減量　ignition loss　16
共鳴振動数　resonance frequency　88
極低温下の性質　properties under extremely low temperature　105
許容応力　allowable stress　166
許容ひび割れ幅　allowable crack width　93
空気室圧方方法　pressure test　67
空気量　air content　137
空気量試験方法　air content test　67
空隙セメント比説　void cement ratio theory　75
クリープ　creep　88
クリープ係数　creep index, creep coefficient　90
クリープ限度　creep limit　83
クリープ破壊　creep failure　83
クリープひずみ　creep strain　88
クリンカー　clinker　12
グリーンカット　green cut　157
傾斜管粘度計　slanted pipe viscometer　63
傾胴式　tilting type　126
計量　batching　124
計量誤差　batching error　125
軽量骨材　lightweight aggregate　36
軽量骨材コンクリート　lightweight aggregate concrete　185
軽量コンクリート　lightweight concrete　71
計量装置　batching facilities, batcher　124
結合材　cementing material　191
ゲートバルブ　gate valve　148
ケーブルクレーン　cable crane　211
ケミカルプレストレス　chemical prestress　180
ケミカルプレストレストコンクリート　chemical prestressed concrete　195
ゲル空隙　gel pore　91
検査ロット　inspection lot　137
減水剤　water reducing agent　46
現場配合　job mix, field mix　110
　――への換算　calculation to――　116
高温高圧水中養生　pressurized water curing at high temperature　77
硬化コンクリート　hardened concrete　71
高強度コンクリート　high strength concrete　199
鋼材　steel　51
鋼材腐食　steel corrosion　93
工場製品　factory products　216
高性能減水剤　high-range water reducing agent　46
鋼繊維　steel fiber　194
構造用コンクリート　structural concrete　210
広範囲一括工法　pararelled discharging method for wide area　148
降伏値　yield value　61

索　引

高流動コンクリート　high fluidity concrete, self-compacting concrete　200
高炉スラグ骨材　iron-blast-furnace slag aggregate　35
高炉スラグ微粉末　finely powdered iron-blast-furnace slag　41
高炉セメント　portland blast-furnace slag cement　23
骨材　aggregate　25
　　──の含水状態　states of moisture in──　25
　　──の耐久性　durability of──　30
　　──の貯蔵　storage of──　123
　　──の粒形　particle shape of──　29
コールドジョイント　cold joint　149
コンクリート　concrete　1
コンクリート主任技士　chief engineer of concrete　129
コンクリート製品　concrete products　216
　　──の製造　manufacture of──　217
コンクリートポンプ　concrete pump　190
混合セメント　blended cement　9, 23
コンシステンシー　consistency　58
コンパクタビリティー　compactability　58
コンペンセーションライン　compensation line　177
混和材　admixture　40
混和剤　chemical admixtures　40, 45
混和材料　admixtures　39
　　──の取り扱い　handling of──　123

サ　行

載荷速度　rate of loading　79
細骨材率　sand percentage, fine aggregate percentage　115
砕砂　crushed sand　35
再振動　re-vibration　153
再生骨材　recycled aggregate　234
再生コンクリート　recycled aggregate concrete　235
砕石　crushed stone　35
最大圧送負荷　maximum pumping load　146
最大破壊抵抗　maximum fracture resistance　84
再利用　recycling　233, 235
材齢　age of concrete　77
酸化マグネシウム　magnesium oxide　17
三酸化いおう　sulfure trioxide　17
三軸圧縮強度試験　tri-axial compressive strength　86
三相材料　three phase material　6
三等分点載荷法　test method using beam with third-point loading　81
サンドコントローラー　sand controller　127

サンドブラスト　sand blasting　157
残留ひずみ　residual strain　87
支圧強度　bearing strength　82
C-S-H　13
軸ひずみの拘束　restraint of axial strain　177
試験方法　testing method　78
時効脆性　brittleness due to aging　162
自己乾燥　self-desiccation　91
自己収縮　autogenous shrinkage　91
止水板　waterstop　159
死石　weak particle　73
自然水　natural water　49
ジッギング試験　jigging method　30
湿式工法　wet mix process　193
湿式ふるい分け　wet screening　79
湿潤膨張　swelling　91
湿潤養生　wet curing, moist curing　76, 154
実積率　percentage of solid volume　29
質量方法　mass based method　67
示方配合　specified mix　110
支保工　support　162
　　──にかかる荷重　loads for──　164
　　──の設計　design of──　166
　　──の取り外し　removal of──　168
締固め　compaction, consolidation　75, 151
遮音性能　sound insulating property　106
充てんコンクリート　filling concrete　196
充てん継手　filling splice　162
充てんモルタル　filling mortar　196
重量骨材　heavyweight aggregate　39
重量コンクリート　heavy concrete, high-density concrete　71
重力式ミキサ　gravity mixer　126
純引張試験　tensile strength test　80
蒸気養生　steam curing　77, 219
初期接線弾性係数　initial tangent modulus　87
暑中コンクリート　hot weather concreting　175
ショットクリート　shotcrete　193
シリカフューム　silica fume　42
ジルコニア　zirconia　197
伸縮継目　expansion joint　155
振動機　vibrator　151
振動時間　duration of vivration　153
振動締固め　vibrating compaction　75, 218
振動数　oscillation, vibrating frequency　152
振動台　vibrating table　152
振動台式コンシステンシー試験　vibrating table consistency test　60
振動の加速度　acceleration of vibration　152

索　引

振幅　amplitude　152
水性ディスパージョン　water dispersion　202
水平打継目　horizontal joint　155
水平換算距離　equivalent horizontal distance　146
水平換算長さ　equivalent horizontal length　146
水中コンクリート　concreting under water　189
水中疲労強度　fatigue strength under water　189
水中不分離性コンクリート　anti-washout concrete　192
水道水　supplied water　49
水密性　water-tightness　102, 112
　　——の試験方法　test method of——　103
水和熱　heat of hydration　21
水和反応　hydration reaction　12
スクイズ式　squeeze type　145
スペーサー　spacer　161
スランプ　slump　131, 137
スランプ試験　slump test　59
スランプロス　slump loss　175
スリップバー　slip bar　159
スリップフォーム　slip form　169
すりへり　abrasion, wear　101
すりへり減量　percentage of abrasion　208
すりへり抵抗　abrasion resistance, wear resistance　102
寸法効果　scale effect, size effect　78

静的性係数　static modulus of elasticity, static Young's modulus　87
脆度係数　brittleness index　79
性能照査設計　examination of performance　225
積算温度　＝マチュリティー
せき板　panel　162
施工計画　work plan　142
設計基準強度　specified concrete strength, design strength　112
設計基準曲げ強度　specified flexural strength　207
接線弾性係数　tangent modulus　87
絶対容積　absolute volume　115
セメント　cement　9
　　——の化合物組成　chemical constituents of——　20
　　——の取り扱い　handling of——　122
　　長時間貯蔵した——　long-stored——　123
セメントペースト　cement paste　2
セメント水比　cement water ratio　75
セメント水比説　cement water ratio theory　74
ゼロエミッション　zero emission　233
遷移帯　transition zone　6
潜在水硬性　latent hydraulicity　41

せん断強度　shearing strength, shear strength　81
　　——の試験法　method of test for——　81
せん断弾性係数　modulus of rigidity　88
早強ポルトランドセメント　high early strength portland cement　21
側圧　lateral pressure　165
即時脱型　instant stripping　221
促進剤　accelerator　47
促進養生　accelerated curing　219
粗骨材　coarse aggregate　25
底開き箱　drop-bottom bucket　190
塑性　plasticity　87
塑性粘度　plastic viscocity　61
そりの拘束　restraint of warping　177
粗粒率　fineness modulus　28
損食　erosion　101

タ　行

耐火性　fire resistance, fire proofness　104
耐久性　durability　96
耐久性指数　durability factor, DF　97
耐候性　weathering resistance　96
体積変化　volume change　90
耐凍害性　resistance to frost damage, resistance to freezing and thawing　30, 96, 112
耐熱コンクリート　heat resisting concrete　198
耐熱性　thermal resistance　104, 198
耐摩耗性　abrasion resistance　102
耐硫酸塩ポルトランドセメント　sulfate resisting portland cement　22
タフネス　toughness　197
ダブルミキシング　double mixing　127
ダムコンクリート　dam concrete　209
試し練り　trial mix, trial mixing　116
単位粗骨材容積　bulk volume of coarse aggregate per unit volume　118
単位粗骨材容積法　mix calculation by bulk volume of coarse aggregate　118
単位容積質量　unit volume mass　71
単位量　quantity of material per unit volume of concrete, unit content　109
炭酸化　carbonation　17, 99
弾性　elasticity　87
弾性係数　modulus of elasticity　87
弾性ひずみ　elastic strain　88

遅延剤　retarder　47, 157
チッピング　chipping　157
地熱セメント　terrestrial heat cement　24

中性化 neutralization 98
中性化深さ neutralized thickness, carbonated thickness 98
注入モルタル grout mortar 192
中庸熱ポルトランドセメント moderate heat portland cement 21
超硬練りコンクリート extremely stiff consistency concrete, zero-slump concrete 219
超速硬セメント ultra rapid hardening cement 24
チルチング式 tilting type 126
沈下 settlement 67
沈下ひび割れ cracking due to settlement 150

強さ strength 20

泥土 clay 33
低熱ポルトランドセメント low-heat portland cement 175
鉄筋 reinforcing bar 51
鉄筋工 work of reinforcing bar 160
鉄筋コンクリート reinforced concrete, RC 2
鉄筋の組み立て fabrication of reinforcing steel 161
鉄筋の継手 joint of reinforcing steel 161
デュアル式 dual type 126
電食 electrolytic corrosion 102

透過損失 transmission loss 106
透過率 transmission factor 106
凍結融解 freezing and thawing 96
凍結融解試験 freezing and thawing test 98
透水型枠 permeable from 172
透水係数 coefficient of water permeability 103
透水試験 water permeability test 88
透水性 water permeability 102
動弾性係数 dynamic modulus of elasticity, dynamic Young's modulus 87, 88
特殊型枠 special form 169
特性値 characteristic value 135
トレミー tremie method 190

ナ 行

内部拘束 internal restraint 177
内部コンクリート internal concrete 210
内部振動機 internal vibrator 151
軟石 soft stone 73

二相材料 two phase material 6
日本工業規格 Japanese Industrial Standards, JIS 7
ニュートン液体 Newtonian liquid 63
熱拡散率 heat diffusivity, thermal diffusivity 103

熱的性質 thermal properties 103
熱伝導率 thermal conductivity 103
熱膨張係数 coefficient of thermal expansion 92, 103, 177
練上り温度 temperature of concrete mixture 173
練混ぜ mixing 126
練混ぜ性能 mixing efficiency 126

ノズル部 discharge nozzle 193
伸び能力 extensibility 88

ハ 行

廃棄物減容 reduction of waste volume 236
廃棄物発生の抑制 prevention of waste 233
配合 mix, mix proportion, micture proportion 109
　——の管理 control of—— 136
配合強度 required average strength, proportioning strength 112
配合設計 mix design of concrete 109
パイプクーリング pipe cooling 180, 212
破壊 fracture, rupture 84
破壊靭性 fracture toughness 86
破壊力学 fracture mechanics 84
白色ポルトランドセメント white portland cement 24
剥離剤 release agents 167
Buckingham-Reiner 式 ——equation 61
バッグミル型 pug mill type 126
バッチミキサー batch type mixer 126
バッチング patching 172
発泡剤 gas generating agent 47
バラセメント bulk cement 122
梁供試体 beam specimen, prism specimen 81
パン型ミキサー pan type mixer 126
反射率 reflection factor 106
引抜き試験 pull-out test 82
PC 鋼材 prestressing steel, prestressed concrete steel 52, 182
ヒストグラム histogram 136
ピストン式 piston type 145
非線形領域 fracture process zone 86
引張強度 tensile strength 79
引張強度試験 test for splitting tensile strength 80
比熱 specific heat 103
非破壊試験 non-destructive test 88
比表面積 specific surface area 20
ひび割れ crack 93
ひび割れ誘発目地 crack inducer 160, 180
飛沫帯 splash zone 189

索　引

標準偏差　standard deviation　133
標準養生　standard curing　73, 79
表面仕上げ　surface finish　171
表面振動機　surface vibrator　152
表面水率　surface moisture　26
ビーライト　belite　13
疲労強度　fatigue strength　83
疲労限度　fatigue limit　83
疲労寿命　fatigue life　83
疲労破壊　fatigue failure　83
ビンガム物体　Bingham liquid　62
品質管理　quality control　132
品質検査　quality inspection　137

ファイバーボール　fiber ball　197
VE　value engineering　234
VC 試験　VC test　60
フィニッシャビリティー　finishability　58
フィニッシャー　finisher　152
VB 試験　VB consistometer test　60
風化　weathering　17
フェライト相　ferrite phase　13
吹付けコンクリート　shotcrete, sprayed concrete　193
複合応力　combined stress　86
複合材料　composite material　2
袋詰めセメント　sacked cement　123
腐食　corrosion　93
腐食速度　corrosion speed　187
腐食疲労　corrosion fatigue　189
付着強度　bond strength　82
付着破壊　bond failure　84
付着ひび割れ　bond crack　84
普通ポルトランドセメント　ordinary portland cement　21
不動態被膜　passivated tunic　96
富配合コンクリート　rich mix concrete　184
不偏分散　unbiased variance　134
不飽和ポリエステル　unsaturated polyester　203
フライアッシュ　fly ash　40
フライアッシュセメント　portland fly-ash cement　24
プラスティシティー　plasticity　58
プラスティック収縮　plastic shrinkage　68
プラスティック繊維　plastic fiber　196
ブリーディング　bleeding　65
ブリーディング試験　bleeding test　66
ブリーディング率　bleeding ratio　66
ブリーディング量　bleeding capacity　66
フリーデル氏塩　Freadel salt　186

プレウェッチング　prewetting　185
プレキャストコンクリート　precast concrete　2
プレクーリング　pre-cooling　180, 212
プレーサビリティー　placeability　58
プレストレストコンクリート　prestressed concrete, PC　2, 182
フレッシュコンクリート　fresh concrete　57
プレテンション　pre-tensioning　183
プレパックドコンクリート　prepacked concrete　191
分岐管工法　branched piping method　148
分離　segregation　58, 64
分離抵抗性　resistance against segregation　61

ヘアクラック　hair crack　93
平行板プラストメータ　pararel-plate plastometer　63
閉そく　blockade　61, 147
平面度　variation in end surface　79
ペシマム量　pessimum value　101
別注品　extra article　130
変形性　deformability　61
変形性評価試験方法　deformability test method　146
変動係数　coefficient of variation　135, 138

ポアソン数　Poisson's number　88
ポアソン比　Poisson's ratio　88
防錆剤　inhibitor　48
防錆方法　anti-corrosive method　188
膨張コンクリート　expansive concrete　194
膨張材　expansive additive　42
膨張性生成物　expansive products　100
棒突き試験　tamping rod method　30
補強　restoration　223, 227
補修　repair　223, 227
補修設計　repair design　227
ポストテンション　post-tensioning　183
舗装コンクリート　paving concrete　206
ポゾラン　pozzolan　40
ポゾラン活性　pozzolanic activity　40
ポゾラン反応　pozzolanic reaction　40
ホットコンクリート　hot concrete　219
ポーラスコンクリート　porous concrete　203, 221
ポリマー含浸コンクリート　polymer impregnated concrete　202
ポリマーコンクリート　polymer concrete　202
ポリマーセメントモルタル　polymer cement mortar　202
ポルトランダイト　portlandite　104
ポルトランドセメント　portland cement　3, 9, 10
ボンドクラック　bond crack　84
ポンパビリティー　pumpability　60

ポンプ圧送　pumpability　186

マ 行

マイクロクラック　microcrack　84
マイクロフィラー効果　microfiller effect　42
埋設型枠　eternal form　169
膜養生　membrane curing　154
膜養生剤　membrane curing agent　154
曲げ強度　flexural strength, modulus of rupture　80
曲げ強度試験　test for flexural strength　81
曲げ半径　bent radius　161
マスコンクリート　mass concrete　176
マチュリティー　maturity　77, 174, 220
豆板　honeycomb　172
水結合材比　water cementing material ratio　194
水セメント比　water cement ratio　74
　　――の選定　selection of――　112
水セメント比説　water cement ratio theory　74
無筋コンクリート　plain concrete　2
無収縮コンクリート　shrinkage-compensating concrete　194
目地材　joint filler　159
メタルフォーム　metal form　163
メナーゼヒンジ　Mesnager hinge　159
毛細管空隙　capillary pore　91
毛細管張力　capillary tension　47
モノサルフェート　monosulfate　13
モノマー　monomer　203
モルタル　mortar　1
もろさ係数　＝脆度係数

ヤ 行

山砂　pit sand　35

ヤング係数　Young's modulus　87
有機不純物　organic impurities　34
有効ヤング係数　effective Young's modulus　177
油井セメント　oil well cement　24
養生　curing　75, 154
養生温度　curing temperature　76
養生方法　curing method　75
容積方法　volumetric method　67

ラ 行

ラテックス　latex　202
リサイクル　recycle　233
立体障害効果　steric hinderance effect　47
リバウンド　rebound　127, 193
リフト　lift　212
粒型判定実積率　solid volume percentage for shape evaluation　30
粒度　grain size, particle size, grading grit　27
流動性　fluidity　61
緑化コンクリート　afforestation concrete　237
レイタンス　laitance　65
レオロジー　rheology　62
レジン　resin　203
レジンコンクリート　resin concrete　202
劣化　deterioration　223
レディーミクストコンクリート　ready mixed concrete　128
連続ミキサー　continuous mixer　128

ワ 行

ワーカビリティー　workability　58
割増し係数　required overdesign factor, premium coefficient　112

編著者略歴

田澤栄一　（たざわ・えいいち）

1936 年　三重県に生まれる
1960 年　東京大学工学部土木工学科卒業
1967 年　マサチューセッツ工科大学大学院 MS 課程修了
現　在　中央大学研究開発機構教授
　　　　広島大学名誉教授
　　　　工学博士

エース土木工学シリーズ
エース コンクリート工学　　　　　定価はカバーに表示

2002 年 4 月 20 日　初版第 1 刷
2014 年 9 月 10 日　　　第 13 刷

編著者　田　澤　栄　一
発行者　朝　倉　邦　造
発行所　株式会社　朝倉書店

東京都新宿区新小川町 6-29
郵便番号　162-8707
電　話　03(3260)0141
ＦＡＸ　03(3260)0180
http : //www.asakura.co.jp

〈検印省略〉

Ⓒ 2002　〈無断複写・転載を禁ず〉　　　シナノ・渡辺製本

ISBN 978-4-254-26476-0　C 3351　　Printed in Japan

JCOPY　<(社)出版者著作権管理機構 委託出版物>

本書の無断複写は著作権法上での例外を除き禁じられています。複写される場合は、そのつど事前に、(社)出版者著作権管理機構 (電話 03-3513-6969，FAX 03-3513-6979，e-mail: info@jcopy.or.jp) の許諾を得てください。

芝浦工大 魚本健人著
コンクリート診断学入門
―建造物の劣化対策―

26147-9 C3051　　B5判 152頁 本体3600円

「危ない」と叫ばれ続けているコンクリート構造物の劣化診断・維持補修を具体的に解説。診断ソフトの事例付。〔内容〕コンクリート材料と地域性／配合の変化／非破壊検査／鋼材腐食／補強工法の選定と問題点／劣化診断ソフトの概要と事例／他

東工大 大即信明・金沢工大 宮里心一著
朝倉土木工学シリーズ1
コンクリート材料

26501-9 C3351　　A5判 248頁 本体3800円

性能・品質という観点からコンクリート材料を体系的に展開する。また例題と解答例も多数掲載。〔内容〕コンクリートの構造／構成材料／フレッシュコンクリート／硬化コンクリート／配合設計／製造／施工／部材の耐久性／維持管理／解答例

◆ エース土木工学シリーズ ◆
教育的視点を重視し，平易に解説した大学ジュニア向けシリーズ

福井工大 森　康男・阪大 新田保次編著
エース土木工学シリーズ
エース 土木システム計画

26471-5 C3351　　A5判 220頁 本体3800円

土木システム計画を簡潔に解説したテキスト。〔内容〕計画とは将来を考えること／「土木システム」とは何か／土木システム計画の全体像／計画課題の発見／計画の目的・目標・範囲・制約／データ収集／分析の基本的な方法／計画の最適化／他

関大 和田安彦・阪産大 菅原正孝・前京大 西田 薫・
神戸山手大 中野加都子著
エース土木工学シリーズ
エース 環境計画

26473-9 C3351　　A5判 192頁 本体2900円

環境問題を体系的に解説した学部学生・高専生用教科書。〔内容〕近年の地球環境問題／環境共生都市の構築／環境計画（水環境計画・大気環境計画・土壌環境計画・廃棄物・環境アセスメント）／これからの環境計画（地球温暖化防止，等）

樗木 武・横田 漢・堤 昌文・平田登基男・
天本徳浩著
エース土木工学シリーズ
エース 交通工学

26474-6 C3351　　A5判 196頁 本体3200円

基礎的な事項から環境問題・IT化など最新の知見までを，平易かつコンパクトにまとめた交通工学テキストの決定版。〔内容〕緒論／調査と交通計画／道路網の計画／自動車交通の流れ／道路設計／舗装構造／維持管理と防災／交通の高度情報化

中部大 植下 協・前岐阜大 加藤 晃・信州大 小西純一・
北工大 間山正一著
エース土木工学シリーズ
エース 道路工学

26475-3 C3351　　A5判 228頁 本体3600円

最新のデータ・要綱から環境影響などにも配慮して丁寧に解説した教科書。〔内容〕道路の交通容量／道路の幾何学的設計／土工／舗装概論／路床と路盤／アスファルト・セメントコンクリート舗装／付属施設／道路環境／道路の維持修繕／他

福本武明・荻野正嗣・佐野正典・早川 清・
古河幸雄・鹿田正昭・嵯峨 晃・和田安彦著
エース土木工学シリーズ
エース 測量学

26477-7 C3351　　A5判 216頁 本体3900円

基礎を重視した土木工学系の入門教科書。〔内容〕観測値の処理／距離測量／水準測量／角測量／トラバース測量／三角測量と三辺測量／平板測量／GISと地形測量／写真測量／リモートセンシングとGPS測量／路線測量／面積・体積の算定

京大 池淵周一・京大 椎葉充晴・京大 宝 馨・
京大 立川康人著
エース土木工学シリーズ
エース 水文学

26478-4 C3351　　A5判 216頁 本体3800円

水循環を中心に，適正利用・環境との関係まで解説した新テキスト。〔内容〕地球上の水の分布と放射／降水／蒸発散／積雪・融雪／遮断・浸透／斜面流出／河道網構造と河道流れの数理モデル／流出モデル／降水と洪水のリアルタイム予測／他

前阪産大 西林新蔵編著
エース土木工学シリーズ
エース 建設構造材料（改訂新版）

26479-1 C3351　　A5判 164頁 本体3000円

土木系の学生を対象にした，わかりやすくコンパクトな教科書。改訂により最新の知見を盛り込み，近年重要な環境への配慮等にも触れた。〔内容〕総論／鉄鋼／セメント／混和材料／骨材／コンクリート／その他の建設構造材料

上記価格（税別）は 2014 年 8 月現在